建筑工程常用规范条文速查与解析丛书

建筑施工
常用条文速查与解析

本书编委会　编写

U0203759

知识产权出版社

全国百佳图书出版单位

图书在版编目（CIP）数据

建筑施工常用条文速查与解析/《建筑施工常用条文速查与解析》编委会编写. -- 北京：知识产权出版社，2015.3

（建筑工程常用规范条文速查与解析丛书）

ISBN 978-7-5130-3270-4

①建… Ⅱ.①建… Ⅲ.①建筑工程－工程施工－建筑规范－中国 Ⅳ.①TU711-65

中国版本图书馆CIP数据核字(2015)第002026号

内容提要

本书依据《建筑工程施工质量验收统一标准》GB 50300—2013、《建筑地基基础工程施工质量验收规范》GB 50202—2002、《砌体结构工程施工规范》GB 50924—2014、《混凝土结构工程施工规范》GB 50666—2011、《钢结构工程施工规范》GB 50755—2012、《地下防水工程质量验收规范》GB 50208—2011、《屋面工程质量验收规范》GB 50207—2012 等国家现行标准和相关规范编写而成。本书共分为九章，包括基本规定、地基基础工程、砌体工程、混凝土工程、钢结构工程、防水工程、屋面工程、建筑装饰装修工程、木结构工程等。

本书既可作为建筑施工人员的参考用书，也可供大专院校相关专业的学生和教师参考。

责任编辑：陆彩云　　吴晓涛

建筑施工常用条文速查与解析

JIANZHU SHIGONG CHANGYONG TIAOWEN SUCHA YU JIEXI

本书编委会　编写

出版发行：知识产权出版社 有限责任公司		网　　址：http://www.ipph.cn;	
电　话：010－82004826		http://www.laichushu.com	
社　　址：北京市海淀区马甸南村1号		邮　　编：100088	
责编电话：010-82000860转8533		责编邮箱：sherrywt@126.com	
发行电话：010-82000860转8101/8029		发行传真：010-82000893/82003279	
印　　刷：北京富生印刷厂		经　　销：各大网上书店、新华书店及相关专业书店	
开　　本：787mm×1092 mm 1/16		印　　张：17.5	
版　　次：2015年3月第1版		印　　次：2015年3月第1次印刷	
字　　数：320千字		定　　价：48.00元	

ISBN 978-7-5130-3270-4

编委会

前　言

建筑施工是指工程建设实施阶段的生产活动，是各类建筑物的建造过程，也可以说是把设计图纸上的各种线条，在指定的地点，变成实物的过程。改革开放以来，我国经济社会快速发展，有力地推动了我国的城市化进程，而且建筑规模越来越大，在建筑工程的整体施工过程中，各种施工技术、方式及设计对整体建筑都产生重要的影响，因此，采取合理、有效的建筑技术及施工方法能够在很大程度上提高建筑物的整体质量，并有效缩短工期。

近年来，有大批的标准、规范进行了修订，为了指导建筑施工及相关工程技术人员能够全面系统地掌握最新的规范条文，深刻理解条文的准确内涵，我们编写了本书，以保证相关人员工作的顺利进行。本书根据《建筑工程施工质量验收统一标准》GB 50300—2013、《建筑地基基础工程施工质量验收规范》GB 50202—2002、《砌体结构工程施工规范》GB 50924—2014、《混凝土结构工程施工规范》GB 50666—2011、《钢结构工程施工规范》GB 50755—2012、《地下防水工程质量验收规范》GB 50208—2011、《屋面工程质量验收规范》GB 50207—2012等国家现行标准和相关规范编写而成。

本书根据实际工作需要划分章节，对涉及的条文进行了整理分类，方便读者快速查阅。本书对所列条文进行解释说明，力求有重点地、较完整地对常用条文进行解析。本书共分为九章，包括基本规定、地基基础工程、砌体工程、混凝土工程、钢结构工程、防水工程、屋面工程、建筑装饰装修工程、木结构工程等。

本书可作为建筑施工人员的参考用书，也可供大专院校相关专业的学生和教师参考。

由于编者学识和经验有限，虽尽心尽力，但难免存在疏漏或不妥之处，望广大读者批评指正。

编　者
2014 年 11 月

目　录

1 基本规定

《建筑工程施工质量验收统一标准》GB 50300—2013

3.0.3 建筑工程的施工质量控制应符合下列规定：

1 建筑工程采用的主要材料、半成品、成品、建筑构配件、器具和设备应进行进场检验。凡涉及安全、节能、环境保护和主要使用功能的重要材料、产品，应按各专业工程施工规范、验收规范和设计文件等规定进行复验，并应经监理工程师检查认可。

2 各施工工序应按施工技术标准进行质量控制，每道施工工序完成后，经施工单位自检符合规定后，才能进行下道工序施工。各专业工种之间的相关工序应进行交接检验，并应记录。

3 对于监理单位提出检查要求的重要工序，应经监理工程师检查认可，才能进行下道工序施工。

【条文解析】

本条规定了建筑工程施工质量控制的主要方面：

1）用于建筑工程的主要材料、半成品、成品、建筑构配件、器具和设备的进场检验和重要建筑材料、产品的复验。为把握重点环节，要求对涉及安全、节能、环境保护和主要使用功能的重要材料、产品进行复检，体现了以人为本、节能、环保的理念和原则。

2）为保障工程整体质量，应控制每道工序的质量。目前各专业的施工技术规范正在编制，并陆续实施，施工单位可参照执行。考虑到企业标准的控制指标应严格于行业和国家标准指标，鼓励有能力的施工单位编制企业标准，并按照企业标准的要求控制每道工序的施工质量。施工单位完成每道工序后，除了自检、专职质量检查员检查外，还应进行工序交接检查，上道工序应满足下道工序的施工条件和要求；同样相关专业工序之间也应进行交接检验，使各工序之间和各相关专业工程之间形成有机的整体。

3）工序是建筑工程施工的基本组成部分，一个检验批可能由一道或多道工序组成。根据目前的验收要求，监理单位对工程质量控制到检验批，对工序的质量一般由施工单位通过自检予以控制，但为保证工程质量，对监理单位有要求的重要工序，应经监理工程师检查认可，才能进行下道工序施工。

3.0.4 符合下列条件之一时，可按相关专业验收规范的规定适当调整抽样复验、试验数量，调整后的抽样复验、试验方案应由施工单位编制，并报监理单位审核确认。

1 同一项目中由相同施工单位施工的多个单位工程，使用同一生产厂家的同品种、同规格、同批次的材料、构配件、设备；

2 同一施工单位在现场加工的成品、半成品、构配件用于同一项目中的多个单位工程；

3 在同一项目中，针对同一抽样对象已有检验成果可以重复利用。

【条文解析】

本条规定了可适当调整抽样复验、试验数量的条件和要求。

1）相同施工单位在同一项目中施工的多个单位工程，使用的材料、构配件、设备等往往属于同一批次，如果按每一个单位工程分别进行复验、试验势必会造成重复，且必要性不大，因此规定可适当调整抽样复检、试验数量，具体要求可根据相关专业验收规范的规定执行。

2）施工现场加工的成品、半成品、构配件等符合条件时，可适当调整抽样复验、试验数量。但对施工安装后的工程质量应按分部工程的要求进行检测试验，不能减少抽样数量，如结构实体混凝土强度检测、钢筋保护层厚度检测等。

3）在实际工程中，同一专业内或不同专业之间对同一对象有重复检验的情况，并需分别填写验收资料。例如，混凝土结构隐蔽工程检验批和钢筋工程检验批，装饰装修工程和节能工程中对门窗的气密性试验等。因此本条规定可避免对同一对象的重复检验，可重复利用检验成果。

调整抽样复验、试验数量或重复利用已有检验成果应有具体的实施方案，实施方案应符合各专业验收规范的规定，并事先报监理单位认可。施工或监理单位认为必要时，也可不调整抽样复验、试验数量或不重复利用已有检验成果。

3.0.6 建筑工程施工质量应按下列要求进行验收：

1 工程质量验收均应在施工单位自检合格的基础上进行；

2 参加工程施工质量验收的各方人员应具备相应的资格；

3 检验批的质量应按主控项目和一般项目验收；

4 对涉及结构安全、节能、环境保护和主要使用功能的试块、试件及材料，应在进场时或施工中按规定进行见证检验；

5 隐蔽工程在隐蔽前应由施工单位通知监理单位进行验收，并应形成验收文件，验收合格后方可继续施工；

6 对涉及结构安全、节能、环境保护和使用功能的重要分部工程，应在验收前按规定进行抽样检验；

7 工程的观感质量应由验收人员现场检查，并应共同确认。

【条文解析】

本条规定了建筑工程施工质量验收的基本要求：

1）工程质量验收的前提条件为施工单位自检合格，验收时施工单位对自检中发现的问题已完成整改。

2）参加工程施工质量验收的各方人员资格包括岗位、专业和技术职称等要求，具体要求应符合国家、行业和地方有关法律、法规及标准、规范的规定，尚无规定时可由参加验收的单位协商确定。

3）主控项目和一般项目的划分应符合各专业验收规范的规定。

4）见证检验的项目、内容、程序、抽样数量等应符合国家、行业和地方有关规范的规定。

5）考虑到隐蔽工程在隐蔽后难以检验，因此隐蔽工程在隐蔽前应进行验收，验收合格后方可继续施工。

6）本标准适当扩大抽样检验的范围，不仅包括涉及结构安全和使用功能的分部工程，还包括涉及节能、环境保护等的分部工程，具体内容可由各专业验收规范确定，抽样检验和实体检验结果应符合有关专业验收规范的规定。

7）观感质量可通过观察和简单的测试确定，观感质量的综合评价结果应由验收各方共同确认并达成一致。对影响观感及使用功能或质量评价为差的项目应进行返修。

4.0.1 建筑工程施工质量验收应划分为单位工程、分部工程、分项工程和检验批。

【条文解析】

验收时，将建筑工程划分为单位工程、分部工程、分项工程和检验批的方式已被采纳和接受，在建筑工程验收过程中应用情况良好。

4.0.2 单位工程应按下列原则划分：

1 具备独立施工条件并能形成独立使用功能的建筑物或构筑物为一个单位工程；

2 对于规模较大的单位工程，可将其能形成独立使用功能的部分划分为一个子单位工程。

【条文解析】

单位工程应具有独立的施工条件和能形成独立的使用功能。在施工前可由建设、监理、施工单位商议确定，并据此收集整理施工技术资料和进行验收。

4.0.3 分部工程应按下列原则划分：

1 可按专业性质、工程部位确定；

2 当分部工程较大或较复杂时，可按材料种类、施工特点、施工程序、专业系统及类别等将分部工程划分为若干子分部工程。

【条文解析】

分部工程是单位工程的组成部分，一个单位工程往往由多个分部工程组成。

当分部工程量较大且较复杂时，为便于验收，可将其中相同部分的工程或能形成独立专业体系的工程划分成若干个子分部工程。

4.0.4 分项工程可按主要工种、材料、施工工艺、设备类别等进行划分。

【条文解析】

分项工程是分部工程的组成部分，由一个或若干个检验批组成。

4.0.5 检验批可根据施工、质量控制和专业验收的需要，按工程量、楼层、施工段、变形缝等进行划分。

【条文解析】

多层及高层建筑的分项工程可按楼层或施工段来划分检验批，单层建筑的分项工程可按变形缝等划分检验批；地基基础的分项工程一般划分为一个检验批，有地下层的基础工程可按不同地下层划分检验批；屋面工程的分项工程可按不同楼层屋面划分为不同的检验批；其他分部工程中的分项工程，一般按楼层划分检验批；对于工程量较少的分项工程可划为一个检验批。安装工程一般按一个设计系统或设备组别划分为一个检验批。室外工程一般划分为一个检验批。散水、台阶、明沟等含在地面检验批中。

按检验批验收有助于及时发现和处理施工中出现的质量问题，确保工程质量，也符合施工实际需要。

地基基础中的土方工程、基坑支护工程及混凝土结构工程中的模板工程，虽不构成建筑工程实体，但因其是建筑工程施工中不可缺少的重要环节和必要条件，其质量关系到建筑工程的质量和施工安全，因此将其列入施工验收的内容。

5.0.6 当建筑工程施工质量不符合规定时，应按下列规定进行处理：

1 经返工或返修的检验批，应重新进行验收；

2 经有资质的检测机构检测鉴定能够达到设计要求的检验批，应予以验收；

3 经有资质的检测机构检测鉴定达不到设计要求、但经原设计单位核算认可能够满足安全和使用功能的检验批，可予以验收；

4 经返修或加固处理的分项、分部工程，满足安全及使用功能要求时，可按技术处理方案和协商文件的要求予以验收。

【条文解析】

一般情况下，不合格现象在检验批验收时就应发现并及时处理，但实际工程中不能完全避免不合格情况的出现，本条给出了当质量不符合要求时的处理办法：

1）检验批验收时，对于主控项目不能满足验收规范规定或一般项目超过偏差限值的样本数量不符合验收规定时，应及时进行处理。其中，对于严重的缺陷应重新施工，一般的缺陷可通过返修、更换予以解决，允许施工单位在采取相应的措施后重新验收。如能够符合相应的专业验收规范要求，应认为该检验批合格。

2）当个别检验批发现问题，难以确定能否验收时，应请具有资质的法定检测机构进行检测鉴定。当鉴定结果认为能够达到设计要求时，该检验批应可以通过验收。这种情况通常出现在某检验批的材料试块强度不满足设计要求时。

3）如经检测鉴定达不到设计要求，但经原设计单位核算、鉴定，仍可满足相关设计规范和使用功能要求时，该检验批可予以验收。这主要是因为一般情况下，标准、规范的规定是满足安全和功能的最低要求，而设计往往在此基础上留有一些余量。在一定范围内，会出现不满足设计要求而符合相应规范要求的情况，两者并不矛盾。

4）经法定检测机构检测鉴定后认为达不到规范的相应要求，即不能满足最低限度的安全储备和使用功能时，则必须进行加固或处理，使之能满足安全使用的基本要求。这样可能会造成一些永久性的影响，如增大结构外形尺寸，影响一些次要的使用功能。但为了避免建筑物的整体或局部拆除，避免社会财富更大的损失，在不影响安全和主要使用功能条件下，可按技术处理方案和协商文件进行验收，责任方应按法律法规承担相应的经济责任和接受处罚。需要特别注意的是，这种方法不能作为降低质量要求、变相通过验收的一种出路。

5.0.8 经返修或加固处理仍不能满足安全或使用要求的分部工程及单位工程，严禁验收。

【条文解析】

分部工程及单位工程经返修或加固处理后仍不能满足安全或重要的使用功能时，表明工程质量存在严重的缺陷。重要的使用功能不满足要求时，将导致建筑物无法正常使用；安全不满足要求时，将危及人身健康或财产安全，严重时会给社会带来巨大的安全隐患，因此对这类工程严禁通过验收，更不得擅自投入使用，需要专门研究处置方案。

6.0.6 建设单位收到工程竣工报告后，应由建设单位项目负责人组织监理、施工、设计、勘察等单位项目负责人进行单位工程验收。

【条文解析】

单位工程竣工验收是依据国家有关法律、法规及规范、标准的规定，全面考核建设工作成果，检查工程质量是否符合设计文件和合同约定的各项要求。竣工验收通过后，工程将投入使用，发挥其投资效应，也将与使用者的人身健康或财产安全密切相关。因此工程建设的参与单位应对竣工验收给予足够的重视。

单位工程质量验收应由建设单位项目负责人组织，由于勘察、设计、施工、监理单位都是责任主体，因此各单位项目负责人应参加验收，考虑到施工单位对工程负有直接生产责任，而施工项目部不是法人单位，故施工单位的技术、质量负责人也应参加验收。

在一个单位工程中，对满足生产要求或具备使用条件、施工单位已自行检验、监理单位已预验收的子单位工程，建设单位可组织进行验收。由几个施工单位负责施工的单位工程，当其中的子单位工程已按设计要求完成，并经自行检验，也可按规定的程序组织正式验收，办理交工手续。在整个单位工程验收时，已验收的子单位工程验收资料应作为单位工程验收的附件。

2 地基基础工程

2.1 土方工程

2.1.1 一般规定

《建筑地基基础工程施工质量验收规范》GB 50202—2002

6.1.1 土方工程施工前应进行挖、填方的平衡计算，综合考虑土方运距最短、运程合理和各个工程项目的合理施工程序等，做好土方平衡调配，减少重复挖运。

土方平衡调配应尽可能与城市规划和农田水利相结合，将余土一次性运到指定弃土场，做到文明施工。

【条文解析】

土方的平衡与调配是土方工程施工的一项重要工作。一般先由设计单位提出基本平衡数据，然后由施工单位根据实际情况进行平衡计算。如工程量较大，在施工过程中还应进行多次平衡调整，在平衡计算中，应综合考虑土的松散率、压缩率、沉陷量等影响土方量变化的各种因素。

为了配合城乡建设的发展，土方平衡调配应尽可能与当地市、镇规划和农田水利等结合，将余土一次性运到指定弃土场，做到文明施工。

6.1.5 土方工程施工，应经常测量和校核其平面位置、水平标高和边坡坡度。平面控制桩和水准控制点应采取可靠的保护措施，定期复测和检查。土方不应堆在基坑边缘。

【条文解析】

在土方工程施工测量中，除开工前的复测放线外，还应配合施工对平面位置（包括控制边界线、分界线、边坡的上口线和底口线等）、边坡坡度（包括放坡线、变坡等）和标高（包括各个地段的标高）等经常进行测量，校核是否符合设计要求。上述施工测量的基准——平面控制桩和水准控制点，也应定期进行复测和检查。

《土方与爆破工程施工及验收规范》GB 50201—2012

4.1.1 土方工程施工前，应对施工范围进行测量复核，平面控制测量和高程控制测量均应符合现行国家标准《工程测量规范》GB 50026—2007 的有关规定。

【条文解析】

对设计方有测量要求的工程，在满足规范的同时，还应满足设计要求。

4.1.4 土方开挖前应制定地下水控制和排水方案。

【条文解析】

在土方工程施工中，地下水和地表积水影响施工作业效率、文明施工和环境保护。积水还可能导致边坡、基坑坍塌，因此必须针对现场具体情况编制降水和排水方案，在土方工程施工前实施降水或排水，保证工程的正常实施和安全生产。

2.1.2 土方开挖

《建筑地基基础工程施工质量验收规范》GB 50202—2002

6.2.2 施工过程中应检查平面位置、水平标高、边坡坡度、压实度、排水、降低地下水位系统，并随时观测周围的环境变化。

【条文解析】

土方工程在施工中应检查平面位置、水平标高、边坡坡度、排水、降水系统及周围环境的影响；对回填土方，还应检查回填土料、含水量、分层厚度、压实度；对分层挖方，也应检查开挖深度等。

《土方与爆破工程施工及验收规范》GB 50201—2012

4.4.2 土方开挖应从上至下分层分段依次进行，随时注意控制边坡坡度，并在表面上做成一定的流水坡度。开挖的过程中，发现土质弱于设计要求，土（岩）层外倾于（顺坡）挖方的软弱夹层，应通知设计单位调整坡度或采取加固措施，防止土（岩）体滑坡。

【条文解析】

土方开挖过程中原则上必须从上至下分层开挖，确因工作面影响，也必须以保证边坡的稳定为前提，可以分台阶或分段开挖，禁止从下到上进行开挖；在开挖的过程中，注意观察开挖土质和岩质走向的变化，若发现土质明显弱于设计，岩质走向有顺坡情况，应马上通知设计调整或采用加固措施，防止边坡滑坡。对于大型土石方工程或山区建设，出现滑坡迹象时，对滑坡体应设观测点，随时掌握滑坡发展情况，及时采取有效措施。

4.4.3 在坡地开挖时，挖方上侧不宜堆土；对于临时性堆土，应视挖方边坡处的土质情况、边坡坡度和高度，设计确定堆放的安全距离，确保边坡的稳定。在挖方下侧堆土时，应将土堆表面平整，其高程应于相邻挖方场地设计标高，保持排水畅通，堆土边坡不宜大于 1∶1.5；在河岸处堆土时，不得影响河堤稳定安全和排水，不得阻塞污染河道。

【条文解析】

对在边坡附近进行堆土的情况作了相关要求，以确保边坡稳定为目的。针对在河道和建（构）筑物附近堆土的情况作了安全方面的要求。

4.4.5 不具备自然放坡条件或有重要建（构）筑物地段的开挖，应根据具体情况采用支护措施。土方施工应按设计方案要求分层开挖，严禁超挖，且上一层支护结构施工完成，强度达到设计要求后，再进行下一层土方开挖，并对支护结构进行保护。

【条文解析】

开挖的过程中应结合边坡的支护方式和设计要求有序开挖，控制好每一层开挖深度，确保开挖过程中边坡的稳定和建筑物的地基及附近建筑物本身的安全。

4.4.8 治理滑坡体的抗滑桩、挡土墙宜避开雨期施工，基槽开挖或孔桩开挖应分段跳槽（孔）进行，并加强支撑，施工完一段墙（桩）后再进行下一段施工。

【条文解析】

治理滑坡体的抗滑桩、挡土墙应尽量安排在旱季施工，确实因特殊情况（具有抢险工程性质的）要在雨期进行施工的，应做好以下措施：

1）对滑坡体周围做好排水和防雨措施，防止雨水进入滑坡体裂缝中，增加滑坡面的不利因素。

2）应做好滑坡体位移和沉降观测，一旦发现突变和滑坡迹象，施工人员必须迅速撤离现场，确保人员安全。

3）基槽开挖或孔桩开挖必须分段跳槽（孔）进行施工，施工完一段墙（桩）后再进行下一段施工。

2.1.3 土方回填

《建筑地基基础工程施工质量验收规范》GB 50202—2002

6.3.3 填方施工过程中应检查排水措施、每层填筑厚度、含水量控制、压实程度。填筑厚度及压实遍数应根据土质、压实系数及所用机具确定。如无试验依据，应符合表6.3.3 的规定。

表 6.3.3 填土施工时的分层厚度及压实遍数

压实机具	分层厚度/mm	每层压实遍数
平碾	250~300	6~8
振动压实机	250~350	3~4
柴油打夯机	200~250	3~4
人工打夯	<200	3~4

【条文解析】

填方工程的施工参数如每层填筑厚度、压实遍数及压实系数对重要工程均应做现场试验后确定，或由设计提供。

《土方与爆破工程施工及验收规范》GB 50201—2012

4.5.1 土方回填工程应符合下列规定：

1 土方回填前，应根据设计要求和不同质量等级标准来确定施工工艺和方法；

2 土方回填时，应先低处后高处，逐层填筑。

【条文解析】

1）回填施工中，不同的设计要求和质量等级标准要求的施工工艺、方法和施工机具是不同的，在施工前就应充分考虑并做好准备，保证施工能正常进行。

2）土方回填应从低点开始施工，可以避免增加回填区搭接，有利于填筑体的稳定，减少质量隐患。

4.5.4 土方回填应填筑压实，且压实系数应满足设计要求。当采用分层回填时，应在下层的压实系数经试验合格后，才能进行上层施工。

【条文解析】

土方回填分层松铺厚度和碾压遍数应根据土质类别、压实机具性能等经试验确定，检测填土压实系数一般采用环刀法、灌砂法、灌水法或水袋法。

2.1.4 特殊土施工

《膨胀土地区建筑技术规范》GB 50112—2013

6.2.1 开挖基坑（槽）发现地裂、局部上层滞水或土层地基情况等与勘察文件不符合时，应及时会同勘察、设计等单位协商处理措施。

6.2.2 地基基础施工宜采取分段作业，施工过程中基坑（槽）不得暴晒或泡水。地基基础工程宜避开雨天施工；雨期施工时，应采取防水措施。

6.2.3 基坑（槽）开挖时，应及时采取封闭措施。土方开挖应在基底设计标高以上预留 150～300mm 土层，并应待下一工序开始前继续挖除，验槽后，应及时浇筑混凝土垫层或采取其他封闭措施。

6.2.4 坡地土方施工时，挖方作业应由坡上方自上而下开挖；填方作业应自下而上分层压实。坡面形成后，应及时封闭。

开挖土方时应保护坡脚。坡顶弃土至开挖线的距离应通过稳定性计算确定，且不应小于 5m。

【条文解析】

地基和基础施工，要确保地基土的含水量变化幅度减少到最低。施工方案和施工措施都应围绕这一目的实施。因此，膨胀土场地上进行开挖工程时，应采取严格保护措施，防止地基土体遭到长时间的曝露、风干、浸湿或充水。分段开挖、及时封闭，是减少地基土的含水量变化幅度的主要措施；预留部分土层厚度，到下一道工序开始前再清除，能同时达到防止持力层土的扰动和减少水分较大变化的目的。

对开挖深度超过 5m（含 5m）的基坑（槽）的土方开挖、支护工程，以及开挖深度虽未超过 5m，但地质条件、周围环境和地下管线复杂，或影响毗邻建筑（构筑）物安全的基坑（槽）的土方开挖、支护工程，应对其安全施工方案进行专项审查。

《土方与爆破工程施工及验收规范》GB 50201—2012

4.6.1 施工前必须做好场地排水和降低地下水位的工作，地下水位应降低至开挖面或基底 500mm 以下后，再开挖。降水工作应持续到设计允许停止或回填完毕。

【条文解析】

软土是指天然孔隙比大于或等于 1.0，且天然含水量大于液限的细粒土，包括淤泥、淤泥质土、泥炭、泥炭质土等。软土基坑降水，应根据当地土质情况，一般宜在基坑开挖前 10～20d 开始。降水施工工期可由设计在施工图中注明，当设计没有明确时，降水应持续到基坑回填完毕。

4.6.2 软土开挖时，宜选用对道路压强较小的施工机械，当场地土不能满足机械行走要求时，可采用铺设工具式路基箱板等措施。

【条文解析】

由于软土的承载力较低，承受荷载后变形大。为了防止在基坑开挖过程中，施工机械的碾压造成基坑边坡失稳，特别是工程采用桩基时，施工机械运行会对工程桩造成挤压破坏。在基坑开挖前，应编制基坑开挖的施工方案，明确施工机械选型、施工机械行驶路线，并对施工机械行驶路线进行加固。同时宜选用对道路压强较小的施工机械，如履带式、多轮式的施工机械。

4.6.3 开挖边坡坡度不宜大于 1：1.5。当遇淤泥和淤泥质土时，边坡坡度应根据实际情况适当减小；对淤泥和淤泥质土层厚度大于 1m 且有工程桩的土层进行开挖时，应进行土体稳定性验算。

【条文解析】

土体稳定性验算可采用条分法进行分析，安全系数可根据经验确定，当无经验时可取 1.3。当基坑面积大于 50m×50m 时，开挖前宜先进行局部试挖，根据实际情况，确定边坡坡度。工程桩的桩间土必须随着土方的开挖将其清除，防止土体滑移引起工程桩移位或损坏。

4.6.5 当土方暂停开挖时，挖方边坡应及时修整，清除边坡上工程桩桩间土，施工机械与物资不得靠近边坡停放。

【条文解析】

由于软土呈软塑、流塑状，具有较大的流变性，在很多情况下，即使在相当小的剪切荷载作用下，其变形也会随着时间的推移而发展。为了预防土体的时变效应，每天开挖工作停歇时，或因故暂时停止基坑开挖时，开挖面的坡度必须满足施工方案所确定的比例，清除开挖面内的工程桩的桩间土，将施工机械撤离工作面。并应加强观测基坑的变化，及时采取相应措施。

4.6.6 相邻基坑（槽）和管沟开挖时，宜按先深后浅或同时进行的施工顺序，并应及时施工垫层、基础；当基坑（槽）内含有局部深坑时，宜对深坑部分采取加固措施。

【条文解析】

当基坑内有局部加深的如电梯井、消防水池、集水井等深坑时，土方开挖前，应对深坑部位采用钢板桩、水泥搅拌桩等方法进行边坡加固。基坑开挖至设计标高后，及时进行垫层施工，封闭基底。当基坑内有电梯井、消防水池、集水井等局部加深的深坑时，容易对基坑的整体稳定性造成不利影响。故在深坑部位的土方开挖前，一般应对深坑部位进行边坡加固。当地层自身稳固性较强时，可采用放坡、挡墙、喷锚等支护措施。在软土层中可采用钢板桩、水泥搅拌桩等方法进行边坡加固。

4.6.7 土方开挖应遵循先支后挖、均衡分层、对称开挖的原则进行。

【条文解析】

软土基坑开挖中均衡分层、对称进行极其重要。多项工程实例证明，基坑开挖超过 3m，由于没有分层挖土，由基坑的一边挖至另一边，先挖部分的桩体发生很大水平位移，有些桩由于位移过大而断裂。类似的，由于基坑开挖失当而引起的事故在软土地区屡见不鲜。因此挖土顺序必须合理适当，严格均衡开挖。

4.6.8 在密集群桩上开挖时，应在工程桩完成后，间隔一段时间再进行土方施工，桩顶以上 300mm 以内应采取人工开挖。在密集群桩附近开挖基坑(槽)时，应采取措施，防止桩基位移。

【条文解析】

工程桩完成后需间隔的时间应根据工程桩的不同类型和土质确定。

4.6.9 在湿陷性黄土地区施工前，应根据湿陷性黄土的类别和设计要求，重点做好施工现场的场地道路、排水措施、排水防洪通道、堆土点及地基处理等方案。

【条文解析】

在湿陷性黄土地区施工时，除了应根据湿陷性黄土的类型、特点和设计要求做好施工现场的平面规划外，还应根据湿陷等级和场地建(构)筑物的类别做好场地的地基处理。

近年来，随着我国建筑用地的日益紧缺，削山填谷已成为解决建筑用地的主要途径。在一些湿陷性黄土地区，在削山填谷造地的过程中未经勘察和论证，对存在巨厚湿陷性土层的场地上盲目回填造地，给回填场地地基处理造成了极大的难度，也为工程建设留下了隐患。

4.6.13 取土坑至建(构)筑物的距离在非自重湿陷性黄土场地不应小于 12m，在自重湿陷性场地内不应小于 25m。

【条文解析】

据调查，在非自重湿陷性黄土场地，长期渗漏点的横向浸湿范围为 10~12m；在自重湿陷性黄土场地，长期渗漏点的横向浸湿影响范围为 20~25m；在新建场地，取土坑有可能成为渗水池，为避免对新建或在建工程造成损坏，应尽量远离。

4.6.15 膨胀土施工时，应防止被浸泡和曝晒，并满足以下要求：

1 宜避开雨期施工；

2 做好场地排水系统；

3 各道工序应紧密衔接，宜采用分段快速、连续作业；

4 填筑体、挖方边坡和基坑(槽)应及时进行防护，减少施工过程中的曝露时间。

【条文解析】

膨胀土是一类特殊的非饱和土，主要由亲水性矿物组成，具有遇水膨胀、失水收缩的变形特性，具有超固结性、裂隙性、吸水显著膨胀软化、失水收缩开裂且反复变形等工程性质。总体处治原则是隔断水气迁移，减少膨胀土体湿度变化，进而达到减少土体膨胀或收缩的目的，必要时可采取化学改性，掺入石灰、粉煤灰改性，控制其膨胀率。

4.6.16 基坑（槽）挖土接近基底设计标高时，宜预留 150～300mm 土层，待下一工序开始前挖除。验槽后，应及时封闭边坡和坑底。

【条文解析】

为了减少基坑曝露时间，验槽后，应及时浇筑混凝土垫层或采用喷（抹）水泥砂浆、土工塑料膜覆盖等封闭坑底措施。边坡面开挖完成后，也应采用类似方法及时封闭。

4.6.22 土方施工前，应查明场地内地下洞穴并详细记录其具体位置、尺寸大小和充填情况，同时应按照设计要求或采取有效措施进行处理。

【条文解析】

红黏土是由碳酸盐类经风化（以化学风化为主）后残积、坡积形成的红、棕红、黄褐等色的高塑性黏土。其天然孔隙比大于 1.0，受地下水运动的影响，易产生土洞，土洞如不及时有效地处理，可能进一步发展和坍塌，导致地基基础和地面的沉降，造成不良影响。

4.6.23 红黏土地区的边坡应进行稳定性评价，确定边坡坡度或采取支护措施。施工时，边坡应有专门的保湿、防浸泡和防雨水等施工措施。

【条文解析】

黏土天然孔隙比大，颗粒小，受地表水的浸润，会导致抗剪强度的急剧下降。土体变干会导致干缩，引起边坡的坍塌，因此要求对边坡进行稳定性评价，在此基础上合理确定支护措施。当采用自然放坡边坡时要有防冲刷措施。如采用土工布覆盖外覆植草，直接挂钢筋网喷混凝土层等措施进行防护。

4.6.24 盐渍土地区施工，工程地质和水文地质勘察资料应包括以下内容：

1 盐渍土含盐性质和含盐量分类；

2 盐渍土各层厚度及其含盐量随气候和地质条件变化情况；

3 最高地下水位，以及地下水位变化情况及其对含盐量的影响。

4.6.25 当盐渍土含盐量超过表 4.6.25 的规定值时，地基应进行处理，处理办法应取得设计单位同意。当采取换填土的地基处理办法时，换填料应为非盐渍土或可用盐渍土。对无盐胀和非溶陷盐渍土地基，应考虑防腐。

表 4.6.25 盐渍土按含盐量分类

盐渍土名称	土层平均含盐量（质量分数）1%			可用性
	氯盐渍土及亚氯盐渍土	硫酸盐渍土及亚硫酸盐渍土	碱性盐渍土	
弱盐渍土	0.5 ~ 1.0	0.3 ~ 0.5	—	可用
中盐渍土	1.0 ~ 5.0[①]	0.5 ~ 2.0[①]	0.5 ~ 1.0[②]	可用
强盐渍土	5.0 ~ 8.0[①]	2.0 ~ 5.0[①]	1.0 ~ 2.0[②]	可用但应采取措施
过盐渍土	>8.0	>5.0	>2.0	不可用

注：① 其中硫酸盐含量不超过2%方可用；
　　② 其中易溶碳酸盐含量不超过0.5%方可用。

【条文解析】

化学成分及含盐量超标的盐渍土对地基和基础均有不利影响，当土中含盐量小于 0.5%时，对土的物理力学性能影响较小；当土中含盐量超过 0.5%时，对土的物理力学性能受到影响；当土中含盐量大于 3%时，对土的物理力学性能有较大影响。此时，土的物理力学性能主要取决于盐分和含盐种类，而土本身颗粒组成退居次要地位。含盐量越多，则土的液限、塑限越低，在含水率较小时，土就会达到液性状态而失去强度。

盐渍土在干燥时盐类呈结晶状态，地基有较高的强度；但在浸水后易溶解变为液态，强度降低，压缩性增大。土中含硫酸盐结晶时，体积膨胀，溶解后体积收缩，易使地基受胀缩的影响。土中含硫酸盐类时，液化后使土松散，会破坏地基的稳定性。盐渍土对混凝土、钢材、砖等建筑材料有一定腐蚀作用，尤其是含盐量超标时，腐蚀作用更为明显。

4.6.26 填土地基应清除含盐的松散表层，不得采用含有盐晶、盐块或含盐植物的根、茎作填料。基础周围应以非盐渍土或经验测确认可用盐渍土作填料。填料应分层夯实，每层填筑厚度及压实遍数应根据材质、压实系数及所用机具性能并经过试验后确定，应能达到设计要求的压实系数。

【条文解析】

盐渍土填料的含盐量不得过高，否则不易压实，影响回填质量。

4.6.27 回填基土表层和填料为盐渍土时，应满足下列要求：

1 宜在地下水位较低的季节施工；

2 当地下水位距回填基底较近且地基土松软时，应按设计要求做好反滤层、隔

水层;

3 在滨海地区,对含盐量较低的填料,宜使用轻、中型机械碾压,在干旱地区,对含盐量较高的填料,宜使用重型机械碾压;

4 应清除回填地基含盐量超过表4.6.25规定值的地表土层或地表结壳下松散土层;

5 在降雨量较大的地区,应按设计要求做好回填的表面处理。

【条文解析】

本条对回填基土表层和填料为盐渍土的情况作出要求。

1)盐渍土在干燥状态下,其强度比不含盐的土还高,但含水量增加后,强度会急剧降低,故盐渍土施工应尽量在地下水位较低的季节进行。

2)如地下水位较高且基土比较松软时,应按设计要求在回填底部做好反滤层、隔水层,以阻止毛细水上升,影响盐渍土回填的强度。隔水层一般可采用:

①由卵石、碎石、砾石或砾砂等作成反滤层。

②石灰沥青膏隔断层。

3)使用盐渍土填料时,其压实系数与填料的关系是:压实系数越大,则达到某一密实度所容许的土中含盐量越高;压实系数越小,则容许的含盐量越低。因此,当土中含盐量较高,要降低含盐量又极有困难时,应采用加大压实功能的办法,即采用重型碾压机械,尤其在干旱缺雨地区,更应如此。

4)盐渍土的含盐量随深度而逐渐减少,在旱季时,由于地面水分的蒸发,盐分不断聚集于表面,造成表层结皮、结壳及壳下的松散土层,因此必须清除,以免引起上部回填再盐渍化。

5)为防止雨水渗入回填土,使盐渍土溶湿而降低强度,故应按设计要求做好表面处理。

2.2 地基处理

《建筑地基基础工程施工质量验收规范》GB 50202—2002

4.1.4 地基加固工程,应在正式施工前进行试验段施工,论证设定的施工参数及加固效果。为验证加固效果所进行的载荷试验,其施加载荷应不低于载荷的2倍。

【条文解析】

试验工程目的在于取得数据,以指导施工。对无经验可查的工程更应强调,这样做的目的,能使施工质量更容易满足设计要求,即不造成浪费也不会造成大面积返工。对试验荷载考虑稍大一些,有利于分析比较,以取得可靠的施工参数。

4.1.5 对灰土地基、砂和砂石地基、土工合成材料地基、粉煤灰地基、强夯地基、注浆地基、预压地基，其竣工后的结果（地基强度或承载力）必须达到设计要求的标准。检验数量，每单位工程不应少于 3 点，1000m² 以上工程，每 100m² 至少应有 1 点，3000m² 以上工程，每 300m² 至少应有 1 点。每一独立基础下至少应有 1 点，基槽每 20 延米应有 1 点。

【条文解析】

本条所列的地基均不是复合地基，由于各地各设计单位的习惯、经验等，对地基处理后的质量检验指标均不一样，有的用标贯、静力触探，有的用十字板剪切强度等，有的就用承载力检验。对此，本条用何指标不予规定，按设计要求而定。地基处理的质量好坏，最终体现在这些指标中。

4.1.6 对水泥土搅拌桩复合地基、高压喷射注浆桩复合地基、砂桩地基、振冲桩复合地基、土和灰土挤密桩复合地基、水泥粉煤灰碎石桩复合地基及夯实水泥土桩复合地基，其承载力检验，数量为总数的 0.5%～1%，但不应少于 3 处。有单桩强度检验要求时，数量为总数的 0.5%～1%，但不应少于 3 根。

【条文解析】

水泥土搅拌桩地基、高压喷射注浆桩地基、砂桩地基，振冲桩地基、土和灰土挤密桩地基、水泥粉煤灰碎石桩地基及夯实水泥土桩地基为复合地基，桩是主要施工对象，首先应检验桩的质量，检查方法可按国家现行行业标准《建筑工程基桩检测技术规范》JGJ 106—2003 的规定执行。

4.2.1 灰土土料、石灰或水泥（当水泥替代灰土中的石灰时）等材料及配合比应符合设计要求，灰土应搅拌均匀。

【条文解析】

灰土的土料宜用黏土、粉质黏土。严禁采用冻土、膨胀土和盐渍土等活动性较强的土料。

4.2.2 施工过程中应检查分层铺设的厚度、分段施工时上下两层的搭接长度、夯实时加水量、夯压遍数、压实系数。

【条文解析】

验槽发现有软弱土层或孔穴时，应挖除并用素土或灰土分层填实。最优含水量可通过击实试验确定。分层厚度可参考表 2-1。

表 2-1 灰土最大虚铺厚度

序	夯实机具	质量/t	厚度/mm	备注
1	石夯、木夯	0.04 ~ 0.08	200 ~ 250	人力送夯，落距400 ~ 500mm，每夯搭接半夯
2	轻型夯实机械	—	200 ~ 250	蛙式或柴油打夯机
3	压路机	机重6 ~ 10	200 ~ 300	双轮压路机

4.3.1 砂、石等原材料质量配合比应符合设计要求，砂、石应搅拌均匀。

【条文解析】

原材料宜用中砂、粗砂、砾砂、碎石（卵石）、石屑。细砂应同时掺入 25% ~ 35%碎石或卵石。

4.3.2 施工过程中必须检查分层厚度、分段施工时搭接部分的压实情况、加水量、压实遍数、压实系数。

【条文解析】

砂和砂石地基每层铺筑厚度及最优含水量可参考表 2-2。

表 2-2 砂和砂石地基每层铺筑厚度及最优含水量

序	压实方法	每层铺筑厚度/mm	施工时的最优含水量/%	施工说明	备注
1	平振法	200 ~ 250	15 ~ 20	用平板式振捣器往复振捣	不宜使用干细砂或含泥量较大的砂所铺筑的砂地基
2	插振法	振捣器插入深度	饱和	（1）用插入式振捣器 （2）插入点间距可根据机械振幅大小决定 （3）不应插至下卧黏性土层 （4）插入振捣完毕后，所留的孔洞，应用砂填实	不宜使用细砂或含泥量较大的砂所铺筑的砂地基
3	水撼法	250	饱和	（1）注水高度应超过每次铺筑面层 （2）用钢叉摇撼捣实插入点间距为100mm	

序	压实方法	每层铺筑厚度/mm	施工时的最优含水量/%	施工说明	备注
				（3）钢叉分四齿，齿的间距为80mm，长300mm，木柄长90mm	
4	夯实法	150～200	8～12	（1）用木夯或机械夯 （2）木夯重40kg，落距为400～500mm （3）一夯压半夯全面夯实	
5	碾压法	250～350	8～12	6～12t压路机往复碾压	适用于大面积施工的砂和砂石地基

注：在地下水位以下的地基其最下层的铺筑厚度可比上表增加50mm。

4.4.1 施工前应对土工合成材料的物理性能（单位面积的质量、厚度、密度）、强度、延伸率以及土、砂石料等做检验。土工合成材料以$100m^2$为一批，每批应抽查5%。

【条文解析】

所用土工合成材料的品种与性能和填料土类，应根据工程特性和地基土条件，通过现场试验确定，垫层材料宜用黏性土、中砂、粗砂、砾砂、碎石等内摩阻力高的材料。如工程要求垫层排水，垫层材料应具有良好的透水性。

4.4.2 施工过程中应检查清基、回填料铺设厚度及平整度、土工合成材料的铺设方向、接缝搭接长度或缝接状况、土工合成材料与结构的连接状况等。

【条文解析】

土工合成材料如用缝接法或胶接法连接，应保证主要受力方向的连接强度不低于所采用材料的抗拉强度。

4.5.1 施工前应检查粉煤灰材料，并对基槽清底状况、地质条件予以检验。

【条文解析】

粉煤灰材料可用电厂排放的硅铝型低钙粉煤灰。$SiO_2+Al_2O_3$（或$SiO_2+Al_2O_3+Fe_2O_3$）总含量不低于70%，烧失量不大于12%。

4.5.2 施工过程中应检查铺筑厚度、碾压遍数、施工含水量控制、搭接区碾压程度、压实系数等。

【条文解析】

粉煤灰填筑的施工参数宜试验后确定。每摊铺一层后，先用履带式机具或轻型压路机初压 1~2 遍，然后用中、重型振动压路机振碾 3~4 遍，速度为 2.0~2.5km/h，再静碾 1~2 遍，碾压轮迹应相互搭接，后轮必须超过两施工段的接缝。

4.6.1 施工前应检查夯锤重量、尺寸，落距控制手段，排水设施及被夯地基的土质。

【条文解析】

为避免强夯振动对周边设施的影响，施工前必须对附近建筑物进行调查，必要时采取相应的防振或隔振措施，影响范围 10~15m。施工时应由邻近建筑物开始夯击逐渐向远处移动。

4.6.2 施工中应检查落距、夯击遍数、夯点位置、夯击范围。

【条文解析】

如无经验，宜先试夯取得各类施工参数后再正式施工。如称冠水性差、含水量高的土层，前后两遍夯击应有一定间歇期，一般 2~4 周。夯点超出需加固的范围为加固深度的 1/3~1/2，且不小于 3m。施工时要有排水措施。

4.7.1 施工前应掌握有关技术文件（注浆点位置、浆液配比、注浆施工技术参数、检测要求等）。浆液组成材料的性能符合设计要求，注浆设备应确保正常运转。

【条文解析】

为确保注浆加固地基的效果，施工前应进行室内浆液配比试验及现场注浆试验，以确定浆液配方及施工参数。常用浆液类型见表 2-3。

表 2-3 常用浆液类型

浆液		浆液类型
粒状浆液（悬液）	不稳定粒状浆液	水泥浆
		水泥砂浆
	稳定粒状浆液	黏土浆
		水泥黏土浆
化学浆液（溶液）	无机浆液	硅酸盐
	有机浆液	环氧树脂类
		甲基丙烯酸酯类

续　表

浆液	浆液类型
	丙烯酰胺类
	木质素类
	其他

4.7.2 施工中应经常抽查浆液的配比及主要性能指标，注浆的顺序、注浆过程中的压力控制等。

【条文解析】

对化学注浆加固的施工顺序宜按以下规定进行：

1）加固渗透系数相同的土层应自上而下进行。

2）如土的渗透系数随深度而增大，应自下而上进行。

3）如相邻土层的土质不同，应首先加固渗透系数大的土层。

检查时，如发现施工顺序与此有异，应及时制止，以确保工程质量。

4.8.1 施工前应检查施工监测措施，沉降、孔隙水压力等原始数据，排水设施，砂井（包括袋装砂井）、塑料排水带等位置。塑料排水带的质量标准应符合本规范附录 B 的规定。

【条文解析】

软土的固结系数较小，当土层较厚时，达到工作要求的固结度需时较长，为此，对软土预压应设置排水通道，其长度及间距宜通过试压确定。

4.8.2 堆载施工应检查堆载高度、沉降速率。真空预压施工应检查密封膜的密封性能、真空表读数等。

【条文解析】

堆载预压必须分级堆载，以确保预压效果并避免坍滑事故。一般每天沉降速率控制在 10～15mm，边桩位移速率控制在 4～7mm。孔隙水压力增量不超过预压荷载增量 60%，以这些参考指标控制堆载速率。

真空预压的真空度可一次抽气至最大，当连续 5d 实测沉降小于每天 2mm 或固结度 ≥80%，或符合设计要求时，可停止抽气，降水预压可参考本条。

4.8.3 施工结束后，应检查地基土的强度及要求达到的其他物理力学指标，重要建筑物地基应做承载力检验。

【条文解析】

一般工程在预压结束后，做十字板剪切强度或标贯、静力触探试验即可，但重要建筑物地基就应做承载力检验。如设计有明确规定应按设计要求进行检验。

4.9.1 施工前应检查振冲的性能，电流表、电压表的准确度及填料的性能。

【条文解析】

为确切掌握好填料量、密实电流和留振时间，使各段桩体都符合规定的要求，应通过现场试成桩确定这些施工参数。填料应选择不溶于地下水，或不受侵蚀影响，且本身无侵蚀性和性能稳定的硬粒料。对粒径控制的目的，确保振冲效果及效率。粒径过大，在边振边填过程中难以落入孔内；粒径过细小，在孔中沉入速度太慢，不易振密。

4.9.2 施工中应检查密度电流、供水压力、供水量、填料量、孔底留振时间、振冲点位置、振冲器施工参数等（施工参数由振冲试验或设计确定）。

【条文解析】

振冲置换造孔的方法有：排孔法，即由一端开始到另一端结束；跳打法，即每排孔施工时隔一孔造一孔，反复进行；帷幕法，即先造外围2~3圈孔，再造内圈孔，此时可隔一圈造一圈或依次向中心区推进。振冲施工必须防止漏孔，因此要做好孔位编号并施工复查工作。

4.9.3 施工结束后，应在有代表性的地段做地基强度或地基承载力检验。

【条文解析】

振冲施工对原土结构造成扰动，强度降低。因此，质量检验应在施工结束后间歇一定时间，对砂土地基间隔2~3周。桩顶部位由于周围约束力小，密实度较难达到要求，检验取样应考虑此因素。对振冲密实法加固的砂土地基，如不加填料，质量检验主要是地基的密实度，宜由设计、施工、监理（或业主方）共同确定位置后，再进行检验。

4.10.1 施工前应检查水泥、外掺剂等的质量，桩位，压力表、流量表的精度或灵敏度，高压喷射设备的性能等。

【条文解析】

高压喷射注浆工艺宜用普遍硅酸盐工艺，强度等级不得低于32.5，水泥用量、压力宜通过试验确定，如无条件可参考表2-4。

表2-41m桩长喷射桩水泥用量表

桩径/mm	桩长/m	强度为32.5普硅水泥单位用量	喷射施工方法		
			单管	二重管	三管
φ600	1	kg/m	200~250	200~250	—

桩径/mm	桩长/m	强度为32.5普硅水泥单位用量	喷射施工方法		
			单管	二重管	三管
$\phi800$	1	kg/m	300~350	300~350	—
$\phi900$	1	kg/m	350~400（新）	350~400	—
$\phi1000$	1	kg/m	400~450（新）	400~450（新）	700~800
$\phi1200$	1	kg/m	—	500~600（新）	800~900
$\phi1400$	1	kg/m	—	700~800（新）	900~1000

注："新"系指采用高压水泥浆泵，压力为36~40MPa，流量为80~110L/min的新单管法和二重管法。水压比为0.7~1.0较妥，为确保施工质量，施工机具必须配置准确的计量仪表。

4.10.2 施工中应检查施工参数（压力、水泥浆量、提升速度、旋转速度等）及施工程序。

【条文解析】

由于喷射压力较大，容易发生窜浆，影响邻孔的质量，应采用间隔跳打法施工，一般二孔间距大于1.5m。

4.10.3 施工结束后，应检查桩体强度、平均直径、桩身中心位置、桩体质量及承载力等。桩体质量及承载力应在施工结束后28d进行。

【条文解析】

如不做承载力或强度检验，则间歇期可适当缩短。

4.11.1 施工前应检查水泥及外掺剂的质量、桩位、搅拌机工作性能及各种计量设备完好程度（主要是水泥浆流量计及其他计量装置）。

【条文解析】

水泥土搅拌桩对水泥压力量要求较高，必须在施工机械上配置流量控制仪表，以保证一定的水泥用量。

4.11.2 施工中应检查机头提升速度、水泥浆或水泥注入量、搅拌桩的长度及标高。

【条文解析】

水泥土搅拌桩施工过程中，为确保搅拌充分、桩体质量均匀，搅拌机头提速不宜过快，否则会使搅拌桩体局部水泥量不足或水泥不能均匀地拌和在土中，导致桩体强度不一，因此规定了机头提升速度。

4.12.1 施工前对土及灰土的质量、桩孔放样位置等做检查。

【条文解析】

施工前应在现场进行成孔、夯填工艺和挤密效果试验，以确定填料厚度、最优含水量、夯击次数及干密度等施工参数质量标准。成孔顺序应先外后内，同排桩应间隔施工。填料含水量如过大，宜预干或预湿处理后再填入。

4.13.2 施工中应检查桩身混合料的配合比、坍落度和提拔钻杆速度（或提拔套管速度）、成孔深度、混合料灌入量等。

【条文解析】

提拔钻杆（或套管）的速度必须与泵入混合料的速度相配，否则容易产生缩颈或断桩，而且不同土层中提拔的速度不一样，砂性土、砂质黏土、黏土中提拔的速度为 1.2 ~ 1.5m/min，在淤泥质土中应当放慢。桩顶标高应高出设计标高 0.5m。由沉管方法成孔后时，应注意新施工桩对已成桩的影响，避免挤桩。

4.13.3 施工结束后，应对桩顶标高、桩位、桩体质量、地基承载力以及褥垫层的质量做检查。

【条文解析】

复合地基检验应在桩体强度符合试验荷载条件时进行，一般宜在施工结束 2 ~ 4 周后进行。

4.14.3 施工结束后，应对桩体质量及复合地基承载力做检验，褥垫层应检查其夯填度。

【条文解析】

承载力检验一般为单桩的载荷试验，对重要、大型工程应进行复合地基载荷试验。

4.15.2 施工中检查每根砂桩的桩体、灌砂量、标高、垂直度等。

【条文解析】

砂桩施工应从外围或两侧向中间进行，成孔宜用振动沉管工艺。

4.15.3 施工结束后，应检查被加固地基的强度或承载力。

【条文解析】

砂桩施工间歇期为 7d，在间歇期后才能进行质量检验。

《建筑地基处理技术规范》JGJ 79—2012

4.3.1 垫层施工应根据不同的换填材料选择施工机械。粉质黏土、灰土垫层宜采用平碾、振动碾或羊足碾，以及蛙式夯、柴油夯。砂石垫层等宜用振动碾。粉煤灰垫层宜采用平碾、振动碾、平板振动器、蛙式夯。矿渣垫层宜采用平板振动器或平碾，也可采用振动碾。

【条文解析】

换填垫层的施工参数应根据垫层材料、施工机械设备及设计要求等通过现场试验确定，以求获得最佳密实效果。对于存在软弱下卧层的垫层，应针对不同施工机械设备的重量、碾压强度、振动力等因素，确定垫层底层的铺填厚度，使既能满足该层的压密条件，又能防止扰动下卧软弱土的结构。

4.3.4　当垫层底部存在古井、古墓、洞穴、旧基础、暗塘时，应根据建筑物对不均匀沉降的控制要求予以处理，并经检验合格后，方可铺填垫层。

【条文解析】

对垫层底部的下卧层中存在的软硬不均匀点，要根据其对垫层稳定及建筑物安全的影响确定处理方法。对不均匀沉降要求不高的一般性建筑，当下卧层中不均匀点范围小、埋藏很深、处于地基压缩层范围以外，且四周土层稳定时，对该不均匀点可不做处理。否则，应予挖除并根据与周围土质及密实度均匀一致的原则分层回填并夯压密实，以防止下卧层的不均匀变形对垫层及上部建筑产生危害。

4.3.7　垫层底面宜设在同一标高上，如深度不同，坑底土层应挖成阶梯或斜坡搭接，并按先深后浅的顺序进行垫层施工，搭接处应夯压密实。

【条文解析】

在同一栋建筑下，应尽量保持垫层厚度相同；对于厚度不同的垫层，应防止垫层厚度突变；在垫层较深部位施工时，应注意控制该部位的压实系数，以防止或减少由于地基处理厚度不同所引起的差异变形。

为保证灰土施工控制的含水量不致变化，拌合均匀后的灰土应在当日使用，灰土夯实后，在短时间内水稳性及硬化均较差，易受水浸而膨胀疏松，影响灰土的夯压质量。

粉煤灰分层碾压验收后，应及时铺填上层或封层，防止干燥或扰动使碾压层松胀密实度下降及扬起粉尘污染。

4.3.9　土工合成材料施工，应符合下列要求：

1　下铺地基土层顶面应平整；

2　土工合成材料铺设顺序应先纵向后横向，且应把土工合成材料张拉平整、绷紧，严禁有皱折；

3　土工合成材料的连接宜采用搭接法、缝接法或胶接法，接缝强度不应低于原材料抗拉强度，端部应采用有效方法固定，防止筋材拉出；

4　应避免土工合成材料暴晒或裸露，阳光暴晒时间不应大于8h。

【条文解析】

在地基土层表面铺设土工合成材料时，保证地基土层顶面平整，防止土工合成材料被刺穿、顶破。

4.4.2 换填垫层的施工质量检验应分层进行，并应在每层的压实系数符合设计要求后铺填上层。

【条文解析】

换填垫层的施工必须在每层密实度检验合格后再进行下一工序施工。

5.3.6 塑料排水带施工所用套管应保证插入地基中的带子不扭曲。袋装砂井施工所用套管内径应大于砂井直径。

【条文解析】

塑料排水带施工所用套管应保证插入地基中的带子平直、不扭曲。塑料排水带的纵向通水量除与侧压力大小有关外，还与排水带的平直、扭曲程度有关。扭曲的排水带将使纵向通水量减小。因此施工所用套管应采用菱形断面或出口段扁矩形断面，不应全长都采用圆形断面。

袋装砂井施工所用套管直径宜略大于砂井直径，主要是为了减小对周围土的扰动范围。

5.3.11 真空管路设置应符合下列规定：

1 真空管路的连接应密封，真空管路中应设置止回阀和截门；

2 水平向分布滤水管可采用条状、梳齿状及羽毛状等形式，滤水管布置宜形成回路；

3 滤水管应设在砂垫层中，上覆砂层厚度宜为 100~200mm；

4 滤水管可采用钢管或塑料管，应外包尼龙纱或土工织物等滤水材料。

【条文解析】

由于各种原因射流真空泵全部停止工作，膜内真空度随之全部卸除，这将直接影响地基预压效果，并延长预压时间，为避免膜内真空度在停泵后很快降低，在真空管路中应设置止回阀和截门。当预计停泵时间超过 24h 时，则应关闭截门。所用止回阀及截门都应符合密封要求。

5.3.12 密封膜应符合下列规定：

1 密封膜应采用抗老化性能好、韧性好、抗穿刺性能强的不透气材料；

2 密封膜热合时，宜采用双热合缝的平搭接，搭接宽度应大于 15mm；

3 密封膜宜铺设三层，膜周边可采用挖沟埋膜，平铺并用黏土覆盖压边、围堰沟内及膜上覆水等方法进行密封。

【条文解析】

密封膜铺三层的理由是：最下一层和砂垫层相接触，膜容易被刺破；最上一层膜易受环境影响，如老化、刺破等；中间一层膜是最安全最起作用的一层膜。膜的密封有多种方法，就效果来说，以膜上全面覆水最好。

5.3.18 堆载加载过程中，应满足地基稳定性设计要求，对竖向变形、边缘水平位移及孔隙水压力的监测应满足下列要求：

1 地基向加固区外的侧移速率不应大于 5mm/d；

2 地基竖向变形速率不应大于 10mm/d；

3 根据上述观察资料综合分析，判断地基的稳定性。

【条文解析】

堆载施工应在整体稳定的基础上分级进行，控制标准暂按堆载预压的标准控制。

5.4.2 预压地基竣工验收检验应符合下列规定：

1 排水竖井处理深度范围内和竖井底面以下受压土层，经预压所完成的竖向变形和平均固结度应满足设计要求；

2 应对预压的地基土进行原位试验和室内土工试验。

【条文解析】

本条是预压地基的竣工验收要求。检验预压所完成的竖向变形和平均固结度是否满足设计要求；原位试验检验和室内土工试验预压后的地基强度是否满足设计要求。

6.2.5 压实地基的施工质量检验应分层进行。**每完成一道工序，应按设计要求进行验收，未经验收或验收不合格时，不得进行下一道工序施工。**

【条文解析】

压实填土的施工必须在上道工序满足设计要求后再进行下道工序施工。

6.3.2 强夯置换处理地基，**必须通过现场试验确定其适用性和处理效果。**

【条文解析】

强夯置换法具有加固效果显著、施工期短、施工费用低等优点，目前已用于堆场、公路、机场、房屋建筑和油罐等工程，一般效果良好。但个别工程因设计、施工不当，加固后出现下沉较大或墩体与墩间土下沉不等的情况。因此，特别强调采用强夯置换法前，必须通过现场试验确定其适用性和处理效果，否则不得采用。

6.3.6 强夯置换处理地基的施工应符合下列规定：

1 强夯置换夯锤底面宜采用圆形，夯锤底静接地压力值宜大于 80kPa。

2 强夯置换施工应按下列步骤进行：

1）清理并平整施工场地，当表层土松软时，可铺设 1.0～2.0m 厚的砂石垫层；

2）标出夯点位置，并测量场地高程；

3）起重机就位，夯锤置于夯点位置；

4）测量夯前锤顶高程；

5）夯击并逐击记录夯坑深度；当夯坑过深、起锤困难时，应停夯，向夯坑内填料直至与坑顶齐平，记录填料数量；工序重复，直至满足设计的夯击次数及质量控制标准，完成一个墩体的夯击；当夯点周围软土挤出、影响施工时，应随时清理，并宜在夯点周围铺垫碎石后，继续施工；

6）按照"由内而外、隔行跳打"的原则，完成全部夯点的施工；

7）推平场地，采用低能量满夯，将场地表层松土夯实，并测量夯后场地高程；

8）铺设垫层，分层碾压密实。

【条文解析】

本条是强夯置换处理地基的施工要求。

1）强夯置换夯锤可选用圆柱形，锤底静接地压力值可取 80～200kPa。

2）当表土松软时应铺设一层厚为 1.0～2.0m 的砂石施工垫层以利施工机具运转。随着置换墩的加深，被挤出的软土渐多，夯点周围地面渐高，先铺的施工垫层在向夯坑中填料时往往被推入坑中成了填料，施工层越来越薄，因此，施工中须不断地在夯点周围加厚施工垫层，避免地面松软。

6.3.10 当强夯施工所引起的振动和侧向挤压对邻近建筑物产生不利影响时，应设置监测点，并采取挖隔振沟等隔振或防振措施。

【条文解析】

对振动有特殊要求的建筑物或精密仪器设备等，当强夯产生的振动和挤压有可能对其产生有害影响时，应采取隔振或防振措施。施工时，在作业区一定范围设置安全警戒，防止非作业人员、车辆误入作业区而受到伤害。

6.3.13 强夯处理后的地基竣工验收，承载力检验应根据静载荷试验、其他原位测试和室内土工试验等方法综合确定。强夯置换后的地基竣工验收，除应采用单墩静载荷试验进行承载力检验外，尚应采用动力触探等查明置换墩着底情况及密度随深度的变化情况。

【条文解析】

强夯处理后的地基竣工验收时，承载力的检验除了静载试验外，对细颗粒土尚应选择标准贯入试验、静力触探试验等原位检测方法和室内土工试验进行综合检测评价；对粗颗粒土尚应选择标准贯入试验、动力触探试验等原位检测方法进行综合检测评价。

强夯置换处理后的地基竣工验收时，承载力的检验除了单墩静载试验或单墩复合地基静载试验外，尚应采用重型或超重型动力触探、钻探检测置换墩的墩长、着底情况、密度随深度的变化情况，达到综合评价目的。对饱和粉土地基，尚应检测墩间土的物理力学指标。

7.1.2 对散体材料复合地基增强体应进行密实度检验；对有黏结强度复合地基增强体应进行强度及桩身完整性检验。

【条文解析】

本条是对复合地基施工后增强体的检验要求。增强体是保证复合地基工作、提高地基承载力、减少变形的必要条件，其施工质量必须得到保证。

7.1.3 复合地基承载力的验收检验应采用复合地基静载荷试验，对有黏结强度的复合地基增强体尚应进行单桩静载荷试验。

【条文解析】

本条是对复合地基承载力设计和工程验收的检验要求。

复合地基承载力的确定方法，应采用复合地基静载荷试验的方法。桩体强度较高的增强体，可以将荷载传递到桩端土层。当桩长较长时，由于静载荷试验的载荷板宽度较小，不能全面反映复合地基的承载特性。因此单纯采用单桩复合地基静载荷试验的结果确定复合地基承载力特征值，可能会由于试验的载荷板面积或由于褥垫层厚度对复合地基载荷试验结果产生影响。对有黏结强度增强体复合地基的增强体进行单桩静载荷试验，保证增强体桩身质量和承载力，是保证复合地基满足建筑物地基承载力要求的必要条件。

7.3.2 水泥土搅拌桩用于处理泥炭土、有机质土、pH 值小于 4 的酸性土、塑性指数大于 25 的黏土，或在腐蚀性环境中以及无工程经验的地区使用时，必须通过现场和室内试验确定其适用性。

【条文解析】

对于泥炭土、有机质含量大于 5% 或 pH 值小于 4 的酸性土，如前述水泥在上述土层有可能不凝固或发生后期崩解。因此，必须进行现场和室内试验确定其适用性。

7.3.6 水泥土搅拌桩干法施工机械必须配置经国家计量部门确认的具有瞬时检测并记录出粉体计量装置及搅拌深度自动记录仪。

【条文解析】

喷粉量是保证成桩质量的重要因素，必须进行有效测量。

8.4.4 注浆加固处理后地基的承载力应进行静载荷试验检验。

【条文解析】

本条为注浆加固地基承载力的检验要求。注浆加固处理后的地基进行静载荷试验检验承载力，是保证建筑物安全的承载力确定方法。

10.2.7 处理地基上的建筑物应在施工期间及使用期间进行沉降观测，直至沉降达到稳定为止。

【条文解析】

本条规定建筑物和构筑物地基进行地基处理，应对地基处理后的建筑物和构筑物在施工期间和使用期间进行沉降观测。沉降观测终止时间应符合设计要求，或按国家现行标准《工程测量规范》GB 50026—2007 和《建筑变形测量规范》JGJ 8—2007 的有关规定执行。

2.3 桩基础

《建筑地基基础工程施工质量验收规范》GB 50202—2002

5.1.3 打（压）入桩（预制混凝土方桩、先张法预应力管桩、钢桩）的桩位偏差，必须符合表 5.1.3 的规定。斜桩倾斜度的偏差不得大于倾斜角正切值的 15%（倾斜角系桩的纵向中心线与铅垂线间夹角）。

表 5.1.3 预制桩（钢桩）的桩位允许偏差

序号	项目	允许偏差/mm
1	盖有基础梁的桩 1）垂直基础梁的中性线 2）沿基础梁的中心线	$100+0.01H$ $150+0.01H$
2	桩数为1～3根桩基中的桩	100
3	桩数为4～16根桩基中的桩	1/2桩径或边长
4	桩数大于16根桩基中的桩： 1）最外边的桩 2）中间桩	1/3桩径或边长 1/2桩径或边长

注：H为施工现场地面标高与桩顶设计标高的距离。

【条文解析】

表 5.1.3 中的数值未计及由于降水和基坑开挖等造成的位移，但由于打桩顺序不当，造成挤土而影响已入土桩的位移，包括在表列数值中。为此，必须在施工中考虑合适的顺序及打桩速率。布桩密集的基础工程应有必要的措施来减少沉桩的挤土影响。

5.1.4 灌注桩的桩位偏差必须符合表 5.1.4 的规定，桩顶标高至少要比设计标高高出 0.5m，桩底清孔质量按不同的成桩工艺有不同的要求，应按本章的各节要求执行。每浇注 50m³ 必须有 1 组试件，小于 50m³ 的桩，每根桩必须有 1 组试件。

表 5.1.4 灌注桩的平面位置和垂直度的允许偏差

序号	成孔方法		桩径允许偏差/mm	垂直度允许偏差/%	桩位允许偏差	
					1~3 根桩、单排桩基垂直于中心线方向和群桩基础的边桩	条形桩基沿中心线方向和群桩基础的中间桩
1	泥浆护壁钻孔桩	$D \leq 1000mm$	±50	<1	$D/6$，且不大于100	$D/4$，且不大于150
		$D > 1000mm$	±50		$100+0.01H$	$150+0.01H$
2	套管成孔灌注桩	$D \leq 500mm$	-20	<1	70	150
		$D > 500mm$			100	150
3	干成孔灌注桩		-20	<1	70	150
4	人工挖孔桩	混凝土护壁	+50	<0.5	50	150
		钢套管护壁	+50	<1	100	200

注：1 桩径允许偏差的负值是指个别断面。

2 采用复打、反插法施工的桩，其桩径允许偏差不受上表限制。

3 H为施工现场地面标高与桩顶设计标高的距离，D为设计桩径。

【条文解析】

本条对灌注桩的工艺控制及混凝土试件的要求都作了具体规定。对灌注桩工艺质量的要求较多，但因设备、工艺、检测手段等，不同的施工单位均有差异，很难统一。本条就清孔的质量作了规定，是基于泥浆护壁灌注桩，常出现孔底沉渣过厚、清孔质量不佳的通病，而且清孔质量对成桩质量影响很大，往往造成桩基沉降过大，桩身混凝土质量降低，承载力不足等。

灌注桩的试件强度，是检验桩体材料质量的主要手段之一，必须具备供检验的试件。各地区情况不一样，如设计或合同技术条款有其他要求，则应满足这种要求。小于 50m³ 的每根桩要做一组试件，使单柱单桩或每个承台下的桩需确保有一组试件。

"桩顶标高比设计标高高出 0.5m"，是针对泥浆护壁的灌注桩，其他类型的灌注桩可按常规做法控制桩顶标高。

5.1.5 **工程桩应进行承载力检验**。对于地基基础设计等级为甲级或地质条件复杂，成桩质量可靠性低的灌注桩，应采用静载荷试验的方法进行检验，检验桩数不应少于总数的 1%，且不应少于 3 根，当总桩数少于 50 根时，不应少于 2 根。

【条文解析】

对重要工程（甲级）应采用静载荷试验本检验桩的垂直承载力。关于静载荷试验桩的数量，如果施工区域地质条件单一，当地又有足够的实践经验，数量可根据实际情况，由设计确定。承载力检验不仅是检验施工的质量而且也能检验设计是否达到工程的要求。因此，施工前的试桩如没有破坏又用于实际工程中应可作为验收的依据。非静载荷试验桩的数量，可按国家现行行业标准《建筑工程基桩检测技术规范》JGJ 106—2003 的规定执行。

5.2.1 静力压桩包括锚杆静压桩及其他各种非冲击力沉桩。

【条文解析】

静力压桩的方法较多，有锚杆静压、液压千斤顶加压、绳索系统加压等，凡非冲击力沉桩均按静力压桩考虑。

5.2.2 施工前应对成品桩（锚杆静压成品桩一般均由工厂制造，运至现场堆放）做外观及强度检验，按桩用焊条或半成品硫磺胶泥应有产品合格证书，或送有关部门检验，压桩用压力表、锚杆规格及质量也应进行检查，硫磺胶泥半成品应每 100kg 做一组试件（3 件）。

【条文解析】

用硫磺胶泥接桩，在大城市因污染空气已较少使用，半成品硫磺胶泥必须在进场后做检验。压桩用压力表必须标定合格方能使用，压桩时的压力数值是判断承载力的依据，也是指导压桩施工的一项重要参数。

5.2.3 压桩过程中应检查压力、桩垂直度、接桩间歇时间、桩的连接质量及压入深度，重要工程应对电焊接桩的接头做 10% 的探伤检查。对承受反力的结构应加强观测。

【条文解析】

施工中检查压力的目的在于检查压桩是否下沉。接桩间歇时间对硫磺胶泥必须控制，间歇过短，硫磺胶泥强度未达到，容易被压坏，接头处存在薄弱环节，甚至断桩。浇注硫磺泥时间必须快，慢了硫磺胶泥在容器内结硬，浇注入连接孔内不能均匀流淌，质量也不易保证。

5.3.1 施工前应检查进入现场的成品桩、接桩用电焊条等产品质量。

【条文解析】

先张法预应力管桩均为工厂生产后运到现场施工，工厂生产时的质量检验应由生产的单位负责，但运入工地后，打桩单位有必要对外观、尺寸进行检验并检查产品合格证书。

5.3.2 施工过程中应检查桩的贯入情况、桩顶完整状况、电焊接桩质量、桩体垂直度、电焊后的停歇时间。重要工程应对电焊接头做 10%的焊缝探伤检查。

【条文解析】

先张法预应力管桩强度较高，锤击力性能比一般混凝土预制桩好，抗裂性强，因此，总的锤击数较高，相应的电焊接桩质量要求也高，尤其是电焊后有一定间歇时间，不能焊完即锤击，这样容易使接头损伤。为此，对重要工程应对接头做 X 射线拍片检查。

5.3.3 施工结束后，应做承载力检验及桩体质量检验。

【条文解析】

由于锤击次数多，对桩体质量进行检验是有必要的，可检查桩体是否被打裂，电焊接头是否完整。

5.4.1 桩在现场预制时，应对原材料、钢筋骨架（见表 5.4.1）、混凝土强度进行检查。采用工厂生产的成品桩时，桩进场后应进行外观及尺寸检查。

表 5.4.1 预制桩钢筋骨架质量检验标准

项	序	检查项目	允许偏差或允许值/mm	检查方法
主控项目	1	主筋距桩顶距离	±5	用钢尺量
	2	多节桩锚固钢筋位置	5	用钢尺量
	3	多节桩预埋铁件	±3	用钢尺量
	4	主筋保护层厚度	±5	用钢尺量
一般项目	1	主筋间距	±5	用钢尺量
	2	桩尖中心线	10	用钢尺量
	3	箍筋间距	±20	用钢尺量
	4	桩顶钢筋网片	±10	用钢尺量

续 表

项	序	检查项目	允许偏差或允许值/mm	检查方法
	5	多节桩锚固钢筋长度	±10	用钢尺量

【条文解析】

混凝土预制桩可在工厂生产，也可在现场支模预制。对工厂的成品桩虽有产品合格证书，但在运输过程中容易碰坏，为此，进场后应再做检查。

5.4.2 施工中应对桩体垂直度、沉桩情况、桩顶完整状况、接桩质量等进行检查，对电焊接桩，重要工程应做 10%的焊缝探伤检查。

【条文解析】

经常发生接桩时电焊质量较差，从而接头在锤击过程中断开，尤其接头对接的两端面不平整，电焊更不容易保证质量，对重要工程做 X 射线拍片检查是完全必要的。

5.4.4 对长桩或总锤击数超过 500 击的锤击桩，应符合桩体强度及 28d 龄期的两项条件才能锤击。

【条文解析】

混凝土桩的龄期对抗裂性有影响，这是经过长期试验得出的结果。不到龄期的桩有先天不足的弊端，经长时期锤击或锤击拉应力稍大一些便会产生裂缝，故有强度龄期双控的要求。但对短桩，锤击数又不多，满足强度要求一项应是可行的。有些工程进度较急，桩又不是长桩，可以采用蒸养以求短期内达到强度，即可开始沉桩。

5.5.1 施工前应检查进入现场的成品钢桩，成品桩的质量标准应符合表 5.5.1 的规定。

表 5.5.1 成品钢桩质量检验标准

项	序	检查项目		允许偏差或允许值		检查方法
				单位	数值	
主控项目	1	外径或断面尺寸	桩端部		±0.5%D	用钢尺量，D 为外径或边长
			桩身		±1D	
	2	矢高			≤1/1000l	用钢尺量，l 为桩长

项	序	检查项目	允许偏差或允许值		检查方法
			单位	数值	
一般项目	1	长度	mm	+10	用钢尺量
	2	端部平整度	mm	≤2	用水平尺量
	3	H型钢桩的方正度 $h>300mm$ $h<300mm$ 	mm mm	$T+T'\leqslant 8$ $T+T'\leqslant 6$	用钢尺量，h、T、T'见图示
	4	端部平面与桩身中心线的倾斜值	mm	≤2	用水平尺量

【条文解析】

钢桩包括钢管桩、型钢桩等。成品桩也是在工厂生产，应有一套质检标准，但也会因运输堆放造成桩的变形，因此，进场后需再做检验。

5.5.2 施工中应检查钢桩的垂直度、沉入过程、电焊连接质量、电焊后的停歇时间、桩顶锤击后的完整状况，电焊质量除常规检查外，应做10%的焊缝探伤检查。

【条文解析】

钢桩的锤击次性能较混凝土桩好，因而锤击次数要高得多，相应对电焊质量要求较高，故对电焊后的停歇时间、桩顶有否局部损坏均应做检查。

5.6.1 施工前应对水泥、砂、石子（如现场搅拌）、钢材等原材料进行检查。对施工组织设计中制定的施工顺序、监测手段（包括仪器、方法）也应检查。

【条文解析】

混凝土灌注桩的质量检验应较其他桩种严格，这是工艺本身要求，再则工程事故也较多，因此，对监测手段要事先落实。

5.6.2 施工中应对成孔、清查、放置钢筋笼、灌注混凝土等进行全过程检查，人工挖孔桩尚应复验孔底持力层土（岩）性。嵌岩桩必须有桩端持力层的岩性报告。

【条文解析】

沉渣厚度应在钢筋笼放入后，混凝土浇注前测定。成孔结束后，放钢筋笼、混凝土导管都会造成土体跌落，增加沉渣厚度，因此，沉渣厚度应是二次清孔后的结果。沉渣厚度的检查目前均用重锤，有些地方用较先进的沉渣仪，这种仪器应预先做标定。人工挖孔桩一般对持力层有要求，而且到孔底察看土性是有条件的。

《建筑桩基技术规范》JGJ 94—2008

6.2.1 不同桩型的适用条件应符合下列规定：

1 泥浆护壁钻孔灌注桩宜用于地下水位以下的黏性土、粉土、砂土、填土、碎石土及风化岩层。

2 旋挖成孔灌注桩宜用于黏性土、粉土、砂土、填土、碎石土及风化岩层。

3 冲孔灌注桩除宜用于上述地质情况外，还能穿透旧基础、建筑垃圾填土或大孤石等障碍物；在岩溶发育地区应慎重使用，采用时，应适当加密勘察钻孔。

4 长螺旋钻孔压灌桩后插钢筋笼宜用于黏性土、粉土、砂土、填土、非密实的碎石类土、强风化岩。

5 干作业钻、挖孔灌注桩宜用于地下水位以上的黏性土、粉土、填土、中等密实以上的砂土、风化岩层。

6 在地下水位较高，有承压水的砂土层、滞水层、厚度较大的流塑状淤泥、淤泥质土层中不得选用人工挖孔灌注桩。

7 沉管灌注桩宜用于黏性土、粉土和砂土；夯扩桩宜用于桩端持力层为埋深不超过20m的中、低压缩性黏性土、粉土、砂土和碎石类土。

【条文解析】

在岩溶发育地区采用冲、钻孔桩应适当加密勘察钻孔。在较复杂的岩溶地段施工时经常会发生偏孔、掉钻、卡钻及泥浆流失等情况，所以应在施工前制定出相应的处理方案。

人工挖孔桩在地质、施工条件较差时，难以保证施工人员的安全工作条件，特别是遇有承压水、流动性淤泥层、流砂层时，易引发安全和质量事故，因此不得选用此种工艺。

6.2.3 成孔的控制深度应符合下列要求：

1 摩擦型桩：摩擦桩应以设计桩长控制成孔深度；端承摩擦桩必须保证设计桩长及桩端进入持力层深度。当采用锤击沉管法成孔时，桩管入土深度控制应以标高为主、以贯入度控制为辅。

2 端承型桩：当采用钻（冲）、挖掘成孔时，必须保证桩端进入持力层的设计深度；当采用锤击沉管法成孔时，桩管入土深度控制以贯入度为主、以控制标高为辅。

【条文解析】

当很大深度范围内无良好持力层时的摩擦桩，应按设计桩长控制成孔深度。当桩较长且桩端置于较好持力层时，应以确保桩端置于较好持力层作主控标准。

6.3.2 泥浆护壁应符合下列规定：

1 施工期间护筒内的泥浆面应高出地下水位 1.0m 以上，在受水位涨落影响时，泥浆面应高出最高水位 1.5m 以上；

2 在清孔过程中，应不断置换泥浆，直至灌注水下混凝土；

3 灌注混凝土前，孔底 500mm 以内的泥浆相对密度应小于 1.25，含砂率不得大于 8%，黏度不得大于 28s；

4 在容易产生泥浆渗漏的土层中应采取维持孔壁稳定的措施。

【条文解析】

清孔后要求测定的泥浆指标有三项，即相对密度、含砂率和黏度。它们是影响混凝土灌注质量的主要指标。

6.3.9 钻孔达到设计深度，灌注混凝土之前，孔底沉渣厚度指标应符合下列规定：

1 对端承型桩，不应大于 50mm；

2 对摩擦型桩，不应大于 100mm；

3 对抗拔、抗水平力桩，不应大于 200mm。

【条文解析】

灌注混凝土之前，孔底沉渣厚度指标规定，对端承型桩不应大于 50mm；对摩擦型桩不应大于 100mm。首先这是多年灌注桩的施工经验；其二，近年对于桩底不同沉渣厚度的试桩结果表明，沉渣厚度大小不仅影响端阻力的发挥，而且也影响侧阻力的发挥值。这是近年来灌注桩承载性状的重要发现之一。

6.3.30 灌注水下混凝土的质量控制应满足下列要求：

1 开始灌注混凝土时，导管底部至孔底的距离宜为 300～500mm。

2 应有足够的混凝土储备量，导管一次埋入混凝土灌注面以下不应少于 0.8m。

3 导管埋入混凝土深度宜为 2～6m。严禁将导管提出混凝土灌注面，并应控制提拔导管速度，应有专人测量导管埋深及管内外混凝土灌注面的高差，填写水下混凝土灌注记录。

4 灌注水下混凝土必须连续施工，每根桩的灌注时间应按初盘混凝土的初凝时间控制，对灌注过程中的故障应记录备案。

5 应控制最后一次灌注量，超灌高度宜为 0.8～1.0m，凿除泛浆后必须保证曝露的桩顶混凝土强度达到设计等级。

【条文解析】

本条规定了最小的埋管深度宜为 2～6m，是为了防止导管拔出混凝土面造成断桩事故，但埋管也不宜太深，以免造成埋管事故。

6.7.1 灌注桩后注浆工法可用于各类钻、挖、冲孔灌注桩及地下连续墙的沉渣（虚）、泥皮和桩底、桩侧一定范围土体的加固。

【条文解析】

灌注桩后注浆是灌注桩的辅助工法。该技术旨在通过桩底桩侧后注浆固化沉渣（虚土）和泥皮，并加固桩底和桩周一定范围的土体，以大幅提高桩的承载力，增强桩的质量稳定性，减小桩基沉降。对于干作业的钻、挖孔灌注桩，经实践表明均取得良好成效。故本条适用于除沉管灌注桩外的各类钻、挖、冲孔灌注桩。

6.7.2 后注浆装置的设置应符合下列规定：

1 后注浆导管应采用钢管，且应与钢筋笼加劲筋绑扎固定或焊接。

2 桩端后注浆导管及注浆阀数量宜根据桩径大小设置；对于直径不大于 1200mm 的桩，宜沿钢筋笼圆周对称设置 2 根；对于直径大于 1200mm 而不大于 2500mm 的桩，宜对称设置 3 根。

3 对于桩长超过 15m 且承载力增幅要求较高者，宜采用桩端桩侧复式注浆；桩侧后注浆管阀设置数量应综合地层情况、桩长和承载力增幅要求等因素确定，可在离桩底 5～15m 以上、桩顶 8m 以下，每隔 6～12m 设置一道桩侧注浆阀，当有粗粒土时，宜将注浆阀设置于粗粒土层下部，对于干作业成孔灌注桩宜设于粗粒土层中部。

4 对于非通长配筋桩，下部应有不少于 2 根与注浆管等长的主筋组成的钢筋笼通底。

5 钢筋笼应沉放到底，不得悬吊，下笼受阻时不得撞笼、墩笼、扭笼。

【条文解析】

桩底后注浆管阀的设置数量应根据桩径大小确定，最少不少于 2 根，对于 $d > 1200mm$ 桩应增至 3 根。目的在于确保后注浆浆液扩散的均匀对称及后注浆的可靠性。桩侧注浆断面间距视土层性质、桩长、承载力增幅要求而定，宜为 6～12m。

6.7.6 当满足下列条件之一时可终止注浆：

1 注浆总量和注浆压力均达到设计要求；

2 注浆总量已达到设计值的 75%，且注浆压力超过设计值。

6.7.7 当注浆压力长时间低于正常值或地面出现冒浆或周围桩孔窜浆，应改为间歇注浆，间歇时间宜为 30～60min，或调低浆液水灰比。

6.7.8 后注浆施工过程中，应经常对后注浆的各项工艺参数进行检查，发现异常应采取相应处理措施。当注浆量等主要参数达不到设计值时，应根据工程具体情况采取相应措施。

6.7.9 后注浆桩基工程质量检查和验收应符合下列要求：

1 后注浆施工完成后应提供水泥材质检验报告、压力表检定证书、试注浆记录、设计工艺参数、后注浆作业记录、特殊情况处理记录等资料；

2 在桩身混凝土强度达到设计要求的条件下，承载力检验应在注浆完成 20d 后进行，浆液中掺入早强剂时可于注浆完成 15d 后进行。

【条文解析】

规定终止注浆的条件是为了保证后注浆的预期效果及避免无效过量注浆。采用间歇注浆的目的是通过一定时间的休止使已压入浆提高抗浆液流失阻力，并通过调整水灰比消除规定中所述的两种不正常现象。实践过程曾发生过高压输浆管接口松脱或爆管而伤人的事故，因此，操作人员应采取相应的安全防护措施。

7.1.5 确定桩的单节长度时应符合下列规定：

1 满足桩架的有效高度、制作场地条件、运输与装卸能力；

2 避免在桩尖接近或处于硬持力层中时接桩。

【条文解析】

桩尖停在硬层内接桩，如电焊连接耗时较长，桩周摩阻得到恢复，使进一步锤击发生困难。对于静力压桩，则沉桩更困难，甚至压不下去。若采用机械式快速接头，则可避免这种情况。

7.1.8 锤击预制桩，应在强度与龄期均达到要求后，方可锤击。

【条文解析】

根据实践经验，凡达到强度与龄期的预制桩大者能顺利打入土中，很少打裂；而仅满足强度不满足龄期的预制桩打裂或打断的比例较大。为使沉桩顺利进行，应做到强度与龄期双控。

7.4.3 桩打入时应符合下列规定：

1 桩帽或送桩帽与桩周围的间隙应为 5～10mm；

2 锤与桩帽、桩帽与桩之间应加设硬木、麻袋、草垫等弹性衬垫；

3 桩锤、桩帽或送桩帽应和桩身在同一中心线上；

4 桩插入时的垂直度偏差不得超过 0.5%。

【条文解析】

桩帽或送桩帽的规格应与桩的断面相适应，太小会将桩顶打碎，太大易造成偏心锤击。插桩应控制其垂直度，才能确保沉桩的垂直度，重要工程插桩均应采用二台经纬仪从两个方向控制垂直度。

7.4.4 打桩顺序要求应符合下列规定：

1 对于密集桩群，自中间向两个方向或四周对称施打；

2 当一侧毗邻建筑物时，由毗邻建筑物处向另一方向施打；

3 根据基础的设计标高，宜先深后浅；

4 根据桩的规格，宜先大后小，先长后短。

【条文解析】

沉桩顺序是沉桩施工方案的一项重要内容。以往施工单位不注意合理安排沉桩顺序造成事故的事例很多，如桩位偏移、桩体上涌、地面隆起过多、建筑物破坏等。

7.4.6 桩终止锤击的控制应符合下列规定：

1 当桩端位于一般土层时，应以控制桩端设计标高为主，贯入度为辅；

2 桩端达到坚硬、硬塑的黏性土、中密以上粉土、砂土、碎石类土及风化岩时，应以贯入度控制为主，桩端标高为辅；

3 贯入度已达到设计要求而桩端标高未达到时，应继续锤击 3 阵，并按每阵 10 击的贯入度不应大于设计规定的数值确认，必要时，施工控制贯入度应通过试验确定。

【条文解析】

本条所规定的停止锤击的控制原则适用于一般情况，实践中也存在某些特例。如软土中的密集桩群，由于大量桩沉入土中产生挤土效应，对后续桩的沉桩带来困难，如坚持按设计标高控制很难实现。按贯入度控制的桩，有时也会出现满足不了设计要求的情况。对于重要建筑，强调贯入度和桩端标高均达到设计要求，即实行双控是必要的。因此确定停锤标准是较复杂的，宜借鉴经验与通过静载试验综合确定停锤标准。

7.4.9 施打大面积密集桩群时，应采取下列辅助措施：

1 对预钻孔沉桩，预钻孔孔径可比桩径（或方桩对角线）小 50~100mm，深度可根据桩距和土的密实度、渗透性确定，宜为桩长的 1/3~1/2；施工时应随钻随打；桩架宜具备钻孔锤击双重性能。

2 对饱和黏性土地基，应设置袋装砂井或塑料排水板；袋装砂井直径宜为 70~80mm，间距宜为 1.0~1.5m，深度宜为 10~12m；塑料排水板的深度、间距与袋装砂井相同。

3 应设置隔离板桩或地下连续墙。

4 可开挖地面防震沟，并可与其他措施结合使用，防震沟沟宽可取 0.5～0.8m，深度按土质情况决定。

5 应控制打桩速率和日打桩量，24h 内休止时间不应少于 8h。

6 沉桩结束后，宜普遍实施一次复打。

7 应对不少于总桩数 10%的桩顶上涌和水平位移进行监测。

8 沉桩过程中应加强邻近建筑物、地下管线等的观测、监护。

【条文解析】

本条列出的一些减少打桩对邻近建筑物影响的措施是对多年实践经验的总结。如某工程，未采取任何措施沉桩地面隆起达 15～50cm，采用预钻孔措施后地面隆起则降为 2～10cm。控制打桩速率减少挤土隆起也是有效措施之一。对于经过检测确有桩体上涌的情况，应实施复打。具体用哪一种措施要根据工程实际条件，综合分析确定，有时可同时采用几种措施。即使采取了措施，也应加强监测。

7.6.6 H 型钢桩或其他异型薄壁钢桩，接头处应加连接板，可按等强度设置。

【条文解析】

H 型钢桩或其他薄壁钢桩不同于钢管桩，其断面与刚度本来很小，为保证原有的刚度和强度不致因焊接而削弱，一般应加连接板。

7.6.7 钢桩的运输与堆放应符合下列规定：

1 堆放场地应平整、坚实、排水通畅。

2 桩的两端应有适当保护措施，钢管桩应设保护圈。

3 搬运时应防止桩体撞击而造成桩端、桩体损坏或弯曲。

4 钢桩应按规格、材质分别堆放，堆放层数为：ϕ900mm 的钢桩，不宜大于 3 层；ϕ600mm 的钢桩，不宜大于 4 层；ϕ400mm 的钢桩，不宜大于 5 层；H 型钢桩不宜大于 6 层。支点设置应合理，钢桩的两侧应采用木楔塞住。

【条文解析】

钢管桩出厂时，两端应有防护圈，以防坡口受损；对 H 型桩，因其刚度不大，若支点不合理，堆放层数过多，均会造成桩体弯曲，影响施工。

7.6.9 对敞口钢管桩，当锤击沉桩有困难时，可在管内取土助沉。

【条文解析】

钢管桩内取土，需配以专用抓斗，若要穿透砂层或硬土层，可在桩下端焊一圈钢箍以增强穿透力，厚度为 8～12mm，但需先试沉桩，方可确定采用。

7.6.10 锤击 H 型钢桩时，锤重不宜大于 4.5t 级（柴油锤），且在锤击过程中桩架前应有横向约束装置。

【条文解析】

H 型钢桩，其刚度不如钢管桩，且两个方向的刚度不一，很容易在刚度小的方向发生失稳，因而要对锤重予以限制。如在刚度小的方向设约束装置，有利于顺利沉桩。

7.6.11 当持力层较硬时，H 型钢桩不宜送桩。

【条文解析】

H 型钢桩送桩时，锤的能量损失为 1/3～4/5，故桩端持力层较好时，一般不送桩。

7.6.12 当地表层遇有大块石、混凝土块等回填物时，应在插入 H 型钢桩前进行触探，并应清除桩位上的障碍物。

【条文解析】

大块石或混凝土块容易嵌入 H 型钢桩的槽口内，随桩一起沉入下层土内，如遇硬土层则使沉桩困难，甚至继续锤击导致桩体失稳，故应事先清除桩位上的障碍物。

2.4 边坡、基坑支护

《建筑地基基础工程施工质量验收规范》GB 50202—2002

7.1.3 土方开挖的顺序、方法必须与设计工况相一致，并遵循"开槽支撑，先撑后挖，分层开挖，严禁超挖"的原则。

【条文解析】

重要的基坑工程，支撑安装的及时性极为重要，根据工程实践，基坑变形与施工时间有很大关系，因此，施工过程应尽量缩短工期，特别是在支撑体系未形成情况下的基坑曝露时间应予以减少，要重视基坑变形的时空效应。"十六字原则"对确保基坑开挖的安全是必需的。

7.1.7 基坑（槽）、管沟土方工程验收必须确保支护结构安全和周围环境安全为前提。当设计有指标时，以设计要求为依据，如无设计指标时应按表 7.1.7 的规定执行。

表 7.1.7 基坑变形的监控值

（单位：cm）

基坑类别	围护结构墙顶位移监控值	围护结构墙体最大位移监控值	地面最大沉降监控值
一级基坑	3	5	3
二级基坑	6	8	6
三级基坑	8	10	10

注：

    1 符合下列情况之一，为一级基坑：

        1）重要工程或支护结构做主体结构的一部分；

        2）开挖深度大于10m；

        3）与临近建筑物、重要设施的距离在开挖深度以内的基坑；

        4）基坑范围内有历史文物、近代优秀建筑、重要管线等需严加保护的基坑。

    2 三级基坑开挖深度小于7m，且周围环境无特别要求时的基坑。

    3 除一级和三级外的基坑属二级基坑。

    4 当周围已有的设施有特殊要求时，尚应符合这些要求。

【条文解析】

表 7.1.7 适用于软土地区的基坑工程，对硬土区应执行设计规定。

7.2.4 在含水地层范围内的排桩墙支护基坑，应有确实可靠的止水措施，确保基坑施工及邻近构筑物的安全。

【条文解析】

含水地层内的支护结构常因止水措施不当而造成地下水从坑外向坑内渗漏，大量抽排造成土颗粒流失，致使坑外土体沉降，危及坑外的设施。因此，必须有可靠的止水措施。这些措施有深层搅拌桩帷幕、高压喷射注浆止水帷幕、注浆帷幕，或者降水井（点）等，可根据不同的条件选用。

7.4.1 锚杆及土钉墙支护工程施工前应熟悉地质资料、设计图纸及周围环境，降水系统应确保正常工作，必需的施工设备如挖掘机、钻机、压浆泵、搅拌机等应能正常运转。

【条文解析】

土钉墙一般适用于开挖深度不超过 5m 的基坑，如措施得当也可再加深，但设计与施工均应有足够的经验。

7.4.2 一般情况下，应遵循分段开挖、分段支护的原则，不宜按一次挖就再行支护的方式施工。

【条文解析】

尽管有了分段开挖、分段支护，仍要考虑土钉与锚杆均有一段养护时间，不能为抢进度而不顾及养护期。

7.5.2 施工前应熟悉支撑系统的图纸及各种计算工况，掌握开挖及支撑设置的方式、预顶力及周围环境保护的要求。

【条文解析】

预顶力应由设计规定，所用的支撑应能施加预顶力。

7.5.3 施工过程中应严格控制开挖和支撑的程序及时间，对支撑的位置（包括立柱及立柱桩的位置）、每层开挖深度、预加顶力（如需要时）、钢围囹与围护体或支撑与围囹的密贴度应做周密检查。

【条文解析】

一般支撑系统不宜承受垂直荷载，因此不能在支撑上堆放钢材，甚至做脚手用。只有采取可靠的措施，并经复核后方可做他用。

7.5.4 全部支撑安装结束后，仍应维持整个系统的正常运转直至支撑全部拆除。

【条文解析】

支撑安装结束，即已投入使用，应对整个使用期做观测，尤其一些过大的变形应尽可能防止。

7.6.1 地下连续墙均应设置导墙，导墙形式有预制及现浇两种，现浇导墙形状有"L"形或倒"L"形，可根据不同土质选用。

【条文解析】

导墙施工是确保地下墙的轴线位置及成槽质量的关键工序。土层性质较好时，可选用倒"L"形，甚至预制钢导墙，采用"L"形导墙，应加强导墙背后的回填夯实工作。

7.6.2 地下墙施工前宜先试成槽，以检验泥浆的配比、成槽机的选型并可复核地质资料。

【条文解析】

泥浆配方及成槽机选型与地质条件有关，常发生配方或成槽机选型不当而产生槽段坍方的事例，因此一般情况下应试成槽，以确保工程的顺利进行。仅对专业施工经验丰富、熟悉土层性质的施工单位可不进行试成槽。

7.6.4 地下墙槽段间的连接接头形式，应根据地下墙的使用要求选用，且应考虑施工单位的经验，无论选用何种接头，在浇注混凝土前，接头处必须刷洗干净，不留任何泥砂或污物。

【条文解析】

目前地下墙的接头形式多种多样，从结构性能来分有刚性、柔性、刚柔结合型，从材质来分有钢接头、预制混凝土接头等，但无论选用何种形式，从抗渗要求着眼，接头部位常是薄弱环节，严格这部分的质量要求实有必要。

7.6.5 地下墙与地下室结构顶板、楼板、底板及梁之间连接可预埋钢筋或接驳器（锥螺纹或直螺纹），对接驳器也应按原材料检验要求，抽样复验。数量每500套为一个检验批，每批应抽查3件，复验内容为外观、尺寸、抗拉试验等。

【条文解析】

地下墙作为永久结构，必要与楼板、顶盖等构成整体，工程中采用接驳器（锥螺纹或直螺纹）已较普遍，但生产接驳器厂商较多，使用部位又是重要结点，必须对接驳器的外形及力学性能复验以符合设计要求。

7.6.6 施工前应检验进场的钢材、电焊条。已完工的导墙应检查其净空尺寸、墙面平整度与垂直度。检查泥浆用的仪器、泥浆循环系统应完好。地下连续墙应用商品混凝土。

【条文解析】

泥浆护壁在地下墙施工时是确保槽壁不坍的重要措施，必须有完整的仪器，经常地检验泥浆指标，随着泥浆的循环使用，泥浆指标将会劣化，只有通过检验，方可把好此关。地下连续墙需连续浇注，以在初凝期内完成一个槽段为好，商品混凝土可保证短期内的浇灌量。

7.6.7 施工中应检查成槽的垂直度、槽底的淤积物厚度、泥浆比重、钢筋笼尺寸、浇注导管位置、混凝土上升速度、浇注面标高、地下墙连接面的清洗程度、商品混凝土的坍落度、锁口管或接头箱的拔出时间及速度等。

【条文解析】

检查混凝土上升速度与浇注面标高均为确保槽段混凝土顺利浇注及浇注质量的监测措施。锁口管（或称槽段浇注混凝土时的临时封堵管）拔得过快，入槽的混凝土将流淌到相邻槽段中给该槽段成槽造成极大困难，影响质量，拔管过慢又会导致锁口管拔不出或拔断，使地下墙构成隐患。

7.6.8 成槽结束后应对成槽的宽度、深度及倾斜度进行检验，重要结构每段槽段都应检查，一般结构可抽查总槽段数的20%，每槽段应抽查1个段面。

【条文解析】

检查槽段的宽度及倾斜度宜用超声测槽仪，机械式的不能保证精度。

7.6.9 永久性结构的地下墙，在钢筋笼沉放后，应做二次清孔，沉渣厚度应符合要求。

【条文解析】

沉渣过多，施工后的地下墙沉降加大，往往造成楼板、梁系统开裂，这是不允许的。

7.7.1 沉井是下沉结构，必须掌握确凿的地质资料，钻孔可按下述要求进行：

1 面积在 $200m^2$ 以下（包括 $200m^2$）的沉井（箱），应有一个钻孔（可布置在中心位置）。

2 面积在 $200m^2$ 以上的沉井（箱），在四角（圆形为相互垂直的两直径端点）应各布置一个钻孔。

3 特大沉井（箱）可根据具体情况增加钻孔。

4 钻孔底标高应深于沉井的终沉标高。

5 每座沉井（箱）应有一个钻孔提供土的各项物理力学指标、地下水位和地下水含量资料。

【条文解析】

为保证沉井顺利下沉，对钻孔应有特殊的要求。

7.7.2 沉井（箱）的施工应由具有专业施工经验的单位承担。

【条文解析】

这是确保沉井（箱）工程成功的必要条件，常发生由于施工单位无任何经验而使沉井（箱）沉偏或半路搁置的事例。

7.7.3 沉井制作时，承垫木或砂垫层的采用，与沉井的结构情况、地质条件、制作高度等有关。无论采用何种形式，均应有沉井制作时的稳定计算及措施。

【条文解析】

承垫木或砂垫层的采用，影响到沉井的结构，应征得设计的认同。

7.7.4 多次制作和下沉的沉井（箱），在每次制作接高时，应对下卧层作稳定复核计算，并确定确保沉井接高的稳定措施。

【条文解析】

沉井（箱）在接高时，一次性加了一节混凝土重量，对沉井（箱）的刃脚踏面增加了载荷。如果踏面下土的承载力不足以承担该部分荷载，会造成沉井（箱）在浇注过程中产生大的沉降，甚至突然下沉，荷载不均匀时还会产生大的倾斜。工程中往往在沉井（箱）接高之前，在井内回填部分黄砂，以增加接触面，减少沉井（箱）的沉降。

7.7.5 沉井采用排水封底，应确保终沉时，井内不发生管涌、涌土及沉井止沉稳定。如不能保证，应采用水下封底。

【条文解析】

排水封底，操作人员可下井施工，质量容易控制。但当井外水位较高时，井内抽水后，大量地下水涌入井内，或者井内土体的抗剪强度不足以抵挡井外较高的土体重量，产生剪切破坏而使大量土体涌入，沉井（箱）不能稳定，则必须井内灌水，进行不排水封底。

7.8.1 降水与排水是配合基坑开挖的安全措施，施工前应有降水与排水设计。当在基础外降水时，应有降水范围的估算，对重要建筑物或公共设施在降水过程中应监测。

【条文解析】

降水会影响周边环境，应有降水范围估算以估计对环境的影响，必要时需有回灌措施，尽可能减少对周边环境的影响。降水运转过程中要设水位观测井及沉降观测点，以估计降水的影响。

7.8.2 对不同的土质应用不同的降水类型，表 7.8.2 为常用的降水类型。

表 7.8.2 降水类型及适用条件

降水类型	适用条件	
	渗透系数/（cm/s）	可能降低的水位深度/m
轻型井点	$10^{-2} \sim 10^{-5}$	3 ~ 6
多级轻型井点		6 ~ 12
喷射井点	$10^{-3} \sim 10^{-6}$	8 ~ 20
电渗井点	$<10^{-6}$	宜配合其他形式降水使用
深井井管	$\geq 10^{-5}$	>10

【条文解析】

电渗作为单独的降水措施已不多，在渗透系数不大的地区，为改善降水效果，可用电渗作为辅助手段。

7.8.3 降水系统施工完后，应试运转，如发现井管失效，应采取措施使其恢复正常，如无可能恢复则应报废，另行设置新的井管。

【条文解析】

常在降水系统施工后，发现抽出的是混水或无抽水量的情况，这是降水系统的失效，应重新施工直至达到效果为止。

《土方与爆破工程施工及验收规范》GB 50201—2012

4.3.2 三级及以上安全等级边坡及基坑工程施工前,应由具有相应资质的单位进行边坡及基坑支护设计,由支护施工单位根据设计方案编制施工组织设计,并报送相关单位审核批准。

【条文解析】

由地方行政主管部门或业主根据工程情况来确定是否进行设计论证,本规范不作具体要求。施工组织设计应达到依据充分、针对性强、措施具体等要求,并经严格审查后,方可实施。

4.3.3 边坡及基坑支护可采取挡土墙支护、排桩支护、锚杆(索)支护、喷锚支护、土钉墙支护等支护方式。

【条文解析】

支护方式应根据开挖边坡与建筑物的距离、建筑物的建筑结构、地下设施、开挖地段的地质情况和开挖深度进行综合考虑,除本条规定的支护形式外,尚可采用加筋水泥土桩锚支护、地下连续墙、排桩+锚索、地下连续墙(排桩)+内支撑等支护措施。

4.3.4 边坡及基坑支护施工应符合下列规定:

1 做好边坡及基坑四周的防、排水处理;

2 严格按设计要求分层分段进行土方开挖;

3 坡肩荷载应满足设计要求,不得随意堆载;

4 施工过程中,应进行边坡及基坑的变形监测。

【条文解析】

在施工组织设计中应对各注意事项加以细化,包括排水沟设置、坡顶硬化处理、分层开挖高度以及开挖下层土方对上层支护结构的承载力要求,应由第三方进行边坡及基坑的变形监测。

《建筑边坡工程技术规范》GB 50330—2013

7.4.1 边坡工程施工应采用信息法,施工过程中应对边坡工程及坡顶建(构)筑物进行实时监测,及时了解和分析监测信息,对可能出现的险性应制定防范措施和应急预案。施工中发现与勘察、设计不符或者出现异常情况时,应停止施工作业,并及时向建设、勘察、施工、监理、监测等单位反馈,研究解决措施。

【条文解析】

施工时应加强监测和信息反馈,并做好有关工程应急预案。

7.4.3 稳定性较差的边坡开挖方案应按不利工况进行边坡稳定和变形验算，当开挖的边坡稳定性不满足要求时，应采取措施增强施工期边坡稳定性。

【条文解析】

稳定性较差的岩土边坡（较软弱的土边坡、有外倾软弱结构面的岩石边坡、潜在滑坡等）开挖时，不利组合荷载下的不利工况时边坡的稳定和变形控制应满足有关规定要求，避免出现施工事故，必要时应采取施工措施增强施工期的稳定性。

9.4.1 排桩式锚杆挡墙和在施工期边坡可能失稳的板肋式锚杆挡墙，应采用逆作法进行施工。

【条文解析】

稳定性一般的高边坡，当采用大爆破、大开挖或开挖后不及时支护或存在外倾结构面时，均有可能发生边坡失稳和局部岩体塌方，此时应采用自上而下、分层开挖和锚固的逆作施工法。

10.4.3 Ⅲ类岩体边坡应采用逆作法施工，Ⅱ类岩体边坡可部分采用逆作法施工。

【条文解析】

锚喷支护应尽量采用部分逆作法施工，这样既能确保工程开挖中的安全，又便于施工。但应注意，对未支护开挖段岩体的高度与宽度应依据岩体的破碎、风化程度作严格控制，以免施工中出现事故。

11.4.4 当填方挡墙墙后地面的横坡坡度大于1:6时，应进行地面粗糙处理后再填土。

【条文解析】

本条规定是为了避免填方沿原地面滑动。填方基底处理办法有铲除草皮和耕植土、开挖台阶等。

12.4.1 施工时应做好排水系统，避免水软化地基的不利影响，基坑开挖后应及时封闭。

【条文解析】

本条规定在施工时应做好地下水、地表水及施工用水的排放工作，避免水软化地基，降低地基承载力。基坑开挖后应及时进行封闭和基础施工。

12.4.2 施工时应清除填土中的草和树皮、树根等杂物。在墙身混凝土强度达到设计强度的70%后方可填土，填土应分层夯实。

12.4.3 扶壁间回填宜对称实施，施工时应控制填土对扶壁式挡墙的不利影响。

【条文解析】

挡墙后填料应严格按设计要求就地选取，并应清除填土中的草、树皮树根等杂物。在结构达到设计强度的 70%后进行回填。填土应分层压实，其压实度应满足设计要求，扶壁间的填土应对称进行，减小因不对称回填对挡墙的不利影响。挡墙泄水孔的反滤层应当在填筑过程中及时施工。

13.4.3 桩纵筋的接头不得设在土石分界处和滑动面处。

【条文解析】

土石分界处及滑动面处往往属于受力最大部位，本条规定桩纵筋接头避开有利于保证桩身承载力的发挥。

17.3.1 工程滑坡治理应采用信息法施工。

【条文解析】

滑坡是一种复杂的地质现象，由于种种原因人们对它的认识有局限性、时效性。因此根据施工现场的反馈信息采用动态设计和信息法施工是非常必要的；条文中提出的几点要求，也是工程经验教训的总结。

18.1.1 边坡工程应根据安全等级、边坡环境、工程地质和水文地质、支护结构类型和变形控制要求等条件编制施工方案，采取合理、可行、有效的措施保证施工安全。

【条文解析】

地质环境条件复杂、稳定性差的边坡工程，其安全施工是建筑边坡工程成功的重要环节，也是边坡工程事故的多发阶段。施工方案应结合边坡的具体工程条件及设计基本原则，采取合理可行、行之有效的综合措施，在确保工程施工安全、质量可靠的前提下加快施工进度。

18.1.2 对土石方开挖后不稳定或欠稳定的边坡，应根据边坡的地质特征和可能发生的破坏方式等情况，采取自上而下、分段跳槽、及时支护的逆作法或部分逆作法施工。未经设计许可严禁大开挖、爆破作业。

【条文解析】

对土石方开挖后不稳定的边坡无序大开挖、大爆破造成事故的工程实例太多。采用"自上而下、分阶施工、跳槽开挖、及时支护"的逆作法或半逆作法施工是边坡施工成功经验的总结。应根据边坡的稳定条件选择安全的开挖施工方案。

18.2.1 边坡工程的施工组织设计应包括下列基本内容：

1 工程概况

边坡环境及邻近建（构）筑物基础概况、场区地形、工程地质与水文地质特点、施工条件、边坡支护结构特点、必要的图件及技术难点。

2 施工组织管理

组织机构图及职责分工，规章制度及落实合同工期。

3 施工准备

熟悉设计图、技术准备、施工所需的设备、材料进场、劳动力等计划。

4 施工部署

平面布置、边坡施工的分段分阶、施工程序。

5 施工方案

土石方及支护结构施工方案、附属构筑物施工方案、试验与监测。

6 施工进度计划

采用流水作业原理编制施工进度、网络计划及保证措施。

7 质量保证体系及措施

8 安全管理及文明施工

【条文解析】

边坡工程施工组织设计是贯彻实施设计意图、执行规范、规程，确保工程进度、工期、工程质量，指导施工活动的主要技术文件，施工单位应认真编制，严格审查，实行多方会审制度。

18.3.1 信息法施工的准备工作应包括下列内容：

1 熟悉地质及环境资料，重点了解影响边坡稳定性的地质特征和边坡破坏模式；

2 了解边坡支护结构的特点和技术难点，掌握设计意图及对施工的特殊要求；

3 了解坡顶需保护的重要建（构）筑物基础、结构和管线情况及其要求，必要时采取预加固措施；

4 收集同类边坡工程的施工经验；

5 参与制定和实施边坡支护结构、邻近建（构）筑物和管线的监测方案；

6 制定应急预案。

18.3.2 信息法施工应符合下列规定：

1 按设计要求实施监测，掌握边坡工程监测情况；

2 编录施工现场揭示的地质状态与原地质资料对比变化图，为施工勘察提供资料；

3 根据施工方案，对可能出现的开挖不利工况进行边坡及支护结构强度、变形和稳定验算；

4 建立信息反馈制度，当开挖后的实际地质情况与原勘察资料变化较大，支护结构变形较大，监测值达到报警值等不利于边坡稳定的情况发生时，应及时向设计、监理、业主通报，并根据设计处理措施调整施工方案；

5 施工中出现险情时应按本规范 18.5 节要求进行处理。

【条文解析】

信息法施工是将动态设计、施工、监测及信息反馈融为一体的现代化施工法。信息法施工是动态设计法的延伸，也是动态设计法的需要，是一种客观、求实的施工工作方法。地质情况复杂、稳定性差的边坡工程，施工期的稳定安全控制更为重要和困难。建立监测网和信息反馈可达到控制施工完全，完善设计，是边坡工程经验总结和发展起来的先进施工方法，应当给予大力推广。

信息法施工的基本原则应贯穿于施工组织设计和现场施工的全过程，使监控网、信息反馈系统与动态设计和施工活动有机结合在一起，不断将现场水文地质变化情况反馈到设计和施工单位，以调整设计与施工参数，指导设计与施工。

信息法施工可根据其特殊情况或设计要求，将监控网的监测范围延伸至相邻建（构）筑物或周边环境，及时反馈信息，以便对边坡工程的整体或局部稳定作出准确判断，必要时采取应急措施，保障施工质量和顺利施工。

18.4.1 岩石边坡开挖爆破施工应采取避免边坡及邻近建（构）筑物震害的工程措施。

【条文解析】

边坡工程施工中常因爆破施工控制不当对边坡及邻近建（构）筑物产生震害，因此必须严格执行。规定爆破施工时应采取严密的爆破施工方案及控制爆破等有效措施，爆破方案应经设计、监理和相关单位审查后执行，并应采取避免产生震害的工程措施。

18.4.3 边坡爆破施工应符合下列规定：

1 在爆破危险区应采取安全保护措施。

2 爆破前应对爆破影响区建（构）筑物的原有状况进行查勘记录，并布设好监测点。

3 爆破施工应符合本规范 18.2 节要求；当边坡开挖采用逆作法时，爆破应配合放阶施工；当爆破危害较大时，应采取控制爆破措施。

4 支护结构坡面爆破宜采用光面爆破法；爆破坡面宜预留部分岩层采用人工挖掘修整。

5 爆破施工技术尚应符合国家现行有关标准的规定。

【条文解析】

周边建筑物密集或建（构）筑物对爆破震动敏感时，爆破前应对周边建（构）筑物原有变形、损伤、裂缝及安全状况等情况采用拍照、录像等方法作好详细勘查记录，有条件时应请有鉴定资质的单位作好事前鉴定，避免不必要的工程或法律纠纷，并设置相应的震动监测点和变形观测点加强震动和建（构）筑物变形的监测。

《建筑桩基技术规范》JGJ 94—2008

8.1.3 开挖前应对边坡支护形式、降水措施、挖土方案、运土路线及堆土位置编制施工方案，若桩基施工引起超孔隙水压力，宜待超孔隙水压力大部分消散后开挖。

【条文解析】

目前大型基坑越来越多，且许多工程位于建筑群中或闹市区。完善的基坑开挖方案，对确保邻近建筑物和公用设施（煤气管线、上下水道、电缆等）的安全至关重要。本条中所列的各项工作均应慎重研究，以定出最佳方案。

8.1.5 挖土应均衡分层进行，对流塑状软土的基坑开挖，高差不应超过1m。

【条文解析】

软土地区基坑开挖分层均衡进行极其重要。某电厂厂房基础，桩断面尺寸为450mm×450mm，基坑开挖深度4.5m。由于没有分层挖土，由基坑的一边挖至另一边，先挖部分的桩体发生很大水平位移，有些桩由于位移过大而断裂。类似的由于基坑开挖失当而引起的事故在软土地区屡见不鲜。因此对挖土顺序必须合理适当，严格均衡开挖，高差不应超过1m；不得于坑边弃土；对已成桩须妥善保护，不得让挖土设备撞击；对支护结构和已成桩应进行严密监测。

《建筑基坑支护技术规程》JGJ 120—2012

3.1.2 基坑支护应满足下列功能要求：

1 保证基坑周边建（构）筑物、地下管线、道路的安全和正常使用；

2 保证主体地下结构的施工空间。

【条文解析】

基坑支护工程是为主体结构地下部分的施工而采取的临时性措施。因基坑开挖涉及基坑周边安全，支护结构除满足主体结构施工要求外，还需满足基坑周边环境要求。支护结构的设计和施工应把保护基坑周边环境安全放在重要位置。本条规定了基坑支护应具有的两种功能。首先基坑支护应具有防止基坑的开挖危害周边环境的功能，这是支护结构的首要的功能。其次，应具有保证工程自身主体结构施工安全的功能，应为主体地下结构施工提供正常施工的作业空间及环境，提供施工材料、设备堆放和运输的场地、道路条件，隔断基坑内外地下水、地表水以保证地下结构和防水工程的正常施工。该条规定的目的，是明确基坑支护工程不能为了考虑本工程项目的要求和利益，而损害环境和相邻建（构）筑物所有权人的利益。

8.1.3 当基坑开挖面上方的锚杆、土钉、支撑未达到设计要求时，严禁向下超挖土方。

8.1.4 采用锚杆或支撑的支护结构，在未达到设计规定的拆除条件时，严禁拆除锚杆或支撑。

8.1.5 基坑周边施工材料、设施或车辆荷载严禁超过设计要求的地面荷载限值。

【条文解析】

基坑支护工程属住房和城乡建设部《危险性较大的分部分项工程安全管理办法》（建质[2009]87号文）中的危险性较大的分部分项工程范围，施工与基坑开挖不当会对基坑周边环境和人的生命安全酿成严重后果。基坑开挖面上方的锚杆、支撑、土钉未达到设计要求时向下超挖土方、临时性锚杆或支撑在未达到设计拆除条件时进行拆除、基坑周边施工材料、设施或车辆荷载超过设计地面荷载限值，致使支护结构受力超越设计状态，均属严重违反设计要求进行施工的行为。锚杆、支撑的土钉未按设计要求设置，锚杆和土钉注浆体、混凝土支撑和混凝土腰梁的养护时间不足而未达到开挖时的设计承载力，锚杆、支撑、腰梁、挡土构件之间的连接强度未达到设计强度，预应力锚杆、预加轴力的支撑未按设计要求施加预加力等情况均为未达到设计要求。当主体地下结构施工过程需要拆除局部锚杆或支撑时，拆除锚杆或支撑后支护结构的状态是应考虑的设计工况之一。拆除锚杆或支撑的设计条件，即以主体地下结构构件进行替换的要求或将基坑回填高度的要求等，应在设计中明确规定。基坑周边施工设施是指施工设备、塔吊、临时建筑、广告牌等，其对支护结构的作用可按地面荷载考虑。

3 砌体工程

3.1 砌筑砂浆

《砌体结构工程施工规范》GB 50924—2014

5.1.2 砌体结构工程施工中,所用砌筑砂浆宜选用预拌砂浆,当采用现场拌制时,应按砌筑砂浆设计配合比配制。对非烧结类块材,宜采用配套的专用砂浆。

【条文解析】

为了实现节能减排和绿色施工,减少粉尘、噪声污染,要求砌体结构施工中优先选用预拌砂浆。当条件不具备,需要现场拌制砂浆时,应确保达到设计配合比要求。

对于非烧结类块材如蒸压加气混凝土砌块、蒸压硅酸盐砖、混凝土小型空心砌块、混凝土砖,由于原材料及生产工艺差异,致使其表面粗糙不一,吸水特性(吸水率和初始吸水速度)不同,因而宜采用配套的专用砂浆,以保证相互间的黏结强度。

5.1.3 不同种类的砌筑砂浆不得混合使用。

【条文解析】

不同种类砂浆,由于原材料的种类、性能及技术指标存在差异,混合使用可能会对砂浆的性能和强度产生影响。

5.2.3 湿拌砂浆应采用专用搅拌车运输,湿拌砂浆运至施工现场后,应进行稠度检验,除直接使用外,应储存在不吸水的专用容器内,并应根据不同季节采取遮阳、保温和防雨雪措施。

【条文解析】

为了防止湿拌砂浆在运输过程中产生离析,湿拌砂浆的运输要求采用具有搅拌功能的专用运输车,同时湿拌砂浆在储存过程中,为了防止特殊环境对砂浆性能产生不利影响,要求针对不同的储存环境采取相应的防护措施。

5.2.4 湿拌砂浆在储存、使用过程中不应加水。当存放过程中出现少量泌水时,应拌和均匀后使用。

【条文解析】

砂浆在储存、使用过程中如有泌水现象，砌筑时水分容易被基层吸收，使砂浆变得干涩，难以摊铺均匀，从而影响砂浆的正常硬化，最终降低砌体的质量。

5.2.5　干混砂浆及其他专用砂浆在运输和储存过程中，不得淋水、受潮、靠近火源或高温。袋装砂浆应防止硬物划破包装袋。

【条文解析】

干混砂浆及其他专用砂浆中的水泥遇水会发生化学反应，使水泥结块，从而影响砂浆性能，降低其强度，并缩短砂浆的储存期。干混砂浆中的有机外加剂易燃，且燃烧时可能挥发出有毒、有害气体，因此应远离火源、热源。

5.2.7　湿拌砂浆、干混砂浆及其他专用砂浆的使用时间应按厂方提供的说明书确定。

【条文解析】

由于湿拌砂浆、干混砂浆及其他专用砂浆中的外加剂种类、用量存在差异，其凝结时间也不同，因此，使用时间应按照厂方提供的产品说明书确定。

5.4.2　砌筑砂浆的稠度、保水率、试配抗压强度应同时符合要求；当在砌筑砂浆中掺用有机塑化剂时，应有其砌体强度的形式检验报告，符合要求后方可使用。

【条文解析】

由于砌筑砂浆中掺用塑化剂，在其稠度得到改善时，砂浆的强度也可能受到影响，因此，本条规定要求，砂浆使用性能改善的同时，还应保证砂浆的强度满足设计要求。

5.4.3　现场拌制砌筑砂浆时，应采用机械搅拌，搅拌时间自投料完起算，应符合下列规定：

1　水泥砂浆和水泥混合砂浆不应少于120s。

2　水泥粉煤灰砂浆和掺用外加剂的砂浆不应少于180s。

3　掺液体增塑剂的砂浆，应先将水泥、砂干拌混合均匀后，将混有增塑剂的拌合水倒入干混砂浆中继续搅拌；掺固体增塑剂的砂浆，应先将水泥、砂和增塑剂干拌混合均匀后，将拌合水倒入其中继续搅拌。从加水开始，搅拌时间不应少于210s。

4　预拌砂浆及加气混凝土砌块专用砂浆的搅拌时间应符合有关技术标准或产品说明书的要求。

【条文解析】

为了保证砌筑砂浆拌制的均匀性，降低劳动强度和有利于环境保护，对预拌砂浆和现场拌制砂浆的拌制方式要求采用机械搅拌，并对搅拌时间提出了要求。

5.5.3 砂浆试块制作应符合下列规定：

1 制作试块的稠度应与实际使用的稠度一致。

2 湿拌砂浆应在卸料过程中的中间部位随机取样。

3 现场拌制的砂浆，制作每组试块时应在同一搅拌盘内取样。同一搅拌盘内砂浆不得制作一组以上的砂浆试块。

【条文解析】

试验表明，砂浆稠度对砂浆试块的强度影响较大，特别是水泥砂浆，由于保水性较差，采用钢底模时，试块强度影响更为明显。为了使砂浆试块的强度尽可能地反映工程实体，要求砂浆试块制作时的稠度必须与实际使用的砂浆稠度一致。

《砌体结构工程施工质量验收规范》GB 50203—2011

4.0.1 水泥使用应符合下列规定：

1 水泥进场时应对其品种、等级、包装或散装仓号、出厂日期等进行检查，并应对其强度、安定性进行复验，其质量必须符合现行国家标准《通用硅酸盐水泥》GB 175—2007 的有关规定。

2 当在使用中对水泥质量有怀疑或水泥出厂超过三个月（快硬硅酸盐水泥超过一个月）时，应复查试验，并按复验结果使用。

3 不同品种的水泥，不得混合使用。

抽检数量：按同一生产厂家、同品种、同等级、同批号连续进场的水泥，袋装水泥不超过 200t 为一批，散装水泥不超过 500t 为一批，每批抽样不少于一次。

检验方法：检查产品合格证、出厂检验报告和进场复验报告。

【条文解析】

水泥的强度及安定性是判定水泥质量是否合格的两项主要技术指标，因此在水泥使用前应进行复验。

由于各种水泥成分不一，当不同水泥混合使用后有可能发生材性变化或强度降低现象，引起工程质量问题。

4.0.5 砌筑砂浆应进行配合比设计。当砌筑砂浆的组成材料有变更时，其配合比应重新确定。砌筑砂浆的稠度宜按表 4.0.5 的规定采用。

表 4.0.5 砌筑砂浆的稠度

砌体种类	砂浆稠度/mm
烧结普通砖砌体 蒸压粉煤灰砖砌体	70 ~ 90
混凝土实心砖、混凝土多孔砖砌体 普通混凝土小型空心砌块砌体 蒸压灰砂砖砌体	50 ~ 70
烧结多孔砖、空心砖砌体 轻骨料小型空心砌块砌体 蒸压加气混凝土砌块砌体	60 ~ 80
石砌体	30 ~ 50

注：1 采用薄灰砌筑法砌筑蒸压加气混凝土砌块砌体时，加气混凝土黏结砂浆的加水量按照其产品说明书控制。

2 当砌筑其他块体时，其砌筑砂浆的稠度可根据块体吸水特性及气候条件确定。

【条文解析】

砌筑砂浆通过配合比设计确定的配合比，是使施工中砌筑砂浆达到设计强度等级，符合砂浆试块合格验收条件，减小砂浆强度离散的重要保证。

砌筑砂浆的稠度选择是否合适，将直接影响砌筑的难易和质量，表 4.0.5 砌筑砂浆稠度范围的规定主要是考虑了块体吸水特性、铺砌面有无孔洞及气候条件的差异。

4.0.8 配制砌筑砂浆时，各组分材料应采用质量计量，水泥及各种外加剂配料的允许偏差为 ±2%；砂、粉煤灰、石灰膏等配料的允许偏差为 ±5%。

【条文解析】

砌筑砂浆各组成材料计量不精确，将直接影响砂浆实际的配合比，导致砂浆强度误差和离散性加大，不利于砌体砌筑质量的控制和砂浆强度的验收。为确保砂浆各组分材料的计量准确，本条还规定了质量计量的允许偏差。

4.0.9 砌筑砂浆应采用机械搅拌，搅拌时间自投料完起算应符合下列规定：

1 水泥砂浆和水泥混合砂浆不得少于 120s；

2 水泥粉煤灰砂浆和掺用外加剂的砂浆不得少于 180s；

3 掺增塑剂的砂浆，其搅拌方式、搅拌时间应符合现行行业标准《砌筑砂浆增塑剂》JG/T 164—2004 的有关规定；

4 干混砂浆及加气混凝土砌块专用砂浆宜按掺用外加剂的砂浆确定搅拌时间或按

产品说明书采用。

【条文解析】

为了降低劳动强度和克服人工拌制砂浆不易搅拌均匀的缺点,规定砌筑砂浆应采用机械搅拌。同时,为使物料充分拌合,保证砂浆拌合质量,对不同品种砂浆分别规定了搅拌时间的要求。

4.0.10 现场拌制的砂浆应随拌随用,拌制的砂浆应在 3h 内使用完毕;当施工期间最高气温超过 30℃时,应在 2h 内使用完毕。预拌砂浆及蒸压加气混凝土砌块专用砂浆的使用时间应按照厂方提供的说明书确定。

【条文解析】

在一般气候情况下,水泥砂浆和水泥混合砂浆在 3h 和 4h 使用完,砂浆强度降低一般不超过 20%,虽然对砌体强度有所影响,但降低幅度在 10%以内,又因为大部分砂浆已在之前使用完毕,故对整个砌体的影响只局限于很小的范围。当气温较高时,水泥凝结加速,砂浆拌制后的使用时间应予缩短。

近年来,设计中对砌筑砂浆强度普遍提高,水泥用量增加,因此将砌筑砂浆拌合后的使用时间统一按照水泥砂浆的使用时间进行控制,这对施工质量有利,又便于记忆和控制。

4.0.13 当施工中或验收时出现下列情况,可采用现场检验方法对砂浆和砌体强度进行实体检测,并判定其强度:

1 砂浆试块缺乏代表性或试块数量不足;

2 对砂浆试块的试验结果有怀疑或有争议;

3 砂浆试块的试验结果,不能满足设计要求;

4 发生工程事故,需要进一步分析事故原因。

【条文解析】

施工中,砌筑砂浆强度直接关系砌体质量。因此,规定了在一些非正常情况下应测定工程实体中的砂浆或砌体的实际强度。其中,当砂浆试块的试验结果已不能满足设计要求时,通过实体检测以便于进行强度核算和结构加固处理。

《混凝土小型空心砌块建筑技术规程》JGJ/T 14—2011

8.2.2 砌筑砂浆应具有良好的保水性,其保水率不得小于 88%。砌筑普通小砌块砌体的砂浆稠度宜为 50～70mm;轻骨料小砌块的砌筑砂浆稠度宜为 60～90mm。

【条文解析】

砌筑砂浆的操作性能对小砌块砌体质量影响较大,它不仅影响砌体的抗压强度,而且对砌体抗剪和抗拉强度影响较为明显。砂浆良好的保水性、稠度及黏结力对防止墙体渗漏、开裂与消除干缩裂缝有一定的成效。

8.2.3 小砌块基础砌体应采用水泥砂浆砌筑；地下室内部及室内地坪以上的小砌块墙体应采用水泥混合砂浆砌筑。施工中用水泥砂浆代替水泥混合砂浆，应按现行国家标准《砌体结构设计规范》GB 50003—2011 的规定执行。

【条文解析】

用水泥砂浆砌筑小砌块基础砌体是地下防潮要求，并应将小砌块孔洞全部用 C20 混凝土填实。对于地下室室内的填充墙等墙体可用水泥混合砂浆砌筑。水泥混合砂浆的保水性较好，易于砌筑，有利砌筑质量，在无防潮要求的情况下应首先使用。

8.2.4 墙体采用具有保温功能的砌筑砂浆时，其砂浆强度等级应符合设计要求。

【条文解析】

当聚苯板或其他绝热保温材料仅插填在小砌块孔洞内而并不伸出或超出小砌块块体之外时，为防止灰缝产生热桥现象，提高墙体热工性能，故要求这类小砌块应使用符合设计强度等级并具有保温功能的砌筑砂浆进行砌筑。

8.2.5 砌筑砂浆应采用机械搅拌，拌合时间自投料完算起，不得少于 2min。当掺有外加剂时，不得少于 3min；当掺有机塑化剂时，应为 3 ~ 5min。

【条文解析】

施工单位一般都采用机械拌制砂浆，但有些地区仍存在用手工拌制的情况。显然，手工不易拌合均匀，影响砂浆质量。因此，本条强调采用机械拌制。

8.2.6 砌筑砂浆应随拌随用，并应在 3h 内使用完毕；当施工期间最高气温超过 30℃时，应在 2h 内使用完毕。砂浆出现泌水现象时，应在砌筑前再次拌合。

【条文解析】

砌筑砂浆应在条文规定的时间内使用完毕，否则会较大地降低砌体强度。施工时，砂浆放置时间过长会产生泌水现象，致使砂浆和易性变差，操作困难，灰缝不易饱满，影响砂浆与小砌块的黏结力。因此，砌筑前应再次拌合。

8.2.8 砌筑砂浆试块取样应取自搅拌机或运输湿的预拌砂浆车辆的出料口。同盘或同车砂浆应制作一组试块。

【条文解析】

为统一现场拌制砌筑砂浆的试块取样方法，使其具有代表性和可比性，本条规定了以出料口为取样点。

8.2.12 当施工中或验收时出现下列情况时，宜采用非破损或微破损检验方法对砌筑砂浆和砌体强度进行原位检测，判定砌筑砂浆的强度：

    1 砌筑砂浆试块缺乏代表性或试块数量不足；

    2 对砌筑砂浆试块的试验结果有怀疑或争议；

    3 砌筑砂浆试块的试验结果不能满足设计要求时，需另行确认砌筑砂浆或砌体的实际强度；

    4 对工程质量事故有疑义。

【条文解析】

为保证小砌块砌体质量，对本条中所规定的四种情况应进行砌体原位检测。

3.2 砖砌体工程

《砌体结构工程施工规范》GB 50924—2014

6.1.1 砖砌体的灰缝应横平竖直，厚薄均匀。水平灰缝厚度和竖向灰缝宽度宜为 10mm，但不应小于 8mm，且不应大于 12mm。

【条文解析】

灰缝横平竖直，厚薄均匀，既是对砌体表面美观的要求，尤其是清水墙，又有利于砌体传力。水平灰缝过薄，有时难起上下块材的垫平作用，也不满足配置钢筋的要求；灰缝过厚，会影响砌体的抗压强度。试验表明，普通砖砌体 12mm 水平灰缝的砌体抗压强度比 10mm 水平灰缝的砌体抗压强度降低 5%，多孔砖砌体，其强度降低幅度还要大些，约为 9%。

6.2.1 混凝土砖、蒸压砖的生产龄期应达到 28d 后，方可用于砌体的施工。

【条文解析】

考虑到混凝土砖、蒸压砖早期收缩值大，如果这时用于砌筑墙体，将会出现明显的收缩裂缝。试验结果表明，在正常环境条件下，将混凝土砖、蒸压砖放置一个月左右，可使其收缩大为减小，这是预防墙体早期开裂的一项重要技术措施。

6.2.4 砖砌体的转角处和交接处应同时砌筑。在抗震设防烈度 8 度及以上地区，对不能同时砌筑的临时间断处应砌成斜槎，其中普通砖砌体的斜槎水平投影长度不应小于高度（ h ）的 2/3（图 6.2.4），多孔砖砌体的斜槎长高比不应小于 1/2。斜槎高度不得超过一步脚手架高度。

【条文解析】

砖砌体转角处和交接处的砌筑和接槎质量，是保证砖砌体结构整体性能和抗震性能的关键之一。通过对交接处同时砌筑和不同留槎形式接槎部位连接性能的模拟试验分析，证明同时砌筑的连接性能最佳；留踏步槎（斜槎）的次之；留直槎并按规定加拉结钢筋的再次之；仅留直槎不加拉结钢筋的最差。上述不同砌筑和留槎形式连接性能之比为 1：0.93：0.85：0.72。因此为了不降低砖砌体转角处和交接处墙体的整体性和抵抗水平荷载的能力，确保砌体结构房屋的安全，应在施工过程中严格执行。

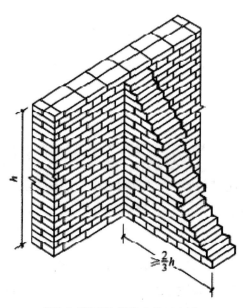

图6.2.4砖砌体斜槎砌筑示意图

6.2.6 砌体组砌应上下错缝，内外搭砌；组砌方式宜采用一顺一丁、梅花丁、三顺一丁（图 6.2.6）。

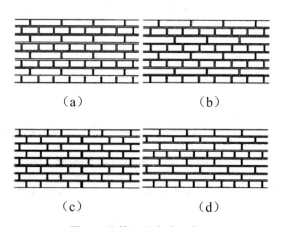

（a）　　　　　　　（b）

（c）　　　　　　　（d）

图6.2.6砌体组砌方式示意图
（a）一顺一丁的十字缝砌法；（b）一顺一丁的骑马缝砌法；
（c）梅花丁砌法；（d）三顺一丁砌法

【条文解析】

一顺一丁、梅花丁、三顺一丁砌筑形式在砌体施工中采用较多，且整体性较好，可有效避免产生竖向通缝。

6.2.10 砌砖工程宜采用"三一"砌筑法。

【条文解析】

通过调查了解到，目前使用大铲的地区，较多采用"三一"砌筑法，这种方法不论对水平灰缝还是竖向灰缝的砂浆饱满度都是有利的，故本条强调砌砖工程宜采用"三一"砌筑法。

6.2.11 当采用铺浆法砌筑时，铺浆长度不得超过 750mm；当施工期间气温超过 30℃时，铺浆长度不得超过 500mm。

【条文解析】

铺浆长度过长，对水平灰缝的饱满度有不良影响，且关系到砖与砂浆的黏结，根据有关单位对铺浆后不同时间砌筑的砌体进行试验，试验结果表明，采用铺浆法砌筑时，铺浆长度对砌体的抗剪强度影响明显；在气温 15℃时，铺浆后立即砌砖和铺浆后间隔 1min 和 3min 再砌砖，砌体抗剪强度相差 10%和 29%；气温为 29℃时，则相差 29%和61%。

6.2.12 多孔砖的孔洞应垂直于受压面砌筑。

【条文解析】

多孔砖的孔洞垂直于受压面，能使砌体有较大的有效受压面积，有利于砂浆结合层进入上下砖块的孔洞中产生"销键"作用，提高砌体的抗剪强度和整体性。

6.2.14 砌体接槎时，应将接槎处的表面清理干净，洒水湿润，并应填实砂浆，保持灰缝平直。

【条文解析】

墙体连接的质量与留槎、接槎都直接有关。本条对接槎的要求是为了增强砌体连接部位的黏结力和整体性。

6.2.15 拉结钢筋应预制加工成型，钢筋规格、数量及长度符合设计要求，且末端应设 90°弯钩。埋入砌体中的拉结钢筋，应位置正确、平直，其外露部分在施工中不得任意弯折。

【条文解析】

连接墙体的钢筋和因抗震需要而设置的钢筋都起拉结作用，是保证砌体整体性和抗震共同工作的关键。钢筋不平直，影响受力作用；任意弯折拉结钢筋的外露部分，易松动钢筋，从而影响锚固效果，故施工中应高度重视。

6.2.17 砖柱和带壁柱墙砌筑应符合下列规定：

1 砖柱不得采用包心砌法；

2 带壁柱墙的壁柱应与墙身同时咬槎砌筑；

3 异形柱、垛用砖，应根据排砖方案事先加工。

【条文解析】

砖柱、带壁柱墙均为重要受力构件，必须确保构件的整体性。据以往多地调查发现，发生过砖柱倒塌事故的多与采用包心砌法有关。另外，也出现过较多带壁柱墙的柱与墙之间出现多皮砖砌成纵向通缝的事故，最严重者曾发生过19皮砖的纵向通缝，致使两者不能共同受力，从而成为某工程整体倒塌的原因之一。随着建筑技术的发展，异形柱、垛、墙体设计不断出现，对用于这些部位的表面用砖应进行专门加工，方能满足设计要求。

6.2.18 实心砖的弧拱式及平拱式过梁的灰缝应砌成楔形缝。灰缝的宽度，在拱底面不应小于5mm；在拱顶面不应大于15mm。平拱式过梁拱脚应伸入墙内不小于20mm，拱底应有1%起拱。

【条文解析】

砖平拱过梁是砖砌拱体结构的一个特例，是矢高极小的一种拱体，从其受力特点及施工工艺考虑，必须保证拱脚下面伸入墙内的长度和拱底应有的起拱量，保持楔形灰缝形态。

6.2.19 砖过梁底部的模板，应在灰缝砂浆强度不低于设计强度75%时，方可拆除。

【条文解析】

过梁底部的模板是砌筑过程中的承重结构，只有砂浆达到一定强度后，过梁部位砌体方可承受荷载作用，才能拆除底模。

6.2.20 采用板类保温（隔热）材料的夹心复合墙应沿墙高分段砌筑，每段墙体施工顺序应为砌筑内叶墙、施工保温层、设置挡板并留置空气间层、砌筑外叶墙、设置拉结件，每段砌筑高度不应大于600mm（图6.2.20）。

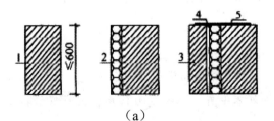

（a）

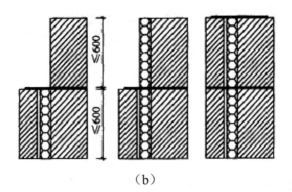

（b）

图6.2.20板类保温夹心复合墙施工顺序
（a）Ⅰ工序循环；（b）Ⅱ工序循环
1—内叶墙；2—保温板；3—外叶墙；4—预留空气间层；5—放置拉结件

【条文解析】

由于留置空气间层对墙体排出外叶墙渗入和冷凝水的作用非常关键，为了确保后砌外叶墙过程中砂浆不堵塞空气间层，要求设置砂浆挡板。

6.2.25 砌筑夹心复合墙时，空腔侧墙面水平缝和竖缝应随砌随刮平，并防止砂浆和杂物落入两片墙之间的空腔内及保温板上。

【条文解析】

该规定是为了便于保温板安装和防止形成"热桥"，影响墙体保温效果。

6.2.26 砌筑装饰夹心复合墙时，外叶墙应随砌随划缝，深度宜为 8~10mm；且应采用专门的勾缝剂勾凹圆或 V 形缝，灰缝应厚薄均匀、颜色一致。

【条文解析】

划缝便于二次勾缝处理，二次勾缝砂浆一般掺加适量防水剂，凹圆或 V 形缝形式有利于排水。

6.2.28 砌筑水池、化粪池、窨井和检查井，应符合下列规定：

1 当设计无要求时，应采用普通砖和水泥砂浆砌筑，并砌筑严实；

2 砌体应同时砌筑，当同时砌筑有困难时，接槎应砌成斜槎；

3 各种管道及附件，应在砌筑时按设计要求埋设。

【条文解析】

水池、化粪池、窨井和检查井等施工，在防渗方面较一般砖砌体高，故应用普通砖和水泥砂浆砌筑。这类构筑物的施工工作面比较小，一般均能同时砌筑，如同时砌筑确有困难，留置斜槎也完全可以做到。管道及预埋件必须在砌筑时埋设，是为了避免事后开凿补埋而产生渗漏现象。

《砌体结构工程施工质量验收规范》GB 50203—2011

5.1.3 砌体砌筑时，混凝土多孔砖、混凝土实心砖、蒸压灰砂砖、蒸压粉煤灰砖等块体的产品龄期不应小于 28d。

【条文解析】

混凝土多孔砖、混凝土普通砖、蒸压灰砂砖、蒸压粉煤灰砖早期收缩值大，如果这时用于墙体上，很容易出现收缩裂缝。为有效控制墙体的这类裂缝产生，在砌筑时砖的产品龄期不应小于 28d，使其早期收缩值在此期间内完成大部分。实践证明，这是预防墙体早期开裂的一个重要技术措施。此外，混凝土多孔砖、混凝土普通砖的强度等级进场复验也需产品龄期为 28d。

5.1.7 采用铺浆法砌筑砌体，铺浆长度不得超过 750mm；当施工期间气温超过 30℃时，铺浆长度不得超过 500mm。

【条文解析】

砖砌体砌筑宜随铺砂浆砌筑。采用铺浆法砌筑时，铺浆长度对砌体的抗剪强度影响明显，在气温 15℃时，铺浆后立即砌砖和铺浆后 30min 再砌砖，砌体的抗剪强度相差 30%。气温较高时砖和砂浆中的水分蒸发较快，影响工人操作和砌筑质量，因而应缩短铺浆长度。

5.1.8 240mm 厚承重墙的每层墙的最上一皮砖，砖砌体的阶台水平面上及挑出层的外皮砖，应整砖丁砌。

【条文解析】

从有利于保证砌体的完整性、整体性和受力的合理性出发，强调本条所述部位应采用整砖丁砌。

5.1.9 弧拱式及平拱式过梁的灰缝应砌成楔形缝，拱底灰缝宽度不宜小于 5mm，拱顶灰缝宽度不应大于 15mm，拱体的纵向及横向灰缝应填实砂浆；平拱式过梁拱脚下面应伸入墙内不小于 20mm；砖砌平拱过梁底应有 1% 的起拱。

【条文解析】

平拱式过梁是弧拱式过梁的一个特例，是矢高极小的一种拱形结构，拱底应有一定起拱量，从砖拱受力特点及施工工艺考虑，必须保证拱脚下面伸入墙内的长度，并保持楔形灰缝形态。

5.1.10 砖过梁底部的模板及其支架拆除时，灰缝砂浆强度不应低于设计强度的 75%。

【条文解析】

过梁底部模板是砌筑过程中的承重结构,只有砂浆达到一定强度后,过梁部位砌体方能承受荷载作用,才能拆除底模。

5.1.11 多孔砖的孔洞应垂直于受压面砌筑。半盲孔多孔砖的封底面应朝上砌筑。

【条文解析】

多孔砖的孔洞垂直于受压面,能使砌体有较大的有效受压面积,有利于砂浆结合层进入上下砖块的孔洞产生"销键"作用,提高砌体的抗剪强度和砌体的整体性。此外,孔洞垂直于受压面砌筑也符合砌体强度试验时试件的砌筑方法。

5.1.13 砖砌体施工临时间断处补砌时,必须将接槎处表面清理干净,洒水湿润,并填实砂浆,保持灰缝平直。

【条文解析】

砖砌体的施工临时间断处的接槎部位是受力的薄弱点,为保证砌体的整体性,必须强调补砌时的要求。

5.2.1 **砖和砂浆的强度等级必须符合设计要求。**

抽检数量:每一生产厂家,烧结普通砖、混凝土实心砖每15万块,烧结多孔砖、混凝土多孔砖、蒸压灰砂砖及蒸压粉煤灰砖每10万块各为一验收批,不足上述数量时按1批计,抽检数量为1组。砂浆试块的抽检数量执行本规范4.0.12条的有关规定。

检验方法:查砖和砂浆试块试验报告。

【条文解析】

在正常施工条件下,砖砌体的强度取决于砖和砂浆的强度等级,为保证结构的受力性能和使用安全,砖和砂浆的强度等级必须符合设计要求。

烧结普通砖、混凝土实心砖检验批的数量,系参考砌体检验批划分的基本数量($250m^3$砌体)确定;烧结多孔砖、混凝土多孔砖、蒸压灰砂砖及蒸压粉煤灰砖检验批数量根据产品的特点并参考产品标准作了适当调整。

5.2.3 **砖砌体的转角处和交接处应同时砌筑,严禁无可靠措施的内外墙分砌施工。在抗震设防烈度为 8 度及 8 度以上地区,对不能同时砌筑而又必须留置的临时间断处应砌成斜槎,普通砖砌体斜槎水平投影长度不应小于高度的2/3,多孔砖砌体的斜槎长高比不应小于1/2。斜槎高度不得超过一步脚手架的高度。**

抽检数量:每检验批抽查不应少于 5 处。

检验方法:观察检查。

5.2.4 非抗震设防及抗震设防烈度为 6 度、7 度地区的临时间断处,当不能留斜槎时，除转角处外，可留直槎，但直槎必须做成凸槎，且应加设拉结钢筋，拉结钢筋应符合下列规定：

1 每 120mm 墙厚放置 1ϕ6 拉结钢筋（120mm 厚墙应放置 2ϕ6 拉结钢筋）；

2 间距沿墙高不应超过 500mm，且竖向间距偏差不应超过 100mm；

3 埋入长度从留槎处算起每边均不应小于 500mm，对抗震设防烈度 6 度、7 度的地区，不应小于 1000mm；

4 末端应有 90° 弯钩（图 5.2.4）。

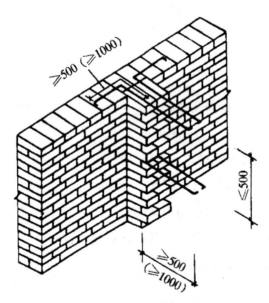

图5.2.4直槎处拉结钢筋示意图

抽检数量：每检验批抽查不应少于 5 处。

检验方法：观察和尺量检查。

【条文解析】

砖砌体转角处和交接处的砌筑和接槎质量，是保证砖砌体结构整体性能和抗震性能的关键之一，地震震害充分证明了这一点。根据陕西省建筑科学院对交接处同时砌筑和不同留槎形式接槎部位连接性能的试验分析，同时砌筑的连接性能最佳；留踏步槎（斜槎）的次之；留直槎并按规定加拉结钢筋的再次之；仅留直槎不加设拉结钢筋的最差。上述不同砌筑和留槎形式试件的水平抗拉力之比为 1.00、0.93、0.85、0.72。因此，对抗震设防烈度 8 度及 8 度以上地区，不能同时砌筑时应留斜槎。对抗震设防烈度为 6 度、7 度地区的临时处，允许留直槎并按规定加设拉结钢筋，这主要是从实际出发，在保证施工质量的前提下，留直槎加设拉结钢筋时，其连接性能较留斜槎时降低有限，对抗震设防烈度不高的地区允许采用留直槎加设拉结钢筋是可行的。

多孔砖砌体斜槎长高比明确为不小于1/2，是从多孔砖规格尺寸、组砌方法及施工实际出发考虑的。多孔砖砌体根据砖规格尺寸，留置斜槎的长高比一般为1:2。

斜槎高度不得超过一步脚手架高度的规定，主要是为了尽量减少砌体的临时间断处对结构整体性的不利影响。

3.3 混凝土小型空心砌块砌体工程

《砌体结构工程施工规范》GB 50924—2014

7.1.1 底层室内地面以下或防潮层以下的砌体，应采用水泥砂浆砌筑，小砌块的孔洞应采用强度等级不低于 Cb20 或 C20 的混凝土灌实。Cb20 混凝土性能应符合现行行业标准《混凝土砌块（砖）砌体用灌孔混凝土》JC 861—2008 的规定。

【条文解析】

用混凝土灌实小砌块砌体一些部位的孔洞，属于构造措施，主要目的是提高砌体的耐久性及结构整体性。考虑到小砌块壁肋较薄的特殊性，规定即使在非冻胀地区，亦应灌实其孔洞。

7.1.3 小砌块砌筑时的含水率，对普通混凝土小砌块，宜为自然含水率，当天气干燥炎热时，可提前浇水湿润；对轻骨料混凝土小砌块，宜提前 1～2d 浇水湿润。不得雨天施工，小砌块表面有浮水时，不得使用。

【条文解析】

普通混凝土小砌块具有吸水率小和吸水、失水速度迟缓的特点，一般情况下砌墙时可不浇水。轻骨料混凝土小砌块的吸水率较大，吸水、失水速度较普通混凝土小砌块快，应提前对其浇水湿润，以保证砂浆不至于失水过快而影响砌体强度。使用较潮湿的小砌块砌筑墙体，易产生"走浆"现象，墙体稳定性差，并影响灰缝的砂浆饱满度和砌体抗剪强度，故不得雨天施工；小砌块表面也不得有浮水。

7.2.1 砌筑墙体时，小砌块产品龄期不应小于28d。

【条文解析】

小砌块龄期达到28d之前，自身收缩速度较快，其后收缩速度减慢，且强度趋于稳定。部分工程实践经验证明，由于采用了龄期低于 28d 的小砌块，墙体普遍产生较多的收缩裂缝。为有效控制砌体收缩裂缝，规定砌体施工时所用的小砌块产品龄期不应小于28d。

7.2.2 承重墙体使用的小砌块应完整、无破损、无裂缝。

【条文解析】

小砌块为薄壁、大孔且块体较大的建筑材料，单个块体如果存在破损、裂缝缺陷时，对砌体强度将产生不利影响；小砌块的原有裂缝也容易发展并形成新的墙体裂缝。

7.2.3 小砌块表面的污物应在砌筑时清理干净，灌孔部位的小砌块，应清除掉底部孔洞周围的混凝土毛边。

【条文解析】

清理小砌块表面的污物，是为了使小砌块与砌筑砂浆或抹灰层之间黏结得更好。小砌块在制造中形成孔洞周围的混凝土毛边使孔洞缩小，用于芯柱部位将引起柱断面颈缩，影响芯柱质量。因此，要求在砌筑前清除。同时，孔洞大一些，也便于芯柱混凝土浇筑密实。工程实践表明，即使按此要求施工，芯柱混凝土浇筑密实的难度也较大。

7.2.4 当砌筑厚度大于190mm的小砌块墙体时，宜在墙体内外侧双面挂线。

【条文解析】

夹心墙与插填聚苯板或其他绝热保温材料的自保温小砌块，其墙体厚度一般都较厚，为保证墙体两侧面平整和垂直，提出宜挂双线砌筑。

7.2.5 **小砌块应将生产时的底面朝上反砌于墙上。**

【条文解析】

所谓反砌，即小砌块生产时的底面朝上砌筑于墙体上。块体底面的肋较宽，且多数有毛边，因此，底面朝上易于铺放砂浆和保证水平灰缝砂浆的饱满度，这也是确定砌体强度指标试件的基本砌法。

7.2.6 小砌块墙内不得混砌黏土砖或其他墙体材料。当需局部嵌砌时，应采用强度等级不低于C20的适宜尺寸的配套预制混凝土砌块。

【条文解析】

小砌块是混凝土制成的薄壁空心墙体材料，与黏土砖或其他墙体材料的线膨胀值不一致。混砌极易引起砌体裂缝，影响砌体强度和墙体整体性。

7.2.7 小砌块砌体应对孔错缝搭砌。搭砌应符合下列规定：

1 单排孔小砌块的搭接长度应为块体长度的1/2，多排孔小砌块的搭接长度不宜小于砌块长度的1/3；

2 当个别部位不能满足搭砌要求时，应在此部位的水平灰缝中设 $\phi 4$ 钢筋网片，且网片两端与该位置的竖缝距离不得小于400mm，或采用配块；

3 墙体竖向通缝不得超过2皮小砌块，独立柱不得有竖向通缝。

【条文解析】

单排孔小砌块孔肋对齐、错缝搭砌，属于施工技术的基本要求，主要是保证墙体整体性，避免形成竖向砌筑通缝，影响砌体强度。同时，也可使墙体转角等交接部位的芯柱孔洞上下贯通。鉴于设计原因，有时个别部位不易做到完全孔对孔、肋对肋。对此，应采取配筋措施或适宜规格的配块，以保证小砌块墙体的正常受力性能。

7.2.8 墙体转角处和纵横交接处应同时砌筑。临时间断处应砌成斜槎，斜槎水平投影长度不应小于斜槎高度。临时施工洞口可预留直槎，但在补砌洞口时，应在直槎上下搭砌的小砌块孔洞内用强度等级不低于 Cb20 或 C20 的混凝土灌实（图7.2.8）。

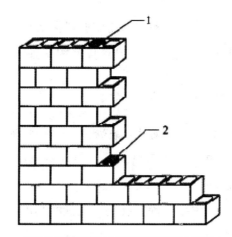

图7.2.8施工临时洞口直槎砌筑示意图
1—先砌洞口灌孔混凝土（随砌随灌）；2—后砌洞口灌孔混凝土（随砌随灌）

【条文解析】

该条规定在施工洞口处预留直槎时，要求在直槎处的两侧小砌块孔洞中灌实混凝土。主要是为了保证接槎处墙体的整体性，且该处理方法较设置构造柱方便。

7.2.10 砌筑小砌块时，宜使用专用铺灰器铺放砂浆，且应随铺随砌。当未采用专用铺灰器时，砌筑时的一次铺灰长度不宜大于 2 块主规格块体的长度。水平灰缝应满铺下皮小砌块的全部壁肋或单排、多排孔小砌块的封底面；竖向灰缝宜将小砌块一个端面朝上满铺砂浆，上墙应挤紧，并应加浆插捣密实。

【条文解析】

小砌块不应浇水砌筑，为防止砂浆中水分被小砌块吸收，以随铺随砌为宜。垂直灰缝饱满度对防止墙体裂缝和渗水至关重要，故要求加浆插捣密实。

7.2.12 小砌块砌体的水平灰缝厚度和竖向灰缝宽度宜为10mm，但不应小于8mm，也不应大于 12mm，且灰缝应横平竖直。

【条文解析】

工程实践表明，小砌块砌体水平灰缝的厚度和垂直灰缝的宽度宜为 10mm，这也是小砌块外形尺寸设计时的基本要求。大于 12mm 的水平灰缝不但降低砌体强度，而且也不便于铺灰操作；而小于 8mm，则易造成空缝、瞎缝及露筋，故应按本条要求砌筑。

7.2.13 需移动砌体中的小砌块或砌筑完成的砌体被撞动时，应重新铺砌。

【条文解析】

小砌块砌体是薄壁空心墙，水平缝铺灰面积较小，撬动或碰动了已砌筑的小砌块会影响砌体质量。因此，新砌筑的砌体，不宜采用黏土砖墙的敲击法来矫正，而应拆除重砌。

7.2.14 砌入墙内的构造钢筋网片和拉结筋应放置在水平灰缝的砂浆层中，不得有露筋现象。钢筋网片应采用点焊工艺制作，且纵横筋相交处不得重叠点焊，应控制在同一平面内。

【条文解析】

砌入小砌块墙体的 $\phi 4$ 点焊钢筋网片，若纵横向钢筋重叠则为 8mm 厚，有露筋的可能。因此，钢筋点焊要求宜在同一平面内。

7.2.15 直接安放钢筋混凝土梁、板或设置挑梁墙体的顶皮小砌块应正砌，并应采用强度等级不低于 Cb20 或 C20 混凝土灌实孔洞，其灌实高度和长度应符合设计要求。

【条文解析】

对未设置圈梁或混凝土垫块的混凝土砌块墙体，在设置钢筋混凝土梁、板或挑梁的部位，现行国家标准《砌体结构设计规范》GB 50003—2011 已提出了明确规定，为了确保该部位的受力安全，对其做法提出了应符合设计要求的规定。

7.2.16 固定现浇圈梁、挑梁等构件侧模的水平拉杆、扁铁或螺栓所需的穿墙孔洞，宜在砌体灰缝中预留，或采用设有穿墙孔洞的异型小砌块，不得在小砌块上打洞。利用侧砌的小砌块孔洞进行支模时，模板拆除后应采用强度等级不低于 Cb20 或 C20 混凝土填实孔洞。

【条文解析】

考虑支模需要，同时防止在已砌好的墙体上打洞，特提出本条措施。当外墙利用侧砌的小砌块孔洞支模时，为防止该部位存在渗水隐患，待拆除支模后应将孔洞用混凝土灌实。

7.2.17 砌筑小砌块墙体应采用双排脚手架或工具式脚手架。当需在墙上设置脚手眼时，可采用辅助规格的小砌块侧砌，利用其孔洞作脚手眼，墙体完工后应采用强度等级不低于 Cb20 或 C20 的混凝土填实。

【条文解析】

小砌块属薄壁空心材料，墙上留设脚手孔洞会造成墙体局部受压；事后镶砌，将使该部位砂浆较难饱满密实。多年施工实践证实，小砌块墙体施工做到不设脚手孔洞。因此，本条作了严格规定。

7.3.2 每根芯柱的柱脚部位应采用带清扫口的 U 型、E 型、C 型或其他异型小砌块砌留操作孔。砌筑芯柱部位的砌块时，应随砌随刮去孔洞内壁凸出的砂浆，直至一个楼层高度，并应及时清除芯柱孔洞内掉落的砂浆及其他杂物。

【条文解析】

在芯柱根部设置清扫口，一是用于清扫孔道内杂物，二是便于上下芯柱钢筋绑扎固定。施工时，芯柱清扫口可用 U 型砌块砌筑，但仅用一种单孔 U 型块竖砌将在此部位发生两皮同缝的状况。为避免此现象，应与双孔 E 型块同用为宜。C 型小砌块用于墙体 90° 转角部位，可使转角芯柱底部相互贯通。

《砌体结构工程施工质量验收规范》GB 50203—2011

6.1.2 施工前，应按房屋设计图编绘小砌块平、立面排块图，施工中应按排块图施工。

【条文解析】

编制小砌块平、立面排块图是施工准备的一项重要工作，也是保证小砌块墙体施工质量的重要技术措施。在编制时，宜由水电管线安装人员与土建施工人员共同商定。

6.1.3 施工采用的小砌块的产品龄期不应小于 28d。

【条文解析】

小砌块龄期达到 28d 之前，自身收缩速度较快，其后收缩速度减慢，且强度趋于稳定。为有效控制砌体收缩裂缝，检验小砌块的强度，规定砌体施工时所用的小砌块，产品龄期不应小于 28d。

6.1.7 砌筑普通混凝土小型空心砌块砌体，不需对小砌块浇水湿润，如遇天气干燥炎热，宜在砌筑前对其喷水湿润；对轻骨料混凝土小砌块，应提前浇水湿润，块体的相对含水率宜为 40%～50%。雨天及小砌块表面有浮水时，不得施工。

【条文解析】

普通混凝土小砌块具有吸水率小和吸水、失水速度迟缓的特点，一般情况下砌墙时可不浇水。轻骨料混凝土小砌块的吸水率较大，吸水、失水速度较普通混凝土小砌块快，应提前对其浇水湿润。

6.1.8 承重墙体使用的小砌块应完整、无破损、无裂缝。

【条文解析】

小砌块为薄壁、大孔且块体较大的建筑材料，单个块体如果存在破损、裂缝等质量缺陷，对砌体强度将产生不利影响；小砌块的原有裂缝也容易发展并形成墙体新的裂缝。

6.1.9 小砌块墙体应孔对孔、肋对肋锚缝搭砌。单排孔小砌块的搭接长度应为块体长度的 1/2；多排孔小砌块的搭接长度可适当调整，但不宜小于砌块长度的 1/3，且不应小于 90mm。墙体的个别部位不能满足上述要求时，应在灰缝中设置拉结钢筋或钢筋网片，但竖向通缝仍不得超过两皮小砌块。

6.1.10 小砌块应将生产时的底面朝上反砌于墙上。

【条文解析】

确保小砌块砌体的砌筑质量，可简单归纳为六个字：对孔、错缝、反砌。所谓对孔，即在保证上下皮小砌块搭砌要求的前提下，使上皮小砌块的孔洞尽量对准下皮小砌块的孔洞，使上、下皮小砌块的壁、肋可较好传递竖向荷载，保证砌体的整体性及强度；所谓错缝，即上、下皮小砌块错开砌筑（搭砌），以增强砌体的整体性，这属于砌筑工艺的基本要求；所谓反砌，即小砌块生产时的底面朝上砌筑于墙体上，易于铺放砂浆和保证水平灰缝砂浆的饱满度，这也是确定砌体强度指标试件的基本砌法。

6.1.11 小砌块墙体宜逐块坐（铺）浆砌筑。

【条文解析】

小砌块砌体相对于砖砌体，小砌块块体大，水平灰缝坐（铺）浆面窄小，竖缝面积大，砌筑一块费时，为缩短坐（铺）浆后的间隔时间，减少对砌筑质量的不良影响，特作此规定。

6.1.13 每步架墙（柱）砌筑完后，应随即刮平墙体灰缝。

【条文解析】

灰缝经过刮平，将对表层砂浆起到压实作用，减少砂浆中水分的蒸发，有利于保证砂浆强度的增长。

6.1.14 芯柱处小砌块墙体砌筑应符合下列规定：

1 每一楼层芯柱处第一皮砌块应采用开口小砌块；

2 砌筑时应随砌随清除小砌块孔内的毛边，并将灰缝中挤出的砂浆刮净。

【条文解析】

凡有芯柱之处均应设清扫口：一是用于清扫孔洞底撒落的杂物；二是便于上下芯柱

钢筋连接。

芯柱孔洞内壁的毛边、砂浆不仅使芯柱断面缩小，而且混入混凝土中还会影响其质量。

6.2.1 小砌块和芯柱混凝土、砌筑砂浆的强度等级必须符合设计要求。

抽检数量：每一生产厂家，每1万块小砌块为一验收批，不足1万块按一批计，抽检数量为1组；用于多层以上建筑的基础和底层的小砌块抽检数量不应少于2组。砂浆试块的抽检数量应执行本规范4.0.12条的有关规定。

检验方法：检查小砌块和芯柱混凝土、砌筑砂浆试块试验报告。

【条文解析】

在正常施工条件下，小砌块砌体的强度取决于小砌块和砌筑砂浆的强度等级；芯柱混凝土强度等级也是砌体力学性能能否满足要求最基本的条件。因此，为保证结构的受力性能和使用安全，小砌块和芯柱混凝土、砌筑砂浆的强度等级必须符合设计要求。

《混凝土小型空心砌块建筑技术规程》JGJ/T 14—2011

8.3.1 墙体施工前必须按房屋设计图编绘小砌块平、立面排块图。排块时应根据小砌块规格、灰缝厚度和宽度、门窗洞口尺寸、过梁与圈梁或连系梁的高度、芯柱或构造柱位置、预留洞大小、管线、开关、插座敷设部位等进行对孔、错缝搭砌排列，并以主规格小砌块为主，辅以配套的辅助块。

【条文解析】

编制小砌块排块图是施工作业准备的一项首要工作，也是保证小砌块墙体工程质量的重要技术措施，尤其是初次接触小砌块施工更应编制排块图。在编制时，土建施工人员应与管线安装人员共同商定，使排块图真正起到指导施工的作用。以主规格小砌块为主进行排块可提高砌筑工效，并可减少砌筑砂浆量。

8.3.2 各种型号、规格的小砌块备料量应依据设计图和排块图进行计算，并按施工进度计划分期、分批进入现场。

【条文解析】

为保证小砌块按施工进度计划的需用量配套供货，应按实际排块图进行计算。小砌块分期分批配套进场，既可满足施工进度的要求，又便于现场开展文明施工，这对场地窄小的工地是有利的。

8.3.3 堆放小砌块的场地应预先夯实平整，并应有防潮和防雨、雪等排水设施。不同规格型号、强度等级的小砌块应分别覆盖堆放；堆置高度不宜超过1.6m，且不得着地堆放；堆垛上应有标志，垛间宜留适当宽度的通道。装卸时，不得翻斗卸车和随意抛掷。

【条文解析】

为防止小砌块砌筑前受潮,堆放场地要有排水和防雨、雪的设施。小砌块属薄壁空心制品,堆放不当或搬运中翻斗倾卸与抛掷,极易造成小砌块缺棱掉角而不能使用,故应推广小砌块包装化,以利施工现场文明管理,同时又可减少小砌块损耗。

8.3.4 砌入墙体内的各种建筑构配件、埋设件、钢筋网片与拉结筋等应事先预制及加工;各种金属类拉结件、支架等预埋铁件应做防锈处理,并按不同型号、规格分别存放。

【条文解析】

由于小砌块墙体构造的特殊性,如与门窗连接的预制块、局部墙体的填实块、暗敷水平管线的凹形块,以及砌入墙体的钢筋网片和拉结筋等都要求在施工准备阶段先行加工并分类、分规格存放,以备砌筑时使用。

8.3.5 备料时,不得使用有竖向裂缝、断裂、受潮、龄期不足的小砌块及插填聚苯板或其他绝热保温材料的厚度、位置、数量不符合墙体节能设计要求的小砌块进行砌筑。

【条文解析】

干燥收缩是小砌块的重要特征,也是造成砌体裂缝的主要起因。在自然条件下,混凝土干燥收缩一般需要 180d 后才趋于稳定,养护 28d 的混凝土仅完成最终收缩值的60%,其余收缩将在 28d 后完成,故在生产厂的室内或棚内的停置时间应越长越好。这样对减少小砌块上墙后的收缩裂缝有好处。考虑到工厂堆放场地有限,故条文规定了不得使用在厂内的停置时间即龄期不足 28d 的小砌块进行砌筑。

8.3.6 小砌块表面的污物和用于芯柱及所有灌孔部位的小砌块,其底部孔洞周围的混凝土毛边应在砌筑前清理干净。

【条文解析】

清理小砌块表面的污物是为了使小砌块与砌筑砂浆或抹灰层之间黏结得更好。小砌块在制造中形成孔洞周围的水泥砂浆毛边使孔洞缩小,用于芯柱将引起柱断面颈缩,影响芯柱质量。因此,要求在砌筑前清除。同时,也便于芯柱混凝土浇灌。

8.3.7 砌筑小砌块基础或底层墙体前,应采用经检定的钢尺校核房屋放线尺寸,允许偏差值应符合表 8.3.7 的规定。

表 8.3.7 房屋放线尺寸允许偏差

长度 L、宽度 B/m	允许偏差/mm
$L（B）\leqslant 30$	±5
$30<L（B）\leqslant 60$	±10
$60<L（B）\leqslant 90$	±15
$L（B）>90$	±20

8.3.8 砌筑底层墙体前必须对基础工程按有关规定进行检查和验收。当芯柱竖向钢筋的基础插筋作为房屋避雷设施组成部分时，应用检定合格的专用电工仪表进行检测，符合要求后方可进行墙体施工。

【条文解析】

基础工程质量将影响上部砌体工程及整个建筑工程的质量。因此，应坚持上"道基础工序未经验收，下道砌筑工序不得施工"的原则。

8.3.9 配筋小砌块砌体剪力墙施工前，应按设计要求在施工现场建造与工程实体完全相同的具有代表性的模拟墙。剖解后的模拟墙质量应符合设计要求，方可正式施工。

【条文解析】

建造与工程实体完全相同的模拟墙能使管理和操作人员做到心中有数，有利施工参数的验证与调整。为工程施工做好铺垫，是一项切实保证工程质量的重要举措。

8.4.1 墙体砌筑应从房屋外墙转角定位处开始。砌筑皮数、灰缝厚度、标高应与皮数杆标志相一致。皮数杆应竖立在墙体的转角和交界处，间距宜小于 15m。

【条文解析】

皮数杆是保证小砌块砌体砌筑质量的重要措施。它能使墙面平整，砌体水平灰缝平直并厚度一致，故施工中应坚持使用。

8.4.2 砌筑厚度大于 240mm 的小砌块墙体时，宜在墙体内外侧同时挂两根水平准线。

【条文解析】

夹心墙与插填聚苯板或其他绝热保温材料的自保温小砌块其墙体厚度一般都较厚，为保证墙体两侧面平整和垂直，应挂双线砌筑。

8.4.3 正常施工条件下，小砌块墙体（柱）每日砌筑高度宜控制在 1.4m 或一步脚手架高度内。

【条文解析】

规定小砌块墙体日砌筑高度有利于已砌筑墙体尽快形成强度使其稳定安全,有利于墙体收缩裂缝的减少。因此,适当控制每天的砌筑速度是必要的。

8.4.4 小砌块在砌筑前与砌筑中均不应浇水,尤其是插填聚苯板或其他绝热保温材料的小砌块。当施工期间气候异常炎热干燥时,对无聚苯板或其他绝热保温材料的小砌块及轻骨料小砌块可在砌筑前稍喷水湿润,但表面明显潮湿的小砌块不得上墙。

【条文解析】

浇过水的小砌块与表面明显潮湿的小砌块会产生湿胀和日后干缩现象,上墙后易使墙体产生裂缝,所以不应使用。考虑到气候特别炎热干燥时,砂浆铺摊后会失水过快,影响砌筑砂浆与小砌块间的黏结,因此,砌筑时可稍喷水湿润。

8.4.5 砌筑单排孔小砌块、多排孔封底小砌块、插填聚苯板或其他绝热保温材料的小砌块时,均应底面朝上反砌于墙上。

【条文解析】

小砌块底面的铺灰面较大,便于砂浆铺摊,对保证水平灰缝的饱满度以及小砌块受力有利。

8.4.6 小砌块墙内不得混砌黏土砖或其他墙体材料。镶砌时,应采用实心小砌块(90mm×190mm×53mm)或与小砌块材料强度同等级的预制混凝土块。

【条文解析】

小砌块是混凝土制成的薄壁空心墙体材料,其块体强度与黏土砖或其他墙体材料并不等强,而且两者间的线膨胀值也不一致。混砌极易引起砌体裂缝,影响砌体强度。所以,即使混砌也应采用与小砌块材料强度同等级的预制混凝土块。

8.4.7 小砌块砌筑形式应每皮顺砌。当墙、柱(独立柱、壁柱)内设置芯柱时,小砌块必须对孔、错缝、搭砌,上下两皮小砌块搭砌长度应为 195mm;当墙体设构造柱或使用多排孔小砌块及插填聚苯板或其他绝热保温材料的小砌块砌筑墙体时,应错缝搭砌,搭砌长度不应小于 90mm。否则,应在此部位的水平灰缝中设 $\phi4$ 点焊钢筋网片。网片两端与该位置的竖缝距离不得小于 400mm。墙体竖向通缝不得超过 2 皮小砌块,柱(独立柱、壁柱)宜为 3 皮。

【条文解析】

单排孔小砌块孔肋对齐、错缝搭砌,主要是保证墙体传递竖向荷载的直接性,避免产生竖向裂缝,影响砌体强度。同时,也可使墙体转角等交接部位的芯柱孔洞上下贯通。鉴于设计原因，有时不易做到完全对孔。因此，规定最小搭砌长度不得小于90mm，即主规格小砌块块长的1/4。否则，应在此水平灰缝中加设ϕ4钢筋网片，以保证小砌块壁肋均匀受力。

多排孔小砌块及插填聚苯板或其他绝热保温材料的小砌块主要用于无芯柱或设构造柱的墙，无对孔砌筑要求，但上下皮小砌块仍应搭砌，并不得小于90mm。

8.4.9 混合结构中的各楼层内隔墙砌至离上层楼板的梁、板底尚有100mm间距时暂停砌筑，且顶皮应采用封底小砌块反砌或用Cb20混凝土填实孔洞的小砌块正砌砌筑。当暂停时间超过7d时，可用实心小砌块斜砌楔紧，且小砌块灰缝及与梁、板间的空隙应用砂浆填实；房屋顶层内隔墙的墙顶应离该处屋面板板底15mm，缝内宜用弹性腻子或1:3石灰砂浆嵌塞。

【条文解析】

为防止混合结构中的内隔墙顶与梁、板底间产生裂缝，应等待一段时间，再补砌斜砌实心小砌块，使隔墙有一个凝固稳定的过程。实心小砌块应斜砌在无孔洞或孔洞被填满、填实的小砌块上，以确保墙体稳定；房屋顶层内隔墙墙顶预留间隙，是为了避免因温度作用使屋面板变形，从而拉动隔墙引起墙体开裂，故顶层内隔墙不得与屋面板底接触。

8.4.10 小砌块采用内、外两排组砌时，应按下列要求进行施工：

1 当内、外两排小砌块之间插有聚苯板等绝热保温材料时，应采取隔皮（分层）交替对孔或错孔的砌筑方式，且上下相邻两皮小砌块在墙体厚度方向应搭砌，其搭砌长度不得小于90mm。否则，应在内、外两排小砌块的每皮水平灰缝中沿墙长铺设ϕ4点焊钢筋网片。

2 小砌块内、外两排组砌宜采用一顺一丁方式进行砌筑，但上下相邻两皮小砌块的竖缝不得同缝。

3 当内、外两排小砌块从墙底到墙顶均采取顺砌方式时，则应在内、外排小砌块的每皮水平灰缝中沿墙长铺设ϕ4点焊钢筋网片。

4 小砌块内、外两排之间的缝宽应为10mm，并与水平、垂直（竖）灰缝一致饱满。

【条文解析】

内、外两排小砌块组砌的墙体在承重或保温节能方面具有特定的优势。在严寒和寒冷地区，可根据当地气候、施工等条件予以采用，但必须保证内、外排小砌块墙体的整体稳定。

8.4.11 砌筑小砌块的砂浆应随铺随砌。水平灰缝应满铺下皮小砌块的全部壁肋或单排、多排孔小砌块的封底面；竖向灰缝宜将小砌块一个端面朝下满铺砂浆，上墙应挤紧，并加浆插捣密实。灰缝应横平竖直。

【条文解析】

小砌块不应浇水砌筑，为防止砂浆中水分被小砌块吸收，以随铺随砌为宜。垂直灰缝饱满度对防止墙体裂缝和渗水至关重要，故提出提高垂直灰缝饱满度的具体措施。

8.4.12 砌筑时，墙（柱）面应用原浆做勾缝处理。缺灰处应补浆压实，并宜做成凹缝，凹进墙面 2mm。

【条文解析】

随砌随勾缝可使墙体灰缝密实不渗水。凹缝有利于抹灰层与墙体基层黏结。

8.4.13 砌入墙（柱）内的钢筋网片、拉结筋和拉结件的防腐要求应符合设计规定。砌筑时，应将其放置在水平灰缝的砂浆层中，不得有露筋现象。钢筋网片应采用点焊工艺制作，且纵横筋相交处不得重叠点焊，应控制在同一平面内。2 根 $\phi 4$ 纵筋应分置于小砌块内、外壁厚的中间位置，$\phi 4$ 横筋间距应为 200mm。

【条文解析】

砌入小砌块墙体的 $\phi 4$ 点焊钢筋网片，若纵横向钢筋重叠为 8mm 厚，则有露筋的可能。因此，要求钢筋点焊应在同一平面内。

8.4.14 现浇圈梁、挑梁、楼板等构件时，支承墙的顶皮小砌块应正砌，其孔洞应预先用 C20 混凝土填实至 140mm 高度，尚余 50mm 高的洞孔应与现浇构件同时浇灌密实。

【条文解析】

为防止现浇构件时混凝土漏浆，应将支承梁、板的顶皮小砌块孔洞预先填实 140mm 高，余下部分与现浇构件一起浇筑，形成整体。

8.4.15 圈梁等现浇构件的侧模板高度除应满足梁的高度外，尚应向下延伸紧贴墙体的两侧。延伸部分不宜少于 2~3 皮小砌块高度。

【条文解析】

为防止现浇圈梁底与小砌块墙体间出现水平裂缝，向下延伸圈梁两侧模板，将力传至下部墙体可克服这种通病。

8.4.16 固定现浇圈梁、挑梁等构件侧模的水平拉杆、扁铁或螺栓所需的穿墙孔洞宜在砌体灰缝中预留，或采用设有穿墙孔洞的异型小砌块，不得在小砌块上打凿安装洞。内墙可利用侧砌的小砌块孔洞进行支模，模板拆除后应用实心小砌块或 C20 混凝土填实孔洞。

【条文解析】

考虑支模需要，同时防止在已砌好的墙体上打洞，特提出本条措施。当外墙利用侧砌的小砌块孔洞支模时，应防止该部位存在渗水隐患。

8.4.17 预制梁、板直接安放在墙上时，应将墙的顶皮小砌块正砌，并用 C20 混凝土填实孔洞，或用填实的封底小砌块反砌，也可丁砌三皮实心小砌块（90mm×190mm×53mm）。

【条文解析】

预制梁、板支承处的小砌块填实或用实心小砌块砌筑可增加梁、板底接触面，对支承与局部受压有利。

8.4.18 安装预制梁、板时，支座面应先找平后坐浆，不得两者合一，不得干铺，并按设计要求与墙体支座处的现浇圈梁进行可靠的锚固。预制楼板安装也可采用硬架支模法施工。

【条文解析】

为使预制梁、板安装平整，不因支座不平发生断裂，故强调了找平后再坐浆的操作步骤。

8.4.20 墙体施工段的分段位置宜设在伸缩缝、沉降缝、防震缝、构造柱或门窗洞口处。相邻施工段的砌筑高度差不得超过一个楼层高度，也不应大于 4m。

【条文解析】

为组织流水施工，房屋变形缝和门窗洞口是划分施工工作段的最佳位置。构造柱将墙体分隔成几个独立部分，因此，也是施工工作段的划分位置。同时，出于墙体稳定性考虑，规定相邻施工工作段高差不得超过一个楼层高度，也不应大于 4m。

8.4.21 墙体的伸缩缝、沉降缝和防震缝内不得夹有砂浆、碎砌块和其他杂物。

【条文解析】

缝内有了砂浆、碎块等杂物就限制了房屋建筑的变形，使变形缝起不到应有的作用。

8.4.22 基础或每一楼层砌筑完成后，应校核墙体的轴线位置和标高。对允许范围内的轴线偏差，应在基础顶面或本层楼面上校正。标高偏差宜逐皮调整上部墙体的水平灰缝厚度。

【条文解析】

这是保证整幢房屋建筑和每一层墙体质量的一项有效的施工技术措施。

8.4.25 砌筑小砌块墙体应采用双排外脚手架、里脚手架或工具式脚手架，不得在砌筑的墙体上设脚手孔洞。

【条文解析】

小砌块属薄壁空心材料，墙上留设脚手孔洞会造成墙体局部受压；事后镶砌，将使该部位砂浆较难饱满密实。多年施工实践证实，小砌块墙体施工可完全做到不设脚手孔洞。因此，条文作了严格规定。

8.4.26 在楼面、屋面上堆放小砌块或其他物料时，不得超过楼板的允许荷载值。当施工楼层进料处的施工荷载较大时，应在楼板下增设临时支撑。

【条文解析】

施工中，应防止因局部堆载或冲击荷载超过楼面、屋面的允许承载力而发生楼板开裂甚至突然坍塌的重大安全事故，为此，作出本规定。

8.5.1 小砌块孔洞中需填散粒状的绝热保温或隔声材料时，应砌一皮填满一皮，不得捣实。充填材料的性能指标应符合设计要求，且洁净、干燥。

【条文解析】

砌一皮填一皮隔热、隔声材料可避免漏放的情况。

8.5.3 砌筑带内复合绝热保温层（板）的夹心复合保温小砌块墙体时，上下左右的小砌块内复合绝热保温层（板）应相互平直对接，不得留有缝隙。当内复合绝热保温层（板）具有阻断、隔绝墙体任何部位的热桥功能时，可不予对接，并按常用砌筑砂浆错位砌筑；当内复合绝热保温层（板）的长度和高度均未超出小砌块块体时，应用符合设计强度等级的保温砌筑砂浆砌筑。

【条文解析】

砌筑中应使上下左右的保温夹芯层相互衔接成一体，避免热桥现象，以提高墙体保温效果。

8.5.4 90mm 厚外叶墙与 190mm 厚内叶墙组成的小砌块夹心墙施工应符合下列要求：

1 内、外叶墙小砌块的排块宜一一对应。

2 砌筑时，内、外叶墙均应挂水平准线，并按皮数杆上的标志先砌内叶墙后砌外叶墙，依次交替往上砌筑。

3 空腔两侧内、外叶墙的水平灰缝与竖缝应随砌随勾平缝，墙面应平整，不得挂有砂浆，并及时清除掉入空腔内的砂浆等杂物。

4 聚苯板或其他保温板材应在内、外叶墙每砌筑 2 或 3 皮时插入空腔内。板间的上下左右拼缝应正交、平直对接，不得歪斜、重叠，不得相互分离、留有缝隙。当空腔内同时设保温层和空气间层时，应将聚苯板或其他保温板材用胶黏剂粘贴在内叶墙墙面上，并按设计要求的位置、间距留设排水道和出水孔。保温板周边的胶黏剂应形成连续的封闭圈，板的中间部分可采用点粘法涂抹。涂胶黏剂的面积不得少于保温板面积的 40%；当采用浇注型硬质聚氨酯泡沫塑料、发泡脲醛树脂或现浇泡沫混凝土等保温材料时，应符合本规程 8.13.23 条和 8.13.24 条的规定。

5 钢筋网片的纵、横筋均应采用 $\phi4$ 钢筋，长度宜为房屋开间或相邻轴线间的距离，并需编号。纵、横筋组成的网片形状应与该开间或轴线内的小砌块排块图完全一致。内叶墙应设纵筋 2 根，分置于小砌块两个壁厚的中间；外叶墙仅在小砌块外侧壁厚 1/2 处设纵筋；内、外叶墙的竖向灰缝 1/2 宽度处设长横筋，间距应为 400mm；短横筋仅设在内叶墙小砌块中肋的中间位置，离长横筋间距应为 200mm。网片的纵、横筋均不宜位于小砌块孔洞处，并应按本规程 8.4.13 条的要求进行焊接与埋置，竖向间距宜为 400～600mm。

6 拉结件采用 $\phi4$ 热镀锌钢筋制成箍筋形状的拉结环时，其环箍的外围长度应比夹心墙厚度少 30mm，外围宽度宜为 40mm；当采用 $\phi6$ 热镀锌钢筋制成 Z 形拉结件时，其长度同拉结环，Z 形的弯钩长度不应小于 100mm。拉结件在同皮水平灰缝中的间距不得大于 800mm，竖向间距宜为 400～600mm，且相邻上、下皮拉结件的水平投影间距应为 400mm，呈梅花状布置。

7 砌筑室内地面以下的夹心墙时，小砌块孔洞应用 C20 混凝土填实，空腔内填实高度宜为 400～600mm。

8 在夹心墙上安装预制挑梁或支设现浇圈梁的模板前，应在梁底处的外叶墙顶面铺 2～3 层油毡或聚苯板，不得将外叶墙作为挑梁与圈梁的支承点。

9 窗洞口两侧的夹心墙空腔处，应用 2mm 厚的钢板网全封闭。

10 砌筑时，门洞两侧内、外叶墙端部的孔洞处应埋置 $\phi6@400$ 拉结环或 $\phi6@200$ 拉结筋。墙端空腔中的保温材料不得外露，应用 1:2 水泥砂浆或 C20 混凝土封闭；当采用现浇钢筋混凝土边框加强内、外叶墙时，边框的纵向钢筋应伸入现浇门过梁内，$\phi6@200$ 的水平箍筋两端应分别锚入内、外叶墙端部的小砌块孔洞中。

11 门洞两侧内叶墙端部的小砌块孔洞，应按插筋芯柱的要求进行施工；外叶墙端部的小砌块长孔可用 Cb20 混凝土填实。

【条文解析】

拉结件的防腐与埋设关系到内、外叶墙的稳定与安全，施工中应予注意。

8.5.5 190mm 厚度外叶墙与 90mm 厚度内叶墙组成的小砌块夹心墙施工应符合下列

要求：

1 在多层砌体混合结构房屋中，190mm 厚度外叶墙在 L 形与 T 形节点处，可设置芯柱或构造柱。

2 在墙体设置芯柱的 L 形节点处，外墙与山墙应错缝搭砌并每隔 2 皮小砌块埋置转角的 $\phi4$ 点焊钢筋网片或 $2\phi6$ 拉结钢筋；在 T 形节点处，内墙不得与外墙搭砌，但仍应按 2 皮小砌块垂直间距设 $\phi4$ 点焊钢筋网片或 $2\phi6$ 拉结钢筋。芯柱数量、位置应按设计要求设置，且在 T 形部位内墙不得少于 3 孔芯柱。

3 在墙体设置构造柱的 L 形节点处，外墙、山墙与构造柱间应按 2 皮小砌块垂直间距埋设 $\phi4$ 点焊钢筋网片或 $2\phi6$ 拉结钢筋并留马牙槎口；在 T 形节点处，外墙与构造柱仍按前述要求设拉结筋，留马牙槎，但内墙仅将 $2\phi6@400$ 拉结钢筋锚入构造柱，不留槎口。构造拄在 L 形节点处的截面边长应与外墙、山墙厚度一致；在 T 形节点处，构造柱的外侧表面应平齐外墙面，其截面边长应与内墙厚度等宽，另一方向的截面边长宜为外墙厚度 190mm 减去 20mm。

4 当墙体 T 形节点设芯柱时，邻近外墙的内墙第一块小砌块的端面从墙底到墙顶应用预先满贴聚苯板的小砌块砌筑。聚苯板厚度宜为 10mm；当 T 形节点设构造柱时，聚苯板厚度宜为 20mm。

5 保温墙夹心层（空腔）与 90mm 厚度的内叶墙可日后施工。保温板粘贴可在外叶墙较干燥时进行。

6 内、外叶墙间可不设拉结钢筋网片或任何形式的拉结件，但内叶墙两端与内墙应每隔 2 皮小砌块设置 $\phi4$ 点焊钢筋网片或 $2\phi6$ 拉结钢筋。当内叶墙高度超过 4m 时，宜在 1/2 墙高处设置与内墙连接且沿墙全长贯通的钢筋混凝土水平系梁。

7 墙体 T 形交接处的楼、屋面现浇圈梁中的纵向钢筋须连通，但混凝土在结合处的聚苯板位置留缝断开。缝宽宜为 10～20mm，缝内宜充填聚氨酯填缝剂。

8 在不改变室内净宽度和净长度尺寸的前提下，外墙的定位轴线应设在 190mm 厚度的外叶墙上。

【条文解析】

在多层砌体混合结构的房屋中，将 190mm 厚度墙作外叶墙、90mm 厚度墙为内叶墙所组成的夹心墙有以下特点：

1）在外叶墙较干燥时进行保温夹心层施工能保持聚苯板外表干燥，使保温效果不受影响。

2）内、外叶墙可不同时砌筑，既方便了施工，又节省了钢筋网片或拉结件。

3）内、外叶墙间的空腔内可不设排水通道。

4）有利室内装修及管线安装。在90mm厚度内叶墙上打洞凿槽，无碍主体结构墙。

8.6.1 每根芯柱的柱脚部位应采用带清扫口的U型、E型或C型等异型小砌块砌筑。

【条文解析】

凡有芯柱之处应设清扫口：一是用于清扫孔道内杂物；二是便于上下芯柱钢筋绑扎固定。施工时，芯柱清扫口可用U型砌块砌筑，但仅用一种单孔U型块竖砌将在此部位发生两皮同缝的状况。为避免此现象，应与双孔E型块同用为宜。C型小砌块用于墙体90°转角部位，可使转角芯柱底部相互贯通。

8.6.2 砌筑中应及时清除芯柱孔洞内壁及孔道内掉落的砂浆等杂物。

【条文解析】

芯柱孔洞内有杂物将影响混凝土质量。内壁的砂浆将使芯柱断面缩小。因此，在砌筑时应随砌随刮从灰缝中挤出的砂浆。

8.6.3 芯柱的纵向钢筋应采用带肋钢筋，并从每层墙（柱）顶向下穿入小砌块孔洞，通过清扫口与从圈梁（基础圈梁、楼层圈梁）或连系梁伸出的竖向插筋绑扎搭接。搭接长度应符合设计要求。

【条文解析】

因芯柱孔洞较小，使用带肋钢筋可省却两端弯钩占去的空间，有利于芯柱的混凝土浇灌。

8.6.4 用模板封闭清扫口时，应有防止混凝土漏浆的措施。

【条文解析】

由于灌注芯柱混凝土的流动度较大，为保证混凝土密实，要求有严密封闭清扫口的措施，防止漏浆。

8.6.5 灌筑芯柱的混凝土前，应先浇50mm厚与灌孔混凝土成分相同不含粗骨料的水泥砂浆。

【条文解析】

先浇50mm厚与芯柱的混凝土成分相同的水泥砂浆，可防止芯柱底部的混凝土显露粗骨料。

8.6.6 芯柱的混凝土应待墙体砌筑砂浆强度等级达到1MPa及以上时，方可浇灌。

【条文解析】

当砌筑砂浆未达到规定强度即浇灌、振捣芯柱的混凝土会造成墙体位移。因此，施工时应予注意。

8.6.7 芯柱的混凝土坍落度不应小于 90mm；当采用泵送时，坍落度不宜小于 160mm。

【条文解析】

芯柱的混凝土坍落度应比一般混凝土大，有利于浇灌，稍许振捣即可密实。但非泵送的预拌混凝土坍落度过大会给施工操作带来一定的困难。

8.6.8 芯柱的混凝土应按连续浇灌、分层捣实的原则进行操作，直浇至离该芯柱最上一皮小砌块顶面 50mm 止，不得留施工缝。振捣时，宜选用微型行星式高频振动棒。

【条文解析】

为使芯柱的混凝土有较好的整体性，应实行连续浇灌，直浇至离该芯柱最上一皮小砌块顶面 50mm 止，使每层圈梁的底与所有芯柱交接处均形成凹凸形暗键，以增强房屋的抗震能力。

8.6.9 芯柱沿房屋高度方向应贯通。当采用预制钢筋混凝土楼板时，其芯柱位置处的每层楼面应预留缺口或设置现浇钢筋混凝土板带。

【条文解析】

为了充分发挥芯柱在房屋抗震中的作用，芯柱沿房屋高度方向应在每层楼面处全截面贯通。

8.7.1 设置钢筋混凝土构造柱的小砌块墙体，应按绑扎钢筋、砌筑墙体、支设模板、浇灌混凝土的施工顺序进行。

【条文解析】

先砌墙后浇注的施工顺序有利于构造柱与墙体的结合，施工中应切实遵守。

8.7.2 墙体与构造柱连接处应砌成马牙槎，从每层柱脚开始，先退后进。槎口尺寸为长 100mm、高 200mm。墙、柱间的水平灰缝内应按设计要求埋置 $\phi 4$ 点焊钢筋网片。

【条文解析】

为避免构造柱因混凝土收缩而导致柱、墙脱开状况，小砌块墙体与构造柱之间应设马牙槎。由于小砌块块体较大，马牙槎槎口尺寸也相应较大，一般为 $100mm \times 200mm$，否则小砌块不易排列。

8.7.3 构造柱两侧模板应紧贴墙面，不得漏浆。柱模底部应预留 $100mm \times 200mm$ 清扫口。

【条文解析】

构造柱两侧模板与墙体表面的间隙是混凝土浇捣时漏浆的通道，易造成构造柱混凝土施工质量问题。施工中，可在两侧模板与墙体接触处边缘，沿模板高度粘贴泡沫塑料条，以达到模板紧贴墙体的要求，堵塞混凝土浆水流出。

8.7.4 构造柱纵向钢筋的混凝土保护层厚度宜为 20mm，且不应小于 15mm。混凝土坍落度宜为 50～70mm。

【条文解析】

坍落度可根据施工时气温、泵送高度作适当调整。

8.7.5 构造柱混凝土浇灌前，应清除砂浆等杂物并浇水湿润模板，然后先注入与混凝土成分相同不含粗骨料的水泥砂浆 50mm 厚，再分层浇灌、振捣混凝土，直至完成。凹形槎口的腋部应振捣密实。

【条文解析】

由于小砌块马牙槎较大，凹形槎口的腋部混凝土不易密实，故浇灌、振捣构造柱混凝土时要引起注意。

3.4 石砌体工程

《砌体结构工程施工规范》GB 50924—2014

8.1.1 石砌体的转角处和交接处应同时砌筑。对不能同时砌筑而又需留置的临时间断处，应砌成斜槎。

【条文解析】

为保证石砌体结构的整体性，石砌体的转角处和交接处首先要求同时砌筑，对不能同时砌筑又必须留置的临时间断处，要求应砌成斜槎。

8.1.2 梁、板类受弯构件石材，不应存在裂痕。梁的顶面和底面应为粗糙面，两侧面应为平整面；板的顶面和底面应为平整面，两侧面应为粗糙面。

【条文解析】

由于石材开采时可能产生振裂的裂痕，为确保受弯石材构件的安全，对存在裂痕的石材在使用上进行了限制。石材裂痕可用水湿法进行检查，即用清水把石材构件淋湿后擦干净，再用手锤在水痕周围轻轻敲打，有细小的水珠或金黄色的水痕显露出来，即为裂痕所在。也可用锤在有疑问的构件上轻敲，有时会把有裂痕的地方敲断。

8.1.4 石砌体每天的砌筑高度不得大于 1.2m。

【条文解析】

考虑到毛石本身的形状不规则且自重较大，而砌筑时砂浆强度增长又较缓慢，如日砌筑高度过大，将难以保证砌体的稳定性，严重时产生下沉、滑移甚至会发生倒塌，故本条规定每天的砌筑高度不得大于1.2m。

8.2.1 毛石砌体所用毛石应为无风化剥落和裂纹，无细长扁薄和尖锥，毛石应呈块状，其中部厚度不宜小于150mm。

【条文解析】

毛石砌体系指用乱毛石、平毛石砌筑而成的砌体。乱毛石系指形状不规则的石块；平毛石系指形状不规则，但有两个平面大致平行的石块。

考虑到石块过小或过薄，都会影响砌体的强度和搭砌效果，故要求石块应呈块状，而石块应无细长薄片和尖锥，并规定其中部厚度不宜小于150mm。

8.2.2 毛石砌体宜分皮卧砌，错缝搭砌，搭接长度不得小于80mm，内外搭砌时，不得采用外面侧立石块中间填心的砌筑方法，中间不得有铲口石、斧刃石和过桥石（图8.2.2）；毛石砌体的第一皮及转角处、交接处和洞口处，应采用较大的平毛石砌筑。

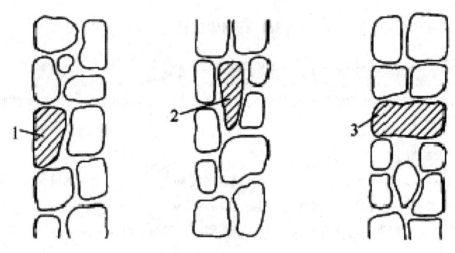

图8.2.2铲口石、斧刃石、过桥石示意
1—铲口石；2—斧刃石；3—过桥石

【条文解析】

由于毛石砌体一般以几皮为一分层高度，为保证砌筑质量，本条规定分皮卧砌，在施工中，应根据各皮石块间利用自然形状经敲打修整以便能与先砌石块基本咬合，搭接紧密。

8.2.3 毛石砌体的灰缝应饱满密实，表面灰缝厚度不宜大于40mm，石块间不得有相互接触现象。石块间较大的空隙应先填塞砂浆，后用碎石块嵌实，不得采用先摆碎石后塞砂浆或干填碎石块的方法。

【条文解析】

砂浆饱满度是影响砌体强度的一个重要因素，为保证砌筑质量，本条要求砂浆应饱满，施工中应特别注意防止石块间无浆而直接接触的情况。由于毛石形状不规则，棱角多，在叠砌时容易形成空隙，故为了保证砌体强度和稳定性，本条强调对较大的空隙应采用先填塞砂浆后用碎石块嵌实的合理工艺，并规定不得采用先摆碎石块后塞砂浆或干填碎石块的方法。

8.2.5 砌筑毛石基础的第一皮毛石时，应先在基坑底铺设砂浆，并将大面向下。阶梯形毛石基础的上级阶梯的石块应至少压砌下级阶梯的 1/2，相邻阶梯的毛石应相互错缝搭砌。

【条文解析】

为使毛石基础与地基或基础垫层黏结紧密，保证传力均匀和石块平稳，故要求砌筑第一皮石块应坐浆并将大面向下。

毛石基础的扩大部分为阶梯形时，考虑到如果顺向压砌不够，则易于翘动，影响砌体的稳定性，故本条规定，上级阶梯应至少压砌下级阶梯石块的 1/2。同时，相邻阶梯的毛石应相互错缝搭砌，以保证砌体质量。

8.2.7 毛石砌体应设置拉结石，拉结石应符合下列规定：

1 拉结石应均匀分布，相互错开，毛石基础同皮内宜每隔 2m 设置一块；毛石墙应每 0.7m^2 墙面至少设置一块，且同皮内的中距不应大于 2m。

2 当基础宽度或墙厚不大于 400mm 时，拉结石的长度应与基础宽度或墙厚相等；当基础宽度或墙厚大于 400mm 时，可用两块拉结石内外搭接，搭接长度不应小于 150mm，且其中一块的长度不应小于基础宽度或墙厚的 2/3。

【条文解析】

设置拉结石是保证毛石砌体整体性的重要因素之一，施工中必须严格执行。

根据有关资料介绍，毛石墙厚度一般为 400mm 左右，大于 400mm 的不多。结合石材实际情况，为合理设置拉结石，故本条规定，当基础宽度或墙厚不大于 400mm 时，拉结石的长度应与基础宽度或墙厚相等；当基础宽度和墙厚大于 400mm 时，允许采用两块石块搭接，但必须内外搭接并保持一定的搭接长度，以保证砌体的整体性。

8.2.8 毛石、料石和实心砖的组合墙中（图 8.2.8），毛石、料石砌体与砖砌体应同时砌筑，并应每隔 4～6 皮砖用 2～3 皮丁砖与毛石砌体拉结砌合，毛石与实心砖的咬合尺寸应大于 120mm，两种砌体间的空隙应采用砂浆填满。

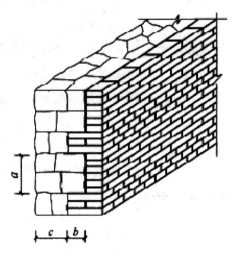

图8.2.8毛石与实心砖组合墙示意图
a—拉结砌合高度；b—拉结砌合宽度；c—毛石墙的设计厚度

【条文解析】

本条规定毛石和实心砖组合墙中，毛石砌体与砖砌体应同时砌筑，是为了保证组合墙的整体性。

8.2.9 各种砌筑用料石的宽度、厚度均不宜小于 200mm，长度不宜大于厚度的 4 倍。除设计有特殊要求外，料石加工的允许偏差应符合表 8.2.9 的规定。

表 8.2.9 料石加工的允许偏差

料石种类	允许偏差	
	宽度、厚度/mm	长度/mm
细料石	±3	±5
粗料石	±5	±7
毛料石	±10	±15

【条文解析】

料石的长度与厚度、宽度的比例关系，主要从料石的抗折性能考虑，不同的材质，其抗折性能也不同。对于料石的宽度和厚度均不宜小于 200mm，长度不宜大于厚度的 4 倍，这样规定除比较符合实际外，而且不影响砌体的受力性能，施工时也比较灵活，各地可以根据当地的石质和使用经验，确定料石长度。

8.2.11 料石墙砌筑方法可采用丁顺叠砌、二顺一丁、丁顺组砌、全顺叠砌。

【条文解析】

丁顺叠砌是一皮顺石与一皮丁石相隔砌成，二顺一丁是两皮顺石与一皮丁石相砌成。上述两种方法上下皮竖缝相互错开 1/2 石宽、石长。

丁顺组砌是同皮内每 1～3 块顺石与 1 块丁石相隔砌成，丁石中距不大于 2m，上皮丁石座中于下皮顺石，上下皮竖缝相互错开至少 1/2 石宽；全顺是每皮均为顺砌石，上下皮错缝相互错开 1/2 石长。丁顺叠砌和二顺一丁适用于墙厚等于石长或二块石宽；丁顺组砌适用墙厚为两块料石宽度；全顺适用于墙厚等于石宽。

墙体砌筑时，应根据墙体厚度，确定砌筑形式及绘制墙体组砌图。

8.2.12 料石墙的第一皮及每个楼层的最上一皮应丁砌。

【条文解析】

第一皮丁砌是为了保证料石墙更好地受力，楼层的最上一皮丁砌能更好地保证墙体支承楼屋面板及墙体稳定。

8.3.3 料石挡土墙宜采用同皮内丁顺相间的砌筑形式。当中间部分用毛石填砌时，丁砌料石伸入毛石部分的长度不应小于 200mm。

【条文解析】

从挡土墙的整体性和稳定性考虑，对料石挡土墙，建议采用同皮内丁顺相间的砌合法砌筑。当中间部分用毛石填砌时，为了保证拉结强度，规定丁砌料石伸入毛石部分的长度不应小于 200mm。

8.3.4 砌筑挡土墙，应按设计要求架立坡度样板收坡或收台，并应设置伸缩缝和泄水孔，泄水孔宜采取抽管或埋管方法留置。

【条文解析】

挡土墙因承受侧向压力，一般为变截面，故砌筑时，应按设计要求架立坡度样板进行收坡或收台。本条增加了设计无具体要求时，泄水孔的具体做法。

8.3.5 挡土墙必须按设计规定留设泄水孔；当设计无具体规定时，其施工应符合下列规定：

1 泄水孔应在挡土墙的竖向和水平方向均匀设置，在挡土墙每米高度范围内设置的泄水孔水平间距不应大于 2m；

2 泄水孔直径不应小于 50mm；

3 泄水孔与土体间应设置长、宽不小于 300mm，厚不小于 200mm 的卵石或碎石疏水层。

【条文解析】

挡土墙的泄水孔未设置或设置不当，会使其墙后渗入的地表水或地下水不易排出，导致挡土墙的土压力增加，且渗入基础的积水易造成墙体倒塌或基础沉陷，影响房屋的结构安全和施工安全，因此要求在挡土墙施工中必须合理设置泄水孔。

对在施工场地周围砌筑的石砌体挡土墙，由于不属于房屋设计内容，设计单位一般也不专门进行详细的施工图设计，因此当设计对泄水孔的设置要求不明确时，应按条文规定执行。

8.3.6 挡土墙内侧回填土应分层夯填密实，其密实度应符合设计要求。墙顶土面应有排水坡度。

【条文解析】

挡土墙内侧的回填土的质量是保证挡土墙可靠性的重要因素之一，应控制其质量，并在顶面应有适当坡度使流水流向挡土墙外侧面，以保证挡土墙内侧土含水量不增加或增加不多，而不会使墙的侧向土压力有明显变化，以确保挡土墙的安全性。

《砌体结构工程施工质量验收规范》GB 50203—2011

7.1.2 石砌体采用的石材应质地坚实，无裂纹和无明显风化剥落；用于清水墙、柱表面的石材，尚应色泽均匀；石材的放射性应经检验，其安全性应符合现行国家标准《建筑材料放射性核素限量》GB 6566—2010 的有关规定。

【条文解析】

对砌体所用石材的质量作出规定，以满足砌体的强度、耐久性及美观的要求。为了避免石材放射性物质对环境造成污染和人体造成的伤害，增加了对石材放射性进行检验的要求。

7.1.4 砌筑毛石基础的第一皮石块应坐浆，并将大面向下；砌筑料石基础的第一皮石块应用丁砌层坐浆砌筑。

【条文解析】

为使毛石基础和料石基础与地基或基础垫层结合紧密，保证传力均匀和石块平稳，故要求砌筑毛石基础时的第一皮石块应坐浆并将大面向下，砌筑料石基础时的第一皮石块应用丁砌层坐浆砌筑。

7.1.5 毛石砌体的第一皮及转角处、交接处和洞口处，应用较大的平毛石砌筑。每个楼层（包括基础）砌体的最上一皮，宜选用较大的毛石砌筑。

【条文解析】

毛石砌体中一些重要受力部位用较大的平毛石砌筑，是为了加强该部位砌体的整体性。同时，为使砌体传力均匀及搁置的梁、楼板（或屋面板）平稳牢固，要求在每个楼层（包括基础）砌体的顶面，选用较大的毛石砌筑。

7.1.6 毛石砌筑时，对石块间存在较大的缝隙，应先向缝内填灌砂浆并捣实，然后再用小石块嵌填，不得先填小石块后填灌砂浆，石块间不得出现无砂浆相互接触现象。

【条文解析】

石砌体砌筑时砂浆是否饱满，是影响砌体整体性和砌体强度的一个重要因素。由于毛石形状不规则，棱角多，砌筑时容易形成空隙，为了保证砌筑质量，施工中应特别注意防止石块间无浆直接接触或有空隙的现象。

7.1.7 砌筑毛石挡土墙应按分层高度砌筑，并应符合下列规定：

1 每砌 3~4 皮为一个分层高度，每个分层高度应将顶层石块砌平；

2 两个分层高度间分层处的错缝不得小于 80mm。

【条文解析】

规定砌筑毛石挡土墙时，由于毛石大小和形状各异，因此应每砌 3~4 皮石块作为一个分层高度，并通过对顶层石块的砌平，即大致平整，及时发现并纠正砌筑中的偏差，以保证工程质量。

7.1.8 料石挡土墙，当中间部分用毛石砌筑时，丁砌料石伸入毛石部分的长度不应小于 200mm。

【条文解析】

从挡土墙的整体性和稳定性考虑，对料石挡土墙，当设计未作具体要求时，从经济出发，中间部分可填砌毛石，但应使丁砌料石伸入毛石部分的长度不小于 200mm，以保证其整体性。

7.1.10 挡土墙的泄水孔当设计无规定时，施工应符合下列规定：

1 泄水孔应均匀设置，在每米高度上间隔 2m 左右设置一个泄水孔；

2 泄水孔与土体间铺设长、宽各为 300mm，厚为 200mm 的卵石或碎石作疏水层。

【条文解析】

为了防止地面水渗入而造成挡土墙基础沉陷，或墙体受附加水压作用产生破坏或倒塌，因此要求挡土墙设置泄水孔，同时给出了泄水孔疏水层的要求。

7.1.11 挡土墙内侧回填土必须分层夯填，分层松土厚度宜为 300mm。墙顶土面应有适当坡度使流水流向挡土墙外侧面。

【条文解析】

挡土墙内侧回填土的质量是保证挡土墙可靠性的重要因素之一；挡土墙顶部坡面便

于排水，不会导致挡土墙内侧土含水量和墙的侧向土压力明显变化，以确保挡土墙的安全。

7.2.1 石材及砂浆强度等级必须符合设计要求。

抽检数量：同一产地的同类石材抽检不应少于 1 组。砂浆试块的抽检数量执行本规范 4.0.12 条的有关规定。

检验方法：料石检查产品质量证明书，石材、砂浆检查试块试验报告。

【条文解析】

在正常施工条件下，石砌体的强度取决于石材和砌筑砂浆强度等级，为保证结构的受力性能和使用安全，石材和砌筑砂浆的强度等级必须符合设计要求。

3.5 配筋砌体工程

《砌体结构工程施工规范》GB 50924—2014

9.1.2 配筋砖砌体构件、组合砌体构件和配筋砌块砌体剪力墙构件的混凝土、砂浆的强度等级及钢筋的牌号、规格、数量应符合设计要求。

【条文解析】

配筋砌体中的钢筋的品种、规格、数量和混凝土或砂浆的强度直接影响砌体的结构性能，因此应符合设计要求。随着各种专用砂浆、专用混凝土及各种高性能钢筋在砌体施工中推广普及，其改进的性能已经在设计规范的强度取值时得到反映，因此施工时应按设计要求正确选用砂浆、混凝土的种类、等级。

9.1.4 设置在砌体水平灰缝内的钢筋，应沿灰缝厚度居中放置。灰缝厚度应大于钢筋直径 6mm 以上；当设置钢筋网片时，应大于网片厚度 4mm 以上，但灰缝最大厚度不宜大于 15mm。砌体外露面砂浆保护层的厚度不应小于 15mm。

【条文解析】

水平灰缝中的钢筋居中放置，是为了使钢筋具有有效保护时还能保证砂浆与块体有效的黏结。由于灰缝过厚会降低砌体的抗压强度，因此规定灰缝厚度不宜超过 15mm。

9.1.5 伸入砌体内的拉结钢筋，从接缝处算起，不应小于 500mm。对多孔砖墙和砌块墙不应小于 700mm。

【条文解析】

砌体与横墙连接试验结果表明，在采用 M5 砂浆的情况下，钢筋伸入砌体内 500mm，可以保证钢筋不会滑移。考虑到多孔砖与实心砖砌体中锚固钢筋的有效黏结面积存在差异，结合试验数据和可靠性分析，提出对于孔洞率不大于30%的多孔砖的钢筋锚固长度应为实心砖墙体的1.4倍。

9.1.6 网状配筋砌体的钢筋网，不得用分离放置的单根钢筋代替。

【条文解析】

焊接钢筋网片可增加锚固效果，能够较好地控制配筋砌体构件的变形，提高承载力，而分离的钢筋无法达到这一效果。

9.2.1 钢筋砖过梁内的钢筋应均匀、对称放置，过梁底面应铺1:2.5水泥砂浆层，其厚度不宜小于30mm，钢筋应埋入砂浆层中，两端伸入支座砌体内的长度不应小于240mm，并应有90°弯钩埋入墙的竖缝内。钢筋砖过梁的第一皮砖应丁砌。

【条文解析】

钢筋砖过梁的钢筋设置方式对过梁的承载力关系重大，为保证施工质量，根据施工经验做出此条规定。

9.2.2 网状配筋砌体的钢筋网，宜采用焊接网片。

【条文解析】

焊接网片较平直，尤其是在工厂生产时更能保证网片的平整度，这样更能保证网片上下部分的砂浆层厚度。

9.2.3 由砌体和钢筋混凝土或配筋砂浆面层构成的组合砌体构件，其连接受力钢筋的拉结筋应在两端做成弯钩，并在砌筑砌体时正确埋入。

【条文解析】

拉结钢筋可以保证组合砌体两侧的钢筋混凝土能较好地共同受力。

9.2.8 钢筋混凝土构造柱的竖向受力钢筋应在基础梁和楼层圈梁中锚固，锚固长度应符合设计要求。

【条文解析】

配筋砖砌体中的构造柱已经是主要的受力构件，因此对其钢筋的锚固长度作出规定。

9.3.1 配筋砌块砌体的施工应采用专用砌筑砂浆和专用灌孔混凝土，其性能应符合现行行业标准《混凝土小型空心砌块和混凝土砖砌筑砂浆》JC 860—2008和《混凝土砌块（砖）砌体用灌孔混凝土》JC 861—2008的有关规定。

【条文解析】

对于块体高度较高的混凝土砌块，普通砂浆很难保证竖向灰缝的砌筑质量。调查发现普通砂浆砌筑的砌体墙体会出现竖向灰缝不饱满，甚至出现"瞎缝""通缝"，影响了墙体的整体性。因此要求配筋砌块砌体应采用与块体材料相适应且能提高砌筑工作性能的专用砌筑砂浆。同样在配筋砌块砌体中，由于砌块孔洞较小且竖向及横向钢筋较多，只有采用高流态、低收缩的专用灌孔混凝土才能较好地保证配筋砌体墙的整体性。

9.3.2 芯柱的纵向钢筋应通过清扫口与基础圈梁、楼层圈梁、连系梁伸出的竖向钢筋绑扎搭接或焊接连接，搭接或焊接长度应符合设计要求。当钢筋直径大于22mm时，宜采用机械连接。

【条文解析】

芯柱是保证配筋砌块砌体整体性能的重要构造措施，同时也是受力构件，因此芯柱钢筋的锚固与连接质量必须达到设计及规范要求。

9.3.4 配筋砌块砌体剪力墙的水平钢筋，在凹槽砌块的混凝土带中的锚固、搭接长度应符合设计要求。

【条文解析】

配筋砌块砌体的水平钢筋是提高抗震能力的重要保证，因此对其搭接和锚固进行了规定。

9.3.5 配筋砌块砌体剪力墙两平行钢筋间的净跨不应小于50mm。水平钢筋搭接时应上下搭接，并应加设短筋固定（图9.3.5）。水平钢筋两端宜锚入端部灌孔混凝土中。

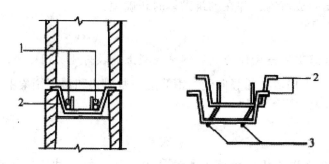

图9.3.5 水平钢筋搭接示意图
1—水平搭接钢筋；2—搭接部位固定支架的兜筋；3—固定支架加设的短筋

【条文解析】

控制配筋砌块砌体的水平钢筋搭接方式和净距，可保证灌孔混凝土的浇筑质量；同时，为保证钢筋重叠部位上下搭接，要求水平钢筋搭接时应设连接件。

9.3.6 浇筑芯柱混凝土时，其连续浇筑高度不应大于1.8m。

【条文解析】

本条对芯柱混凝土连续浇筑时的高度进行规定主要是为了保证芯柱的混凝土浇筑

质量。

《砌体结构工程施工质量验收规范》GB 50203—2011

8.1.3 设置在灰缝内的钢筋，应居中置于灰缝内，水平灰缝厚度应大于钢筋直径 4mm 以上。

【条文解析】

砌体水平灰缝中钢筋居中放置有两个目的：一是对钢筋有较好的保护；二是有利于钢筋的锚固。

8.2.1 **钢筋的品种、规格、数量和设置部位应符合设计要求。**

检验方法：检查钢筋的合格证书、钢筋性能复试试验报告、隐蔽工程记录。

8.2.2 **构造柱、芯柱、组合砌体构件、配筋砌体剪力墙构件的混凝土及砂浆的强度等级应符合设计要求。**

抽检数量：每检验批砌体，试块不应少于 1 组，验收批砌体试块不得少于 3 组。

检验方法：检查混凝土和砂浆试块试验报告。

【条文解析】

配筋砌体中的钢筋品种、规格、数量和混凝土、砂浆的强度直接影响砌体的结构性能，因此应符合设计要求。

8.2.3 构造柱与墙体的连接应符合下列规定：

1 墙体应砌成马牙槎，马牙槎凹凸尺寸不宜小于 60mm，高度不应超过 300mm，马牙槎应先退后进，对称砌筑；马牙槎尺寸偏差每一构造柱不应超过 2 处。

2 预留拉结钢筋的规格、尺寸、数量及位置应正确，拉结钢筋应沿墙高每隔 500mm 设 2φ6，伸入墙内不宜小于 600mm，钢筋的竖向移位不应超过 100mm，且竖向移位每一构造柱不得超过 2 处。

3 施工中不得任意弯折拉结钢筋。

抽检数量：每检验批抽查不应少于 5 处。

检验方法：观察检查和尺量检查。

【条文解析】

构造柱是房屋抗震设防的重要措施，为保证构造柱与墙体的可靠连接，使构造柱能充分发挥其作用而提出了施工要求。外露的拉结钢筋有时会妨碍施工，必要时进行弯折是可以的，但不应随意弯折，以免钢筋在灰缝中产生松动和不平直，影响其锚固性能。

《混凝土小型空心砌块建筑技术规程》JGJ/T 14—2011

8.10.2 灌孔混凝土墙、柱的每层第一皮应用带清扫口的小砌块砌筑。

【条文解析】

设清扫口的目的：一是用于清扫孔道内杂物，二是便于上下竖向钢筋绑扎固定。因配筋小砌块砌体所有小砌块孔洞均需灌实混凝土，故每层砌体的第一皮小砌块应用带清扫口的小砌块砌筑。

8.10.3 设置墙体水平钢筋的小砌块槽口应在砌筑时按需随砌随敲，且槽口应向下反砌。

【条文解析】

鉴于小砌块底面（反面）的铺灰面较顶面（正面）大，有利砂浆铺摊，易保证水平灰缝饱满度，故应反砌。

8.10.4 小砌块水平灰缝砂浆宜铺一块砌一块；竖缝砂浆仅铺于小砌块端面两边缘部位，中间凹槽面不得铺灰，应为空腔。

【条文解析】

为防止砌筑砂浆中水分过早过快地被小砌块吸收，使操作困难，故宜铺一块砌一块，随铺随砌。配筋小砌块砌体的竖缝中间部位应为空腔，不得留有砌筑砂浆，待日后灌孔混凝土填实。

8.10.5 砌筑时，应随砌随清理孔道内壁和竖缝空腔内被挤出的砂浆，并用原浆勾缝。

【条文解析】

为防止砌筑时挤出的砌筑砂浆占了小砌块孔洞的空间，使灌孔混凝土与每块小砌块孔洞内壁能够紧密结合，保证竖向孔洞内壁尺寸一致，故应及时清除挤出的砂浆。

8.10.13 灌孔混凝土浇灌前，应按工程设计图对墙、柱内的钢筋品种、规格、数量、位置、间距、接头要求及预埋件的规格、数量、位置等进行隐蔽工程验收。

【条文解析】

配筋小砌块砌体内的钢筋应按隐蔽工程要求进行检查验收，并作书面记录和必要的影像资料。合格后，方可浇筑灌孔混凝土。

8.10.14 墙肢较短的配筋小砌块砌体与独立柱，在浇灌混凝土前应有防止砌体侧向移位的措施。

【条文解析】

从短墙肢与独立柱的稳定、安全考虑，防止混凝土灌孔时受振动、捣固等影响造成砌体位移，故应适当加强墙、柱支撑或砌体间的拉结。

8.10.15 灌孔混凝土应采用粗骨料粒径为 5～16mm 的预拌混凝土。浇灌时，混凝土不得有离析现象。坍落度宜为 230～250mm。

【条文解析】

混凝土坍落度是确保灌孔混凝土在小砌块砌体内处处密实的一项重要施工技术指标。工程实践表明，在符合混凝土强度等级的前提下，其坍落度为 230～250mm 较适宜。

3.6 填充墙砌体工程

《砌体结构工程施工规范》GB 50924—2014

10.1.4 在没有采取有效措施的情况下，不应在下列部位或环境中使用轻骨料混凝土小型空心砌块或蒸压加气混凝土砌块砌体：

1 建筑物防潮层以下墙体；

2 长期浸水或化学侵蚀环境；

3 砌体表面温度高于 80℃ 的部位；

4 长期处于有振动源环境的墙体。

【条文解析】

考虑轻骨料混凝土小型空心砌块或蒸压加气混凝土砌块长期处于该条文所列环境中易产生损伤，降低砌体强度和耐久性，故作此规定。

10.1.5 在厨房、卫生间、浴室等处采用轻骨料混凝土小型空心砌块、蒸压加气混凝土砌块砌筑墙体时，墙体底部宜浇注混凝土坎台，其高度宜为 150mm。

【条文解析】

根据多年工程实践，厨房、卫生间、浴室及其他用水较多房间和地面环境比较潮湿的房间，容易对墙体根部侵蚀，当墙体采用轻骨料混凝土小型空心砌块、蒸压加气混凝土砌块时，考虑到块材的强度较低且耐久性较差、吸湿性大等因素，作出此规定。

10.1.7 填充墙砌体与主体结构间的连接构造应符合设计要求，未经设计同意，不得随意改变连接构造方法。

【条文解析】

在现行国家标准《砌体结构设计规范》GB 50003—2011 中，对填充墙与主体结构的连接分脱开和不脱开两种，其构造与对主体结构的受力影响差异较大，因此对填充墙砌体与主体结构的连接提出此要求。

10.2.3 蒸压加气混凝土砌块、轻骨料混凝土小型空心砌块等不同强度等级的同类砌块不得混砌，亦不应与其他墙体材料混砌。

【条文解析】

由于不同强度等级的砌块或与其他墙体材料混砌时,容易使填充墙体或墙体接缝部位出现收缩裂缝等现象。为了预防和减轻这一危害,提出此规定。

10.2.8 外墙采用空心砖砌筑时,应采取防雨水渗漏的措施。

【条文解析】

外墙采用空心砖砌筑时,因竖缝难使砂浆饱满和砂浆硬化过程中的收缩原因,往往导致雨水渗入内墙面的问题,严重影响使用功能。对此,除设计上采取措施外,施工单位也应予以足够重视,预防和减轻这一危害。

10.2.14 蒸压加气混凝土砌块采用薄层砂浆砌筑法砌筑时,应符合下列规定:

1 砌筑砂浆应采用专用黏结砂浆;

2 砌块不得用水浇湿,其灰缝厚度宜为 2~4mm;

3 砌块与拉结筋的连接,应预先在相应位置的砌块上表面开设凹槽;砌筑时,钢筋应居中放置在凹槽砂浆内;

4 砌块砌筑过程中,当在水平面和垂直面上有超过 2mm 的错边量时,应采用钢齿磨板和磨砂磨平,方可进行下道工序施工。

【条文解析】

由于采用薄层砂浆砌筑时,灰缝厚度仅为 2~4mm,而拉结筋直径不小于 6mm,不采取措施,钢筋就无法置于灰缝内,规定将其埋入凹槽内,以保证水平灰缝的平直度;对水平面和垂直面上的错边量进行规定是保证灰缝平直和墙面平整的重要措施。

《砌体结构工程施工质量验收规范》GB 50203—2011

9.1.3 烧结空心砖、蒸压加气混凝土砌块、轻骨料混凝土小型空心砌块等的运输、装卸过程中,严禁抛掷和倾倒;进场后应按品种、规格堆放整齐,堆置高度不宜超过 2m。蒸压加气混凝土砌块在运输及堆放中应防止雨淋。

【条文解析】

用于填充墙的空心砖、蒸压加气混凝土砌块、轻骨料混凝土小型空心砌块强度不高,碰撞易碎,应在运输、装卸中做到文明装卸,以减少损耗和提高砌体外观质量。蒸压加气混凝土砌块吸水率可达 70%,为降低蒸压加气混凝土砌块砌筑时的含水率,减少墙体的收缩,有效控制收缩裂缝产生,蒸压加气混凝土砌块出釜后堆放及运输中应采取防雨措施。

9.1.8 蒸压加气混凝土砌块、轻骨料混凝土小型空心砌块不应与其他块体混砌,不同强度等级的同类块体也不得混砌。

注：窗台处和因安装门窗需要，在门窗洞口处两侧填充墙上、中、下部可采用其他块体局部嵌砌；对与框架柱、梁不脱开方法的填充墙，填塞填充墙顶部与梁之间缝隙可采用其他块体。

【条文解析】

在填充墙中，由于蒸压加气混凝土砌块砌体，轻骨料混凝土小型空心砌块砌体的收缩较大，强度不高，为防止或控制砌体干缩裂缝的产生，作出不应混砌的规定，以免不同性质的块体组砌在一起易引起收缩裂缝产生。对于窗台处和因构造需要，在填充墙底、顶部及填充墙门窗洞口两侧上、中、下局部处，采用其他块体嵌砌和填塞时，由于这些部位的特殊性，不会对墙体裂缝产生附加的不利影响。

《混凝土小型空心砌块建筑技术规程》JGJ/T 14—2011

8.8.4 填充墙与框架或剪力墙间的界面缝连接应按下列要求施工：

1 沿框架柱或剪力墙全高每隔 400mm 埋设或用植筋法预留 $2\phi6$ 拉结钢筋，其伸入填充墙内水平灰缝中的长度应按抗震设计要求沿墙全长贯通。

2 填充内墙砌筑时，除应每隔 2 皮小砌块在水平灰缝中埋置长度不得小于 1000mm 或至门窗洞口边并与框架柱（剪力墙）拉结的 $2\phi6$ 钢筋外，尚宜在水平灰缝中按垂直间距 400mm 沿墙全长铺设直径为 $\phi4$ 点焊钢筋网片。网片与拉结筋可不设在同皮水平灰缝内，宜相距一皮小砌块的高度。网片应按本规程第 8.4.13 条的要求进行制作与埋设，不得翘曲。铺设时，应将网片的纵、横向钢筋分置于小砌块的壁、肋上。网片间搭接长度不宜小于 90mm 并焊接。

3 除芯柱部位外，填充墙的底皮和顶皮小砌块宜用 C20 混凝土或 LC20 轻骨料混凝土预先填实后正砌砌筑。

4 界面缝采用柔性连接时，填充墙与框架柱或剪力墙相接处应预留 10～15mm 宽的缝隙；填充墙顶与上层楼面的梁底或板底间也应预留 10～20mm 宽的缝隙。缝内中间处宜在填充墙砌完后 28d 用聚乙烯（PE）棒材嵌塞，其直径宜比缝宽大 2～5mm。缝的两侧应充填聚氨酯泡沫填缝剂（PU 发泡剂）或其他柔性嵌缝材料。缝口应在 PU 发泡剂外再用弹性腻子封闭；缝内也可嵌填宽度为墙厚减 60mm、厚度比缝宽大 1～2mm 的膨胀聚苯板，应挤紧，不得松动。聚苯板的外侧应喷 25mm 厚 PU 发泡剂，并用弹性腻子封至缝口。

5 界面缝采用刚性连接时，填充墙与框架柱或剪力墙相接处的灰缝必须饱满、密实，并应二次补浆勾缝，凹进墙面宜为 5mm；填充墙砌至接近上层楼面的梁、板底时，应留空隙 100mm 高。空隙宜在填充墙砌完后 28d 用实心小砌块（90mm×190mm×53mm）斜砌挤紧，灰缝等空隙处的砂浆应饱满、密实。

6 填充墙与框架柱或剪力墙之间不埋设拉结钢筋，并相离 10～15mm；墙的两端与墙中或 1/3 墙长处以及门窗洞口两侧各设 2～3 孔配筋芯柱或构造柱。其纵筋的上下两端应采用预留钢筋、预埋铁件、化学植筋或膨胀螺栓等连接方式与主体结构固定；墙体内应按本条第 2 款的要求，在砌筑时每隔 2 皮小砌块沿墙长铺设 $\phi 4$ 点焊钢筋网片；墙顶除芯柱或构造柱部位外，宜留 10～20mm 宽的缝隙，并按本条第 4 款的要求进行界面缝施工。填充外墙尚应在窗台与窗顶位置沿墙长设置现浇钢筋混凝土连系带，并与各芯柱或构造柱拉结。连系带宜用 U 型小砌块砌筑，内置的纵向水平钢筋应符合设计要求且不得小于 $2\phi 12$。

8.8.5 小砌块填充墙与框架柱、梁或剪力墙相接处的界面缝的正反两面，均应平整地紧贴墙、柱、梁的表面钉设钢丝直径为 0.5～0.9mm、菱形网孔边长 20mm 的热镀锌钢丝网。网宽应为缝两侧各 200mm，且不得使用翘曲、扭曲等不平整的钢丝网。固定钢丝网的射钉、水泥钉、骑马钉（U 形钉）等紧固件应为金属制品并配带垫圈或压板压紧。同时，在此部位的抹灰层面层且靠近面层的表面处，宜增设一层与钢丝网外形尺寸相同由聚酯纤维制成的无纺布或薄型涤棉平布。

【条文解析】

为防止界面裂缝的产生，应按条文要求采取柔性接缝的构造较为妥当，并在缝外与抹灰层中分设钢丝网及可以防裂的织造物。

8.8.9 内嵌式填充外墙当采用复合保温小砌块砌筑时，宜将整个墙体外挑，其挑出宽度不得大于 50mm，且应沿墙底全长用经防腐处理的金属托条支承。托条宜采用一肢宽度为 40～50mm、厚度不小于 5mm 的不等边角钢或高强铝合金件，且与主体结构的梁、柱或墙固定。

【条文解析】

将复合保温小砌块墙体外挑是为了解决主体结构框架柱与梁存在热桥问题而采取的技术措施，但外挑宽度不得大于 50mm，以防墙体重心外移而倾倒。

8.8.11 填充外墙采用夹心墙时，190mm 厚度的外叶墙不宜外挑并外包框架柱。框架柱外侧应按设计要求粘贴保温板或其他保温材料。保温夹心层（空腔）与 90mm 厚度的内叶墙可日后施工。内叶墙与框架柱连接应按本规程 8.8.4 条第 1 款要求施工；当采用内嵌式砌筑时，应将 190mm 厚度的外叶墙外挑，并按本规程 8.8.9 条要求施工。保温夹心层（空腔）与 90mm 厚度的内叶墙可日后施工；当 90mm 厚度墙作外叶墙、190mm 厚度墙为内叶墙时，应采取不外挑的外贴式外包框架外柱或按内嵌式填充外墙进行砌筑，其施工要求应符合本规程 8.5.4 条的规定。严禁内嵌式填充外墙将 90mm 厚度外叶墙外挑。

【条文解析】

夹心墙可解决墙体保温问题，外贴式能阻断结构存在的热桥问题。为使墙体稳定，防止倾倒，严禁外叶墙外挑。

4 混凝土工程

4.1 模板工程

《混凝土结构工程施工规范》GB 50666—2011

4.1.2 模板及支架应根据施工过程中的各种工况进行设计，应具有足够的承载力和刚度，并应保证其整体稳固性。

【条文解析】

模板及支架是施工过程中的临时结构，应根据结构形式、荷载大小等结合施工过程的安装、使用和拆除等主要工况进行设计，保证其安全可靠，具有足够的承载力和刚度，并保证其整体稳固性。根据现行国家标准《工程结构可靠性设计统一标准》GB 50153—2008 的有关规定，"模板及支架的整体稳固性"系指在遭遇不利施工荷载工况时，不因构造不合理或局部支撑杆件缺失造成整体性坍塌。模板及支架设计时应考虑模板及支架自重、新浇筑混凝土自重、钢筋自重、新浇筑混凝土对模板侧面的压力、施工人员及施工设备荷载、混凝土下料产生的水平荷载、泵送混凝土或不均匀堆载等因素产生的附加水平荷载、风荷载等。本条直接影响模板及支架的安全，并与混凝土结构施工质量密切相关，故应严格执行。

4.2.2 模板及支架宜选用轻质、高强、耐用的材料。连接件宜选用标准定型产品。

【条文解析】

混凝土结构施工用的模板材料，包括钢材、铝材、胶合板、塑料、木材等。目前，国内建筑行业现浇混凝土施工的模板多使用木材为主、次楞、竹（木）胶合板作面板，但木材的大量使用不利于保护国家有限的森林资源，而且周转使用次数少的不耐用的木质模板在施工现场将会造成大量建筑垃圾，应引起重视。为符合"四节一环保"的要求，应提倡"以钢代木"，即提倡采用轻质、高强、耐用的模板材料，如铝合金和增强塑料等。支架材料宜选用钢材或铝合金等轻质高强的可再生材料，不提倡采用木支架。连接件将面板和支架连接为可靠的整体，采用标准定型连接件有利于操作安全、连接可靠和重复使用。

4.2.3 接触混凝土的模板表面应平整，并应具有良好的耐磨性和硬度；清水混凝土模板的面板材料应能保证脱模后所需的饰面效果。

【条文解析】

模板脱模剂有油性、水性等种类。为不影响后期的混凝土表面实施粉刷、批腻子及涂料装饰等，宜采用水性的脱模剂。

4.4.1 模板应按图加工、制作。通用性强的模板宜制作成定型模板。

【条文解析】

模板可在工厂或施工现场加工、制作。将通用性强的模板制作成定型模板可以有效地节约材料。

4.4.5 安装模板时，应进行测量放线，并应采取保证模板位置准确的定位措施。对竖向构件的模板及支架，应根据混凝土一次浇筑高度和浇筑速度，采取竖向模板抗侧移、抗浮和抗倾覆措施。对水平构件的模板及支架，应结合不同的支架和模板面板形式，采取支架间、模板间及模板与支架间的有效拉结措施。对可能承受较大风荷载的模板，应采取防风措施。

【条文解析】

模板及支架的安装应与其施工图一致。混凝土竖向构件主要有柱、墙和筒壁等，水平构件主要有梁、楼板等。

4.4.6 对跨度不小于 4m 的梁、板，其模板施工起拱高度宜为梁、板跨度的 1/1000～3/1000。起拱不得减少构件的截面高度。

【条文解析】

对跨度较大的现浇混凝土梁、板，考虑到自重的影响，适度起拱有利于保证构件的形状和尺寸。执行时应注意本条的起拱高度未包括设计起拱值，而只考虑模板本身在荷载下的下垂，故对钢模板可取偏小值，对木模板可取偏大值。当施工措施能够保证模板下垂符合要求，也可不起拱或采用更小的起拱值。

4.4.7 采用扣件式钢管作模板支架时，支架搭设应符合下列规定：

1 模板支架搭设所采用的钢管、扣件规格，应符合设计要求；立杆纵距、立杆横距、支架步距以及构造要求，应符合专项施工方案的要求。

2 立杆纵距、立杆横距不应大于 1.5m，支架步距不应大于 2.0m；立杆纵向和横向宜设置扫地杆，纵向扫地杆距立杆底部不宜大于 200mm，横向扫地杆宜设置在纵向扫地杆的下方；立杆底部宜设置底座或垫板。

3 立杆接长除顶层步距可采用搭接外,其余各层步距接头应采用对接扣件连接,两个相邻立杆的接头不应设置在同一步距内。

4 立杆步距的上下两端应设置双向水平杆,水平杆与立杆的交错点应采用扣件连接,双向水平杆与立杆的连接扣件之间的距离不应大于 150mm。

5 支架周边应连续设置竖向剪刀撑。支架长度或宽度大于 6m 时,应设置中部纵向或横向的竖向剪刀撑,剪刀撑的间距和单幅剪刀撑的宽度均不宜大于 8m,剪刀撑与水平杆的夹角宜为 45°~60°;支架高度大于 3 倍步距时,支架顶部宜设置一道水平剪刀撑,剪刀撑应延伸至周边。

6 立杆、水平杆、剪刀撑的搭接长度,不应小于 0.8m,且不应少于 2 个扣件连接,扣件盖板边缘至杆端不应小于 100mm。

7 扣件螺栓的拧紧力矩不应小于 40N·m,且不应大于 65N·m。

8 支架立杆搭设的垂直偏差不宜大于 1/200。

【条文解析】

扣件钢管支架因其灵活性好、通用性强,施工单位经过多年工程施工积累已有一定储备量,成为目前我国的主要模板支架形式。本条对采用扣件钢管作模板支架制定了一些基本的量化构造尺寸规定。

4.5.4 多个楼层间连续支模的底层支架拆除时间,应根据连续支模的楼层间荷载分配和混凝土强度的情况确定。

【条文解析】

多层、高层建筑施工中,连续 2 层或 3 层模板支架的拆除要求与单层模板支架不同,需根据连续支模层间荷载分配计算以及混凝土强度的增长情况确定底层支架拆除时间。冬期施工高层建筑时,气温低,混凝土强度增长慢,连续模板支架层数一般不少于 3 层。

4.6.3 采用扣件式钢管作模板支架时,质量检查应符合下列规定:

1 梁下支架立杆间距的偏差不宜大于 50mm,板下支架立杆间距的偏差不宜大于 100mm;水平杆间距的偏差不宜大于 50mm。

2 应检查支架顶部承受模板荷载的水平杆与支架立杆连接的扣件数量,采用双扣件构造设置的抗滑移扣件,其上下应顶紧,间隙不应大于 2mm。

3 支架顶部承受模板荷载的水平杆与支架立杆连接的扣件拧紧力矩,不应小于 40N·m,且不应大于 65N·m;支架每步双向水平杆应与立杆扣接,不得缺失。

【条文解析】

本条规定了采用扣件钢管架支模时应检查的基本内容和偏差控制值。检查中，钢管支架立杆在全长范围内只允许在顶部进行一次搭接。对梁板模板下钢管支架采用顶部双向水平杆与立杆的"双扣件"扣接方式，应检查双扣件是否紧贴。

《混凝土结构工程施工质量验收规范（2010 版）》GB 50204—2002

4.1.1 模板及其支架应根据工程结构形式、荷载大小、地基土类别、施工设备和材料供应等条件进行设计。模板及其支架应具有足够的承载能力、刚度和稳定性，能可靠地承受浇筑混凝土的重量、侧压力以及施工荷载。

【条文解析】

本条提出了对模板及其支架的基本要求，这是保证模板及其支架的安全并对混凝土成型质量起重要作用的项目。多年的工程实践证明，这些要求对保证混凝土结构的施工质量是必需的。

4.1.3 模板及其支架拆除的顺序及安全措施应按施工技术方案执行。

【条文解析】

模板及其支架拆除的顺序及相应的施工安全措施对避免重大工程事故非常重要，在制订施工技术方案时应考虑周全。模板及其支架拆除时，混凝土结构可能尚未形成设计要求的受力体系，必要时应加设临时支撑。后浇带模板的拆除及支顶易被忽视而造成结构缺陷，应特别注意。

4.2.2 在涂刷模板隔离剂时，不得沾污钢筋和混凝土接槎处。

检查数量：全数检查。

检验方法：观察。

【条文解析】

隔离剂沾污钢筋和混凝土接槎处可能对混凝土结构受力性能造成明显的不利影响，故应避免。

4.2.3 模板安装应满足下列要求：

1 模板的接缝不应漏浆；在浇筑混凝土前，木模板应浇水湿润，但模板内不应有积水；

2 模板与混凝土的接触面应清理干净并涂刷隔离剂，但不得采用影响结构性能或妨碍装饰工程施工的隔离剂；

3 浇筑混凝土前，模板内的杂物应清理干净；

4 对清水混凝土工程及装饰混凝土工程，应使用能达到设计效果的模板。

检查数量：全数检查。

检验方法：观察。

【条文解析】

无论是采用何种材料制作的模板，其接缝都应保证不漏浆。木模板浇水湿润有利于接缝闭合而不致漏浆，但因浇水湿润后膨胀，木模板安装时的接缝不宜过于严密。模板内部和与混凝土的接触面应清理干净，以避免夹渣等缺陷。本条还对清水混凝土工程及装饰混凝土工程所使用的模板提出了要求，以适应混凝土结构施工技术发展的要求。

4.2.4 用作模板的地坪、胎模等应平整光洁，不得产生影响构件质量的下沉、裂缝、起砂或起鼓。

检查数量：全数检查。

检验方法：观察。

【条文解析】

本条对用作模板的地坪、胎模等提出了应平整光洁的要求，这是为了保证预制构件的成型质量。

4.3.1 底模及其支架拆除时的混凝土强度应符合设计要求；当设计无具体要求时，混凝土强度应符合表 4.3.1 的规定。

表 4.3.1 底模拆除时的混凝土强度要求

构件类型	构件跨度/m	达到设计的混凝土立方体抗压强度标准值的百分率/%
板	≤2	≥50
	>2，≤8	≥75
	>8	≥100
梁、拱、壳	≤8	≥75
	>8	≥100
悬臂构件	—	≥100

检查数量：全数检查。

检验方法：检查同条件养护试件强度试验报告。

【条文解析】

由于过早拆模、混凝土强度不足而造成混凝土结构构件沉降变形、缺棱掉角、开裂、甚至塌陷的情况时有发生。为保证结构的安全和使用功能，提出了拆模时混凝土强度的要求。该强度通常反映为同条件养护混凝土试件的强度。考虑到悬臂构件更容易因混凝土强度不足而引发事故，对其拆模时的混凝土强度应从严要求。

4.3.2 对后张法预应力混凝土结构构件，侧模宜在预应力张拉前拆除；底模支架的拆除应按施工技术方案执行，当无具体要求时，不应在结构构件建立预应力前拆除。

检查数量：全数检查。

检验方法：观察。

【条文解析】

对后张法预应力施工，模板及其支架的拆除时间和顺序应根据施工方式的特点和需要事先在施工技术方案中确定。当施工技术方案中无明确规定时，应遵照本条的规定执行。

4.3.3 后浇带模板的拆除和支顶应按施工技术方案执行。

检查数量：全数检查。

检验方法：观察。

【条文解析】

由于施工方式的不同，后浇带模板的拆除及支顶方法也各有不同，但都应能保证结构的安全和质量。由于后浇带较易出现安全和质量问题，故施工技术方案应对此作出明确的规定。

4.3.4 侧模拆除时的混凝土强度应能保证其表面及棱角不受损伤。

检查数量：全数检查。

检验方法：观察。

【条文解析】

由于侧模拆除时混凝土强度不足可能造成结构构件缺棱掉角和表面损伤，故应避免。

4.3.5 模板拆除时，不应对楼层形成冲击荷载。拆除的模板和支架宜分散堆放并及时清运。

检查数量：全数检查。

检验方法：观察。

【条文解析】

拆模时重量较大的模板倾砸楼面或模板及支架集中堆放可能造成楼板或其他构件的裂缝等损伤，故应避免。

《滑动模板工程技术规范》 GB 50113—2005

6.3.1 支承杆的直径、规格应与所使用的千斤顶相适应，第一批插入千斤顶的支承杆其长度不得少于 4 种，两相邻接头高差不应小于 1m，同一高度上支承杆接头数不应大于总量的 1/4。

当采用钢管支承杆且设置在混凝土体外时，对支承杆的调查、接长、加固应作专项设计，确保支承体系的确定。

【条文解析】

接头处是支承杆的薄弱部位，因此不允许有过多的接头出现在同一高度截面内。接头过多会过大地影响操作平台支承系统的承载能力，因此，要求第一次插入的支承杆的长度应不少于 4 种，保证以后每次需要接长的支承杆数量不超过总数的 1/4。支承杆的接头需要错开，错开的距离应符合现行国家标准《混凝土结构工程施工质量验收规范（2010 版）》GB 50204—2002 的要求，其最小距离应不小于 1m。

采用设置在结构体外的钢管支承杆，其承载能力与支承杆的调直方法、接头方式以及加固情况等有关，因此在使用时应对其作专项设计，以保证支承系统的稳定、可靠。

6.4.1 用于滑模施工的混凝土，应事先做好混凝土配比的试配工作，其性能除应满足设计所规定的强度、抗渗性、耐久性以及季节性施工等要求外，尚应满足下列规定：

1 混凝土早期强度的增长速度，必须满足模板滑升速度的要求。

2 混凝土宜用硅酸盐水泥或普通硅酸盐水泥配制。

3 混凝土入模时的坍落度，应符合表 6.4.1 的规定。

表 6.4.1 混凝土入模时的坍落度

结构种类	坍落度/mm	
	非泵送混凝土	泵送混凝土
墙板、梁、柱	50 ~ 70	100 ~ 160
配筋密集的结构（筒体结构及细长柱）	60 ~ 90	120 ~ 180
配筋特密结构	90 ~ 120	140 ~ 200

注：采用人工捣实时，非泵送混凝土的坍落度可适当增大。

4 在混凝土中掺入的外加剂或掺合料，其品种和掺量应通过试验确定。

【条文解析】

根据滑模施工特点，混凝土早期强度的增长速度必须满足滑升速度的要求，才能保证工程质量和施工安全。因此，在进行滑模施工之前应按当时的气温条件和使用的原材料对混凝土配合比进行试配，除了要满足强度、密实度、耐久性要求外，还必须根据施工工期内可能遇到的气温条件，通过试验掌握几种所用混凝土早期强度（24h龄期内）的增长规律，保证施工用混凝土早期强度增长速度满足滑升速度的要求。

在滑模施工中要特别注意防止支承杆在负荷下失稳（特别是支承杆下部失稳），使早期强度增长速度与滑升速度相适应。由于普通硅酸盐水泥早期硬化性能比较稳定，因此宜采用普通硅酸盐水泥。

为了便于混凝土的浇灌，防止因强烈振捣使模板系统产生过大变形，滑模施工的混凝土坍落度宜大一些。采用泵送混凝土时，其坍落度是按泵车的要求提出的。

化学外加剂和掺合料在我国已广泛使用，但过去施工中，因外加剂使用不当造成的工程事故确有发生。鉴于滑模施工多用于高耸结构物，故本条中强调外加剂或掺合料的品种、掺量的选择必须通过试验来确定。

6.6.9 在滑升过程中，应检查操作平台结构、支承杆的工作状态及混凝土的凝结状态，发现异常时，应及时分析原因并采取有效的处理措施。

【条文解析】

滑升过程中，整个操作平台装置都处于动态，支承杆也处于最大荷载作用状态下，模板下口部分的混凝土陆续脱离模板，因此要随时检查操作平台、支承杆以及混凝土的凝结状态。如发现支承杆弯曲、倾斜，模板或操作平台变形、模板产生反锥度、千斤顶卡固失灵、液压系统漏油、出模混凝土流淌、坍塌、裂缝以及其他异常情况时，应根据情况作出是否停止滑升的决定，立即分析原因，采取有效措施处理，以免导致大的安全质量事故的发生。

6.6.14 模板滑空时，应事先验算支承杆在操作平台自重、施工荷载、风荷载等共同作用下的稳定性，稳定性不满足要求时，应对支承杆采取可靠的加固措施。

【条文解析】

正常施工中浇灌的混凝土被模板所夹持，对操作平台的总体稳定能够起到一定的保证作用。空滑时，模板与浇灌的混凝土已脱离，这种保证作用就会减弱或丧失，且支承杆的脱空长度有时会达到2m以上，抵抗垂直荷载和水平荷载的能力都很低，因此"空滑"是一个很危险的工作状态，必须事先验算在这种状态下滑模结构支承系统在自重、施工荷载、风载等不利情况下的稳定性。对支承杆和操作平台加固的方法很多，也可以适当增加支承杆的数量，相应减少支承杆荷载的方法来解决支承杆稳定性问题。

6.7.1 按整体结构设计的横向结构，当采用后期施工时，应保证施工过程中的结构稳定并满足设计要求。

【条文解析】

按整体设计的横向结构（如高层建筑的楼板、框架结构的横梁等）对保证竖向构件（如柱、墙等）的稳定性和受力状态有重要意义。当这些横向结构后期施工时，会使施工期间的柱子或墙体的自由高度大大增加，因此应考虑施工过程中结构的稳定性。另外，由于横向构件后期施工会存在横向和纵向结构间的连接问题，这种连接必须满足按原整体结构设计的要求，如果需要改变结构的连接方式（如梁、柱为刚接设计改变为铰支连接），则应通过设计认可，并有修改以后的完整施工图，才能实施。

8.1.6 混凝土质量检验应符合下列规定：

1 标准养护混凝土试块的组数，应按现行国家标准《混凝土结构工程施工质量验收规范（2010 版）》GB 50204—2002 的要求进行。

2 混凝土出模强度的检查，应在滑模平台现场进行测定，每一工作班应不少于一次；当在一个工作班上气温有骤变或混凝土配合比有变动时，必须相应地增加检查次数。

3 在每次模板提升后，应立即检查出模混凝土的外观质量，发现问题应及时处理，重大问题应做好处理记录。

【条文解析】

滑横工程混凝土的质量检验，应按照《混凝土结构工程施工质量验收规范（2010 版）》GB 50204—2002 的有关要求进行。由于滑模施工中为适应气温变化或水泥、外加剂品种及数量的改变而需经常调整混凝土配合比，因此要求用于施工的每种混凝土配合比都应留取试块，工程验收资料中应包括这些试块的试压结果。

对出模混凝土强度的检查是滑模施工特有的现场检测项目，应在操作平台上用小型压力试验机和贯入阻力仪试验，其目的在于掌握在施工气温条件下混凝土早期强度的发展情况，控制提升间隔时间，以调整滑升速度，保证滑模工程质量和施工安全。

滑升中偶然出现的混凝土表面拉裂、麻面、掉角等情况，如能及早处理则效果较好，并且可利用滑模装置提供的操作平台进行修补处理工作，操作也较方便。对于偶尔出现的如混凝土坍塌、混凝土截面被拉裂等结构性质量事故，必须认真对待，应由工程技术人员会同监理和设计部门共同研究处理，并做好事故发生的处理记录。

《组合钢模板技术规范》GB/T 50214—2013

5.1.2 施工现场应有可靠的能满足模板安装和检查需用的测量控制点。

【条文解析】

测量控制点应在模板工程施工以前进行评定，并将控制线和标高引入施工安装场地。

5.1.3 施工单位应对进场的模板、连接件、支承件等配件的产品合格证、生产许可证、检测报告进行复核，并应对其表面观感、重量等物理指标进行抽检。

【条文解析】

由于组合钢模板规格扩大，为确保模板连接和支撑安全可靠，施工单位应对进场的模板连接件、支承件等配件的产品质量加强检查。

5.1.6 经检查合格的组装模板，应按安装程序进行堆放和装车。平行叠放时应稳当妥帖，并应避免碰撞，每层之间应加垫木，模板与垫木均应上下对齐，底层模板应垫离地面不小于 100mm。立放时，应采取防止倾倒并保证稳定的措施。平装运输时，应整堆捆紧。

【条文解析】

经检查合格的组装模板一般做法是：运输时，组装模板平放稳当妥帖，每层之间加垫木，模板与垫木均应上下对齐，底层模板应垫离地面不小于 100mm。工地上，按模板编号顺序立插在模板架内，便于吊装使用。

5.1.7 钢模板安装前，应涂刷脱模剂，但不得采用影响结构性能或妨碍装饰工程施工的脱模剂，在涂刷模板脱模剂时，不得沾污钢筋和混凝土接槎处，不得在模板上涂刷废机油。

【条文解析】

模板上涂废机油影响混凝土的感观，以及后期抹灰的黏结，严重影响钢筋与混凝土的黏结力，从而影响工程质量，因此本条规定，在涂刷模板脱模剂时，不得沾污钢筋和混凝土接槎处，严禁在模板上涂刷废机油。

5.1.8 模板安装时的准备工作，应符合下列要求：

1 梁和楼板模板的支柱支设在土壤地面，遇松软土、回填土等时，应根据土质情况进行平整、夯实，并应采取防水、排水措施，同时应按规定在模板支撑立柱底部采用具有足够强度和刚度的垫板。

2 竖向模板的安装底面应平整坚实、清理干净，并应采取定位措施。

3 竖向模板应按施工设计要求预埋支承锚固件。

【条文解析】

模板的安装底面事先应做好找平工作对组合钢模板的顺利安装和混凝土浇筑质量关系极大。模板安装时，如底面的定位、找平、稳固等措施不可靠，对模板的合缝和调整会带来困难，同时会引起漏浆烂根，影响混凝土构筑物的质量，因此本条款列举了具体的措施和方法，保证底面平整坚实，并采取可靠的定位措施。

5.1.9 在钢模板施工中，不得用钢板替代扣件、钢筋替代对拉螺栓，以及木方替代柱箍。

【条文解析】

当前在钢模板施工中，有不少施工企业采用钢板替代扣件，用钢筋替代对拉螺栓，用木方替代柱箍，严重影响了施工质量，应禁止使用。

5.2.1 现场安装组合钢模板时，应符合下列规定：

1 应按配板图与施工说明书循序拼装。

2 配件应装插牢固。支柱和斜撑下的支承面应平整垫实，并应有足够的受压面积，支撑件应着力于外钢楞。

3 预埋件与预留孔洞应位置准确，并应安设牢固。

4 基础模板应支拉牢固，侧模斜撑的底部应加设垫木。

5 墙和柱子模板的底面应找平，下端应与事先做好的定位基准靠紧垫平，在墙、柱上继续安装模板时，模板应有可靠的支承点，其平直度应进行校正。

6 楼板模板支模时，应先完成一个格构的水平支撑及斜撑安装，再逐渐向外扩展。

7 墙柱与梁板同时施工时，应先支设墙柱模板调整固定后再在其上架设梁、板模板。

8 当墙柱混凝土已经浇筑完毕时，可利用已灌筑的混凝土结构来支承梁、板模板。

9 预组装墙模板吊装就位后，下端应垫平，并应紧靠定位基准；两侧模板均应利用斜撑调整和固定其垂直度。

10 支柱在高度方向所设的水平撑与剪刀撑，应按构造与整体稳定性布置。

11 多层及高层建筑中，上下层对应的模板支柱应设置在同一竖向中心线上。

12 模板、钢筋及其他材料等施工荷载应均匀堆置，并应放平放稳。施工总荷载不得超过模板支承系统设计荷载要求。

13 模板支承系统应为独立的系统，不得与物料提升机、施工升降机、塔吊等起重设备钢结构架体机身及附着设施相连接；不得与施工脚手架、物料周转材料平台等架体相连接。

【条文解析】

本条对组合钢模板的现场安装作了详细的说明规定，目的是为了确保在浇筑混凝土时，组装的钢模板能抵抗混凝土的侧压力而不发生漏浆、形变、爆模，甚至倒塌事故，确保混凝土按建筑设计要求成型。因此，必须严格遵守本条款的规定。

5.2.2 模板工程的安装应符合下列要求：

1 同一条拼缝上的 U 形卡，不宜向同一方向卡紧。

2 墙两侧模板的对拉螺栓孔应平直相对，穿插螺栓时不得斜拉硬顶。钻孔应采用机具，不得用电、气焊灼孔。

3 钢楞宜取用整根杆件，接头应错开设置，搭接长度不应少于 200mm。

【条文解析】

本条目的在于保证模板拼接牢固和模板整体平整度，以及保证对拉螺栓孔眼大小、形状的规整和受力，避免漏浆、爆模等混凝土质量事故的发生。

5.2.4 曲面结构可用双曲可调模板，采用平面模板组装时，应使模板面与设计曲面的最大差值不超过设计的允许值。

【条文解析】

曲面结构的模板面与设计曲面的最大差值，不得超过设计的允许值，系指正负差值都不得超过设计允许值。

5.2.6 模板及其支架拆除前，应核查混凝土同条件试块强度报告，拆除时的混凝土强度应符合现行国家标准《混凝土结构工程施工质量验收规范（2010 版）》GB 50204—2002 的有关规定。

【条文解析】

拆除模板的时间对确保混凝土建筑结构的寿命有极重要意义。因此在模板承重系统拆除前，必须核查混凝土同条件试块强度报告，确保浇筑混凝土达到拆模强度后方可拆除。

5.2.7 现场拆除组合钢模板时应符合下列规定：

1 拆模前应制订拆模顺序、拆模方法及安全措施。

2 应先拆除侧面模板，再拆除承重模板。

3 组合大模板宜大块整体拆除。

4 支承件和连接件应逐件拆卸，模板应逐块拆卸传递，拆除时不得损伤模板和混凝土。

5 拆下的模板和配件均应分类堆放整齐，附件应放在工具箱内。

【条文解析】

本条对现场拆除组合钢模板时所作的各项规定，对于保证新浇筑混凝土表面质量、保护与方便模板和配件的周转使用有重要指导作用。

《高层建筑混凝土结构技术规程》JGJ 3—2010

13.6.3 模板选型应符合下列规定：

1 墙体宜选用大模板、倒模、滑动模板和爬升模板等工具式模板施工；

2 柱模宜采用定型模板，圆柱模板可采用玻璃钢或钢板成型；

3 梁、板模板宜选用钢框胶合板、组合钢模板或不带框胶合板等，采用整体或分片预制安装；

4 楼板模板可选用飞模（台模、桌模）、密肋楼板模壳、永久性模板等；

5 电梯井筒内模宜选用铰接式筒形大模板，核心筒宜采用爬升模板；

6 清水混凝土、装饰混凝土模板应满足设计对混凝土造型及观感的要求。

【条文解析】

对现浇梁、板、柱、墙模板的选型提出基本要求。现浇混凝土宜优先选用工具式模板，但不排除选用组合式、永久式模板。为提高工效，模板宜整体或分片预制安装和脱模。作为永久性模板的混凝土薄板，一般包括预应力混凝土板、双钢筋混凝土板和冷轧扭钢筋混凝土板。清水混凝土模板应满足混凝土的设计效果。

13.6.9 模板拆除应符合下列规定：

1 常温施工时，柱混凝土拆模强度不应低于 1.5MPa，墙体拆模强度不应低于 1.2MPa；

2 冬期拆模与保温应满足混凝土抗冻临界强度的要求；

3 梁、板底模拆模时，跨度不大于 8m 时混凝土强度应达到设计强度的 100%；

4 悬挑构件拆模时，混凝土强度应达到设计强度的 100%；

5 后浇带拆模时，混凝土强度应达到设计强度的 100%。

【条文解析】

规定模板拆除时混凝土应满足的强度要求。

《建筑工程大模板技术规程》JGJ 74—2003

6.1.1 大模板施工前必须制定合理的施工方案。

【条文解析】

本条要求施工现场的管理人员在组织大模板施工时，应按照大模板设计方案结合施工现场的规模、场地、起重设备、作业人员、模板流水段作业周转的施工期和滞留期等可能出现的问题做通盘考虑和安排，制定具体的施工方案，以利于大模板优越性的发挥和施工的均衡、有序、快捷。

6.1.3 大模板施工应按照工期要求，并根据建筑物的工程量、平面尺寸、机械设备条件等组织均衡的流水作业。

【条文解析】

大模板工程的均衡流水作业，可提高模板的周转率，加快施工进度。均衡流水作业是使每个流水段的工程量基本相等，投入的人工和占用的施工时间基本相当，工序间和各工种间配合协调，起重设备能优化配置和利用，保证施工流程顺畅。

6.1.5 浇筑混凝土时应设专人监控大模板的使用情况，发现问题及时处理。

【条文解析】

浇筑混凝土时，由于泵送混凝土流量、振捣等动力影响和人为操作的不确定性因素，施工中设专人对大模板使用情况监控，以便发现胀模（变形）、跑模（位移）等异常情况能及时得到妥善的处理。

6.1.6 吊装大模板时应设专人指挥，模板起吊应平稳，不得偏斜和大幅度摆动。操作人员必须站在安全可靠处，严禁人员随同大模板一同起吊。

【条文解析】

为使大模板的施工顺利进行和做到安全施工，结合现场实际，针对易忽视的安全隐患提出了必须做到的安全施工要求。

6.1.7 吊装大模板必须采用带卡环吊钩。当风力超过 5 级时应停止吊装作业。

【条文解析】

为保证吊运大模板的安全性，强调必须采用带卡环的吊钩吊运模板，避免因没挂好脱钩造成的安全事故。按照现行行业标准《建筑施工高处作业安全技术规范》JGJ 80—1991 的规定，考虑大模板的面积大，揽风面积也大，当风力较大且作业高度增加后，大模板在空中会像风筝一样飘来荡去，存在安全隐患，本条规定风力超过 5 级时应停止大模板的吊装作业。

4.2 钢筋工程

《混凝土结构工程施工规范》GB 50666—2011

5.1.3 当需要进行钢筋代换时，应办理设计变更文件。

【条文解析】

钢筋代换主要包括钢筋品种、级别、规格、数量等的改变，涉及结构安全。钢筋代换后应经设计单位确认，并按规定办理相关审查手续。钢筋代换应按国家现行相关标准的有关规定，考虑构件承载力、正常使用（裂缝宽度、挠度控制）及配筋构造等方面的要求，需要时可采用并筋的代换形式。不宜用光圆钢筋代换带肋钢筋。

5.2.2 对有抗震设防要求的结构，其纵向受力钢筋的性能应满足设计要求；当设计无具体要求时，对按一、二、三级抗震等级设计的框架和斜撑构件（含梯段）中的纵向受力普通钢筋应采用 HRB335E、HRB400E、HRB500E、HRBF335E、HRBF400E 或 HRBF500E 钢筋，其强度和最大力下总伸长率的实测值，应符合下列规定：

1 钢筋的抗拉强度实测值与屈服强度实测值的比值不应小于 1.25；

2 钢筋的屈服强度实测值与屈服强度标准值的比值不应大于 1.30；

3 钢筋的最大力下总伸长率不应小于 9%。

【条文解析】

本条提出了针对部分框架、斜撑构件（含梯段）中纵向受力钢筋强度、伸长率的规定，其目的是保证重要结构构件的抗震性能。本条第 1 款中抗拉强度实测值与屈服强度实测值的比值，工程中习惯称为"强屈比"；第 2 款中屈服强度实测值与屈服强度标准值的比值，工程中习惯称为"超强比"或"超屈比"；第 3 款中最大力下总伸长率习惯称为"均匀伸长率"。

牌号带"E"的钢筋是专门为满足本条性能要求生产的钢筋，其表面轧有专用标志。

本条中的框架包括各类混凝土结构中的框架梁、框架柱、框支梁、框支柱及板柱-抗震墙的柱，其抗震等级应根据国家现行相关标准由设计确定；斜撑构件包括伸臂桁架的斜撑、楼梯的梯段等，相关标准中未对斜撑构件规定抗震等级，当建筑中其他构件需要应用牌号带 E 钢筋时，则建筑中所有斜撑构件均应满足本条规定。

5.3.1 钢筋加工前应将表面清理干净。表面有颗粒状、片状老锈或有损伤的钢筋不得使用。

【条文解析】

钢筋加工前应清理表面的油渍、漆污和铁锈。清除钢筋表面油漆、漆污、铁锈可采用除锈机、风砂枪等机械方法；当钢筋数量较少时，也可采用人工除锈。除锈后的钢筋要尽快使用，长时间未使用的钢筋在使用前同样应按本条规定进行清理。有颗粒状、片状老锈或有损伤的钢筋性能无法保证，不应在工程中使用。对于锈蚀程度较轻的钢筋，也可根据实际情况直接使用。

5.3.2 钢筋加工宜在常温状态下进行，加工过程中不应对钢筋进行加热。钢筋应一次弯折到位。

【条文解析】

钢筋弯折可采用专用设备一次弯折到位。对于弯折过度的钢筋，不得回弯。

5.3.3 钢筋宜采用机械设备进行调直，也可采用冷拉方法调直。当采用机械设备调直时，调直设备不应具有延伸功能。当采用冷拉方法调直时，HPB300 光圆钢筋的冷拉率不宜大于 4%；HRB335、HRB400、HRB500、HRBF335、HRBF400、HRBF500 及 RRB400 带肋钢筋的冷拉率，不宜大于 1%。钢筋调直过程中不应损伤带肋钢筋的横肋。调直后的钢筋应平直，不应有局部弯折。

【条文解析】

机械调直有利于保证钢筋质量，控制钢筋强度，是推荐采用的钢筋调直方式。无延伸功能指调直机械设备的牵引力不大于钢筋的屈服力。如采用冷拉调直，应控制调直冷拉率，以免影响钢筋的力学性能。带肋钢筋进行机械调直时，应注意保护钢筋横肋，以避免横肋损伤造成钢筋锚固性能降低。钢筋无局部弯折，一般指钢筋中心线同直线的偏差不应超过全长的 1%。

5.3.7 焊接封闭箍筋宜采用闪光对焊，也可采用气压焊或单面搭接焊，并宜采用专用设备进行焊接。焊接封闭箍筋下料长度和端头加工应按焊接工艺确定。焊接封闭箍筋的焊点设置，应符合下列规定：

1 每个箍筋的焊点数量应为 1 个，焊点宜位于多边形箍筋中的某边中部，且距箍筋弯折处的位置不宜小于 100mm；

2 矩形柱箍筋焊点宜设在柱短边，等边多边形柱箍筋焊点可设在任一边；不等边多边形柱箍筋焊点应位于不同边上；

3 梁箍筋焊点应设置在顶边或底边。

【条文解析】

焊接封闭箍筋宜以闪光对焊为主；采用气压焊或单面搭接焊时，应注意最小适用直径。批量加工的焊接封闭箍筋应在专业加工场地采用专用设备完成。对焊点部位的要求主要是考虑便于施焊、有利于结构安全等因素。

5.4.2 钢筋机械连接施工应符合下列规定：

1 加工钢筋接头的操作人员应经专业培训合格后上岗，钢筋接头的加工应经工艺检验合格后方可进行。

2 机械连接接头的混凝土保护层厚度宜符合现行国家标准《混凝土结构设计规

范》GB 50010—2010 中受力钢筋的混凝土保护层最小厚度规定，且不得小于 15mm。接头之间的横向净间距不宜小于 25mm。

3 螺纹接头安装后应使用专用扭力扳手校核拧紧扭力矩。挤压接头压痕直径的波动范围应控制在允许波动范围内，并使用专用量规进行检验。

4 机械连接接头的适用范围、工艺要求、套筒材料及质量要求等应符合现行行业标准《钢筋机械连接技术规程》JGJ 107—2010 的有关规定。

【条文解析】

本条提出了钢筋机械连接施工的基本要求。螺纹接头安装时，可根据安装需要采用管钳、扭力扳手等工具，但安装后应使用专用扭力扳手校核拧紧力矩，安装用扭力扳手和校核用扭力扳手应区分使用，二者的精度、校准要求均有所不同。

5.4.3 钢筋焊接施工应符合下列规定：

1 从事钢筋焊接施工的焊工应持有钢筋焊工考试合格证，并应按照合格证规定的范围上岗操作。

2 在钢筋工程焊接施工前，参与该项工程施焊的焊工应进行现场条件下的焊接工艺试验，经试验合格后，方可进行焊接。焊接过程中，如果钢筋牌号、直径发生变更，应再次进行焊接工艺试验。工艺试验使用的材料、设备、辅料及作业条件均应与实际施工一致。

3 细晶粒热轧钢筋及直径大于 28mm 的普通热轧钢筋，其焊接参数应经试验确定；余热处理钢筋不宜焊接。

4 电渣压力焊只应使用于柱、墙等构件中竖向受力钢筋的连接。

5 钢筋焊接接头的适用范围、工艺要求、焊条及焊剂选择、焊接操作及质量要求等应符合现行行业标准《钢筋焊接及验收规程》JGJ 18 的有关规定。

【条文解析】

本条提出了钢筋焊接施工的基本要求。焊工是焊接施工质量的保证，本条提出了焊工考试合格证、焊接工艺试验等要求。不同品种钢筋的焊接硬电渣压力焊的适用条件是焊接施工中较为重要的问题，本规范参考相关规范提出了技术规定。焊接施工还应按相关标准、规定做好劳动保护和安全防护，防止发生火灾、烧伤、触电以及损坏设备等事故。

5.4.4 当纵向受力钢筋采用机械连接接头或焊接接头时，接头的设置应符合下列规定：

1 同一构件内的接头宜分批错开。

2 接头连接区段的长度为 35d，且不应小于 500mm，凡接头中点位于该连接区段长度内的接头均应属于同一连接区段；其中 d 为相互连接两根钢筋中较小直径。

3 同一连接区段内，纵向受力钢筋接头面积百分率为该区段内有接头的纵向受力钢筋截面面积与全部纵向受力钢筋截面面积的比值；纵向受力钢筋的接头面积百分率应符合下列规定：

1）受拉接头，不宜大于 50%；受压接头，可不受限制。

2）板、墙、柱中受拉机械连接接头，可根据实际情况放宽；装配式混凝土结构构件连接处受拉接头，可根据实际情况放宽。

3）直接承受动力荷载的结构构件中，不宜采用焊接；当采用机械连接时，不应超过50%。

【条文解析】

本条规定了纵向受力钢筋机械连接和焊接的接头位置和接头百分率要求。计算接头连接区段长度时，d 为相互连接两根钢筋中较小直径，并按该直径计算连接区段内的接头面积百分率；当同一构件内不同连接钢筋计算的连接区段长度不同时取大值。装配式混凝土结构为由预制构件拼装的整体结构，构件连接处无法做到分批连接，多采用同截面100%连接的形式，施工中应采取措施保证连接的质量。

5.4.6 在梁、柱类构件的纵向受力钢筋搭接长度范围内应按设计要求配置箍筋，并应符合下列规定：

1 箍筋直径不应小于搭接钢筋较大直径的 25%；

2 受拉搭接区段的箍筋间距不应大于搭接钢筋较小直径的 5 倍，且不应大于100mm；

3 受压搭接区段的箍筋间距不应大于搭接钢筋较小直径的 10 倍，且不应大于200mm；

4 当柱中纵向受力钢筋直径大于 25mm 时，应在搭接接头两个端面外 100mm 范围内各设置两个箍筋，其间距宜为 50mm。

【条文解析】

搭接区域的箍筋对于约束搭接传力区域的混凝土、保证搭接钢筋传力至关重要。根据相关规范的要求，规定了搭接长度范围内的箍筋直径、间距等构造要求。

5.4.7 钢筋绑扎应符合下列规定：

1 钢筋的绑扎搭接接头应在接头中心和两端用铁丝扎牢。

2 墙、柱、梁钢筋骨架中各竖向面钢筋网交叉点应全数绑扎；板上部钢筋网的交叉点应全数绑扎，底部钢筋网除边缘部分外可间隔交错绑扎。

3 梁、柱的箍筋弯钩及焊接封闭箍筋的焊点应沿纵向受力钢筋方向错开设置。

4 构造柱纵向钢筋宜与承重结构同步绑扎。

5 梁及柱中箍筋、墙中水平分布钢筋、板中钢筋距构件边缘的起始距离宜为 50mm。

【条文解析】

本条规定了钢筋绑扎的细部构造。墙、柱、梁钢筋骨架中各竖向面钢筋网不包括梁顶、梁底的钢筋网。板底部钢筋网的边缘部分需全部扎牢，中间部分可间隔交错扎牢。箍筋弯钩及焊接封闭箍筋的对焊接接头布置要求是为了保证构件不存在明显薄弱的受力方向。构造柱纵向钢筋与承重结构钢筋同步绑扎，可使构造柱与承重结构可靠连接、上下贯通，避免后植筋施工引起的质量及安全隐患。混凝土浇筑施工时可先浇框架梁、柱等主要受力结构，后浇构造柱混凝土。第 5 款中 50mm 的规定系根据工程经验提出，具体适用范围为：梁端第一个箍筋的位置，柱底部第一个箍筋的位置，也包括暗柱及剪力墙边缘构件；楼板边第一根钢筋的位置；墙体底部第一个水平分布钢筋及暗柱箍筋的位置。

5.4.8 构件交接处的钢筋位置应符合设计要求。当设计无具体要求时，应保证主要受力构件和构件中主要受力方向的钢筋位置。框架节点处梁纵向受力钢筋宜放在柱纵向钢筋内侧；当主次梁底部标高相同时，次梁下部钢筋应放在主梁下部钢筋之上；剪力墙中水平分布钢筋宜放在外侧，并宜在墙端弯折锚固。

【条文解析】

本条规定了构件交接处钢筋的位置。对主次梁结构，本条规定底部标高相同时次梁的下部钢筋放到主梁下部钢筋之上，此规定适用于常规结构，对于承受方向向上的反向荷载，或某些有特殊要求的主次梁结构，也可按实际情况选择钢筋布置方式。剪力墙水平分布钢筋为主要受力钢筋，故放在外侧；对于承受平面内弯矩较大的挡土墙等构件，水平分布钢筋也可放在内侧。

5.5.5 钢筋连接施工的质量检查应符合下列规定：

1 钢筋焊接和机械连接施工前均应进行工艺检验。机械连接应检查有效的形式检验报告。

2 钢筋焊接接头和机械连接接头应全数检查外观质量，搭接连接接头应抽检搭接长度。

3 螺纹接头应抽检拧紧扭矩值。

4 钢筋焊接施工中，焊工应及时自检。当发现焊接缺陷及异常现象时，应查找原因，并采取措施及时消除。

5 施工中应检查钢筋接头百分率。

6 应按现行行业标准《钢筋机械连接技术规程》JGJ 107—2010、《钢筋焊接及验收规程》JGJ 18—2012 的有关规定抽取钢筋机械连接接头、焊接接头试件作力学性能检验。

【条文解析】

钢筋连接是钢筋工程施工的重要内容，应在施工过程中重点检查。

《混凝土结构工程施工质量验收规范（2010 版）》GB 50204—2002

5.1.1 当钢筋的品种、级别或规格需作变更时，应办理设计变更文件。

【条文解析】

在施工过程中，当施工单位缺乏设计所要求的钢筋品种、级别或规格时，可进行钢筋代换。为了保证对设计意图的理解不产生偏差，规定当需要做钢筋代换时应办理设计变更文件，以确保满足原结构设计的要求，并明确钢筋代换由设计单位负责。

5.2.1 **钢筋进场时，应按国家现行相关标准的规定抽取试件作力学性能和重量偏差检验，检验结果必须符合有关标准的规定。**

检查数量：按进场的批次和产品的抽样检验方案确定。

检验方法：检查产品合格证、出厂检验报告和进场复验报告。

【条文解析】

钢筋对混凝土结构的承载能力至关重要，对其质量应从严要求。

钢筋进场时，应检查产品合格证和出厂检验报告，并按相关标准的规定进行抽样检验。由于工程量、运输条件和各种钢筋的用量等的差异，很难对钢筋进场的批量大小作出统一规定。实际检查时，若有关标准中对进场检验作了具体规定，应遵照执行；若有关标准中只有对产品出厂检验的规定，则在进场检验时，批量应按下列情况确定：

1）对同一厂家、同一牌号、同一规格的钢筋，当一次进场的数量大于该产品的出厂检验批量时，应划分为若干个出厂检验批量，按出厂检验的抽样方案执行；

2）对同一厂家、同一牌号、同一规格的钢筋，当一次进场的数量小于或等于该产品的出厂检验批量时，应作为一个检验批量，然后按出厂检验的抽样方案执行；

3）对不同时间进场的同批钢筋，当确有可靠依据时，可按一次进场的钢筋处理。

本条的检验方法中，产品合格证、出厂检验报告是对产品质量的证明资料，应列出产品的主要性能指标；当用户有特别要求时，还应列出某些专门检验数据。有时，产品合格证、出厂检验报告可以合并。进场复验报告是进场抽样检验的结果，并作为材料能否在工程中应用的判断依据。

5.2.3 当发现钢筋脆断、焊接性能不良或力学性能显著不正常等现象时，应对该批钢筋进行化学成分检验或其他专项检验。

检验方法：检查化学成分等专项检验报告。

【条文解析】

在钢筋分项工程施工过程中，若发现钢筋性能异常，应立即停止使用，并对同批钢筋进行专项检验。

5.3.3 钢筋宜采用无延伸功能的机械设备进行调直，也可采用冷拉方法调直。当采用冷拉方法调直时，HPB235、HPB300 光圆钢筋的冷拉率不宜大于 4%；HRB335、HRB400、HRB500、HRBF335、HRBF400、HRBF500 及 RRB400 带肋钢筋的冷拉率不宜大于 1%。

检查数量：每工作班按同一类型钢筋、同一加工设备抽查不应少于 3 件。

检验方法：观察，钢尺检查。

【条文解析】

本条规定了钢筋调直加工过程控制要求。钢筋调直宜采用机械调直方法，其设备不应有延伸功能。当采用冷拉方法调直时，应按规定控制冷拉率，以免过度影响钢筋的力学性能。本条规定的冷拉率指冷拉过程中的钢筋伸长率。

5.5.1 钢筋安装时，受力钢筋的品种、级别、规格和数量必须符合设计要求。

检查数量：全数检查。

检验方法：观察，钢尺检查。

【条文解析】

受力钢筋的品种、级别、规格和数量对结构构件的受力性能有重要影响，必须符合设计要求。

《高层建筑混凝土结构技术规程》JGJ 3—2010

13.7.2 高层混凝土结构宜采用高强钢筋。钢筋数量、规格、型号和物理力学性能应符合设计要求。

【条文解析】

高层建筑宜推广应用高强钢筋，可以节约大量钢材。设计单位综合考虑钢筋性能、结构抗震要求等因素，对不同部位、构件采用的钢筋作出明确规定。施工中，钢筋的品种、规格、性能应符合设计要求。

13.7.7 箍筋的弯曲半径、内径尺寸、弯钩平直长度、绑扎间距与位置等构造做法应符合设计规定。采用开口箍筋时，开口方向应置于受压区，并错开布置。采用螺旋箍等新型箍筋时，应符合设计及工艺要求。

【条文解析】

提出了箍筋的基本要求。螺旋箍有利于抗震性能的提高，已得到越来越多的使用，施工中应按照设计及工艺要求，保证质量。

13.7.9 梁、板、墙、柱的钢筋宜采用预制安装方法。钢筋骨架、钢筋网在运输和安装过程中，应采取加固等保护措施。

【条文解析】

现场钢筋施工宜采用预制安装，对预制安装钢筋骨架和网片大小和运输提出要求，以保证质量，提高效率。

《冷轧带肋钢筋混凝土结构技术规程》JGJ 95—2011

7.1.3 进场（厂）的冷轧带肋钢筋应按同一厂家、同一牌号、同一直径、同一交货状态的划分原则分检验批进行抽样检验，并检查钢筋出厂质量合格证明书、标牌，标牌应标明钢筋的生产企业、钢筋牌号、钢筋直径等信息。每个检验批的检验项目为外观质量、重量偏差、拉伸试验（量测抗拉强度和伸长率）和弯曲试验或反复弯曲试验。

【条文解析】

进场（厂）的冷轧带肋钢筋应成批验收。为保证冷轧带肋钢筋的匀质性，验收时应按同一厂家、同一牌号、同一直径、同一交货状态分批。根据冷轧带肋钢筋的使用要求，确定外观质量、重量偏差、拉伸试验（量测抗拉强度和伸长率）和弯曲试验或反复弯曲试验为主要检验项目。其中用于钢筋混凝土的冷轧带肋钢筋应进行弯曲试验，预应力冷轧带肋钢筋则应进行反复弯曲试验。拉伸试验的伸长率以断后伸长率为主，只有需要进行仲裁时才检验最大力总伸长率。

7.1.4 冷轧带肋钢筋的外观质量应全数目测检查，检验批可按盘或捆确定。钢筋表面不得有裂纹、毛刺及影响性能的锈蚀、机械损伤、外形尺寸偏差。

【条文解析】

本条规定了冷轧带肋钢筋的表面质量要求。

7.2.1 冷轧带肋钢筋应采用调直机调直。钢筋调直后不应有局部弯曲和表面明显擦伤，直条钢筋每米长度的侧向弯曲不应大于 4mm，总弯曲度不应大于钢筋总长的千分之四。

【条文解析】

冷轧带肋钢筋多为无屈服点钢筋，不能采用冷拉调直的方法。冷轧带肋钢筋经机械调直后，表面常有轻微伤痕，一般不影响使用。当有明显伤痕时，应对调直机进行检修。

7.2.4 冷轧带肋钢筋的连接可采用绑扎搭接或专门焊机进行的电阻点焊，不得采用对焊或手工电弧焊。

【条文解析】

冷轧带肋钢筋作为冷加工钢筋的一种，其生产工艺决定了其无法进行对焊或手工电弧焊，仅能采用电阻点焊。

7.3.5 冷轧带肋钢筋一般采用一次张拉，张拉值应按设计规定取用。当施工中产生设计未考虑的预应力损失时，施工张拉值可根据具体情况适当提高，但提高数值不宜超过 $0.05\sigma_{con}$。

【条文解析】

根据国内多年工程实践表明，冷轧带肋钢筋采用一次张拉，可以满足设计要求。一般情况下不宜采用超张拉。当施工中确实产生设计未考虑的预应力损失时，可根据具体情况适当提高少量张拉值，但提高值不宜超过 $0.05\sigma_{con}$。超张拉值过高将影响预应力构件的延性，不宜提倡。

7.3.6 短线生产成束张拉时，镦头后钢筋的有效长度极差在一个构件中不得大于2mm。

【条文解析】

极差为成束张拉钢筋长度最大值和最小值的差。短线生产时，一个构件中钢筋镦头后有限长度的极差控制在 2mm 比较合适，符合目前大部分构件厂的生产水平。

7.3.7 钢筋的预应力值应按下列规定进行抽检：

1 长线法张拉每一工作班应按构件条数的 10%抽检，且不得少于一条；短线法张拉每一工作班应按构件数量的 1%抽检，且不得少于一件。

2 检测应在张拉完毕后一小时进行。

【条文解析】

钢筋预应力值抽检数量，根据冷轧带肋钢筋预应力空心板多年生产经验总结，本条规定比较切实可行，除了规定最低抽检数量外，又根据生产量按一定比例增加抽检数量，对大厂或小厂均具有适当的宽严程度。检测时间明确规定张拉完毕后 1h 进行，是考虑预应力筋松弛损失随时间而变化，1h 基本符合现场张拉操作进程，同时给一个统一的检测时间。

《冷轧扭钢筋混凝土构件技术规程》JGJ 115—2006

8.1.1 冷轧扭钢筋的成品规格及检验方法，应符合现行行业标准《冷轧扭钢筋》JG 190—2006 的规定。

8.1.2 冷轧扭钢筋成品应有出厂合格证书或试验合格报告单。进入现场时应分批分规格捆扎，用垫木架空码放，并应采取防雨措施。每捆均应挂标牌，注明钢筋的规格、数量、生产日期、生产厂家，并应对标牌进行核实，分批验收。

8.1.3 冷轧扭钢筋进场后应分批进行复检，检验批应由同一型号、同一强度等级、同一规格、同一台（套）轧机生产的钢筋组成。每批应不大于20t，不足20t应按一批计。

【条文解析】

冷轧扭钢筋产品应加强质量管理，进入施工现场时，使用方应分批验收。如有异常现象，应对原材料中含碳量和其他有害成分进行化学成分的复检，控制好母材质量是十分重要的。

8.2.2 严禁采用对冷轧扭钢筋有腐蚀作用的外加剂。

【条文解析】

冷轧扭钢筋较同标志直径母材断面面积小而较同截面圆钢的周长大，对腐蚀较敏感，故严禁采用对钢筋有腐蚀作用的外加剂。

8.2.4 钢筋网片、骨架应绑扎牢固。双向受力网片每个交叉点均应绑扎；单向受力网片除外边缘网片应逐点绑扎外，中间可隔点交错绑扎。绑扎网片和骨架的外形尺寸允许偏差应符合表8.2.4的规定。

表8.2.4 绑扎网片和绑扎骨架外形尺寸允许偏差
（单位：mm）

项目	允许偏差
网片的长、宽	±25
网眼尺寸	±15
骨架高、宽	±10
骨架长	±10

8.2.5 叠合薄板构件脱模时混凝土强度等级应达到设计强度的100%。起吊时应先消除吸附力，然后平衡起吊。

【条文解析】

对冷轧扭钢筋的铺设绑扎提出了基本要求，与普通钢筋工程基本相同。

8.2.7 Ⅲ型冷轧扭钢筋（CTB550级）可用于焊接网。

【条文解析】

Ⅲ型冷轧扭钢筋（CTB550级）外型为圆形螺旋肋，可用于焊接网。

4.3 预应力工程

《混凝土结构工程施工规范》GB 50666—2011

6.1.3 当预应力筋需要代换时，应进行专门计算，并应经原设计单位确认。

【条文解析】

预应力筋的品种、级别、规格、数量由设计单位根据相关标准选择，并经结构设计计算确定，任何一项参数的变化都会直接影响预应力混凝土的结构性能。预应力筋代换意味着其品种、级别、规格、数量以及锚固体系的相应变化，将会带来结构性能的变化，包括构件承载能力、抗裂度、挠度以及锚固区承载能力等，因此进行代换时，应按现行国家标准《混凝土结构设计规范》GB 50010—2010等进行专门的计算，并经原设计单位确认。

6.2.4 预应力筋等材料在运输、存放、加工、安装过程中，应采取防止其损伤、锈蚀或污染的措施，并应符合下列规定：

1 有黏结预应力筋展开后应平顺，不应有弯折，表面不应有裂纹、小刺、机械损伤、氧化铁皮和油污等；

2 预应力筋用锚具、夹具、连接器和锚垫板表面应无污物、锈蚀、机械损伤和裂纹；

3 无黏结预应力筋护套应光滑、无裂纹、无明显褶皱；

4 后张预应力用成孔管道内外表面应清洁，无锈蚀，不应有油污、孔洞和不规则的褶皱，咬口不应有开裂或脱落。

【条文解析】

各种工程材料都有其合理的运输和储存要求。预应力筋、预应力筋用锚具、夹具和连接器，以及成孔管道等工程材料基本都是金属材料，因此在运输、存放过程中，应采取防止其损伤、锈蚀或污染的保护措施，并在使用前进行外观检查。此外，塑料波纹管尽管没有锈蚀问题，仍应注意保护其不受外力作用下的变形，避免污染、暴晒。

6.3.5 钢丝镦头及下料长度偏差应符合下列规定：

1 镦头的头型直径不宜小于钢丝直径的 1.5 倍，高度不宜小于钢丝直径。

2 镦头不应出现横向裂纹。

3 当钢丝束两端均采用镦头锚具时，同一束中各根钢丝长度的极差不应大于钢丝长度的 1/5000，且不应大于 5mm。当成组张拉长度不大于 10m 的钢丝时，同组钢丝长度的极差不得大于 2mm。

【条文解析】

钢丝束采用镦头锚具时，锚具的效率系数主要取决于镦头的强度，而镦头强度与采用的工艺及钢丝的直径有关。冷镦时由于冷作硬化，镦头的强度提高，但脆性增加，且容易出现裂纹，影响强度发挥，因此需事先确认钢丝的可镦性，以确保镦头质量。另外，钢丝下料长度的控制主要是为保证钢丝的两端均采用镦头锚具时钢丝的受力均匀性。

6.3.6 成孔管道的连接应密封，并应符合下列规定：

1 圆形金属波纹管接长时，可采用大一规格的同波型波纹管作为接头管，接头管长度可取其内径的 3 倍，且不宜小于 200mm，两端旋入长度宜相等，且接头管两端应采用防水胶带密封；

2 塑料波纹管接长时，可采用塑料焊接机热熔焊接或采用专用连接管；

3 钢管连接可采用焊接连接或套筒连接。

【条文解析】

圆截面金属波纹管的连接采用大一规格的管道连接，其工艺成熟，现场操作方便。扁形金属波纹管无法采用旋入连接工艺，通常也可采用更大规格的扁管套接工艺。塑料波纹管采用热熔焊接工艺或专用连接套管均能保证质量。

6.3.7 预应力筋或成孔管道应按设计规定的形状和位置安装，并应符合下列规定：

1 预应力筋或成孔管道应平顺，并与定位钢筋绑扎牢固。定位钢筋直径不宜小于 10mm，间距不宜大于 1.2m，板中无黏结预应力筋的定位间距可适当放宽，扁形管道、塑料波纹管或预应力筋曲线曲率较大处的定位间距，宜适当缩小。

2 凡施工时需要预先起拱的构件，预应力筋或成孔管道宜随构件同时起拱。

3 预应力筋或成孔管道控制点竖向位置允许偏差应符合表 6.3.7 的规定。

表 6.3.7 预应力筋或成孔管道控制点竖向位置允许偏差

构件截面高（厚）度 h/mm	h≤300	300<h≤1500	h>1500
允许偏差/mm	±5	±10	±15

【条文解析】

管道定位钢筋支托的间距与预应力筋重量和波纹管自身刚度有关。一般曲线预应力筋的关键点（如最高点、最低点和反弯点等位置）需要有定位的支托钢筋，其余位置的定位钢筋可按等间距布置。值得注意的是，一般设计文件中所给出的预应力筋束形为预应力筋中心的位置，确定支托钢筋位置时尚需考虑管道或无黏结应力筋束的半径。管道安装后应采用火烧丝与钢筋支托绑扎牢靠，必要时点焊定位钢筋。梁中铺设多根成束无黏结预应力筋时，尚需注意同一束的各根筋保持平行，防止相互扭绞。

6.3.9 预应力孔道应根据工程特点设置排气孔、泌水孔及灌浆孔，排气孔可兼作泌水孔或灌浆孔，并应符合下列规定：

1 当曲线孔道波峰和波谷的高差大于300mm时，应在孔道波峰设置排气孔，排气孔间距不宜大于30m；

2 当排气孔兼作泌水孔时，其外接管伸出构件顶面高度不宜小于300mm。

【条文解析】

采用普通灌浆工艺时，从一端注入的水泥浆往前流动，并同时将孔道内的空气从另一端排出。当预应力孔道呈起伏状时，易出现水泥浆流过但空气未被往前挤压而滞留于管道内的情况；曲线孔道中的浆体由于重力下沉、水分上浮会出现泌水现象；当空气滞留于管道内时，将出现灌浆缺陷，还可能被泌出的水充满，不利于预应力筋的防腐，波峰与波谷高差越大这种现象越严重。所以，本条规定曲线孔道波峰部位设置排气管兼泌水管，该管不仅可排除空气，还可以将泌水集中排除在孔道外。泌水管常采用钢丝增强塑料管以及壁厚不小于2mm的聚乙烯管，有时也可用薄壁钢管，以防止混凝土浇筑过程中出现排气管压扁。

6.3.11 后张法有黏结预应力筋穿入孔道及其防护，应符合下列规定：

1 对采用蒸汽养护的预制构件，预应力筋应在蒸汽养护结束后穿入孔道。

2 预应力筋穿入孔道后至孔道灌浆的时间间隔不宜过长，当环境相对湿度大于60%或处于近海环境时，不宜超过14d；当环境相对湿度不大于60%时，不宜超过28d。

3 当不能满足本条第2款的规定时，宜对预应力筋采取防锈措施。

【条文解析】

预应力筋的穿束工艺可分为先穿束和后穿束，其中在混凝土浇筑前将预应力筋穿入管道内的工艺方法称为"先穿束"，而待混凝土浇筑完毕再将预应力筋穿入孔道的工艺方法称为"后穿束"。一般情况下，先穿束会占用工期，而且预应力筋穿入孔道后至张拉并灌浆的时间间隔较长，在环境湿度较大的南方地区或雨季容易造成预应力筋的锈蚀，进而影响孔道摩擦，甚至影响预应力筋的力学性能；而后穿束时，预应力筋穿入孔道后至张拉灌浆的时间间隔较短，可有效防止预应力筋锈蚀，同时不占用结构施工工期，有利于加快施工速度，是较好的工艺方法。对一端为埋入端、另一端为张拉端的预应力筋，只能采用先穿束工艺，而两端张拉的预应力筋，最好采用后穿束工艺。本条规定主要考虑预应力筋在施工阶段的防锈，有关时间限制是根据国内外相关标准及我国工程实践经验提出的。

6.4.1 预应力筋张拉前，应进行下列准备工作：

1 计算张拉力和张拉伸长值，根据张拉设备标定结果确定油泵压力表读数；

2 根据工程需要搭设安全可靠的张拉作业平台；

3 清理锚垫板和张拉端预应力筋，检查锚垫板后混凝土的密实性。

【条文解析】

预应力筋张拉前，根据张拉控制应力和预应力筋面积确定张拉力，然后根据千斤顶标定结果确定油泵压力表读数，同时根据预应力筋曲线线形及摩擦系数计算张拉伸长值；现场检查确认混凝土施工质量，确保张拉阶段不致出现局部承压区破坏等异常情况。

6.4.6 预应力筋的张拉顺序应符合设计要求，并应符合下列规定：

1 应根据结构受力特点、施工方便及操作安全等因素确定张拉顺序；

2 预应力筋宜按均匀、对称的原则张拉；

3 现浇预应力混凝土楼盖，宜先张拉楼板、次梁的预应力筋，后张拉主梁的预应力筋；

4 对预制屋架等平卧叠浇构件，应从上而下逐榀张拉。

【条文解析】

预应力筋的张拉顺序应使混凝土不产生超应力、构件不扭转与侧弯，因此，对称张拉是一个重要原则，对张拉比较敏感的结构构件，若不能对称张拉，也应尽量做到逐步渐进的施加预应力。减少张拉设备的移动次数也是施工中应考虑的因素。

6.4.10 预应力筋张拉中应避免预应力筋断裂或滑脱。当发生断裂或滑脱时，应符合下列规定：

1 对后张法预应力结构构件，断裂或滑脱的数量严禁超过同一截面预应力筋总根数的3%，且每束钢丝或每根钢绞线不得超过一丝；对多跨双向连续板，其同一截面应按每跨计算。

2 对先张法预应力构件，在浇筑混凝土前发生断裂或滑脱的预应力筋必须更换。

【条文解析】

预应力工程的重要目的是通过配置的预应力筋建立设计希望的准确的预应力值。然而，张拉阶段出现预应力筋的断裂，可能意味着，其材料、加工制作、安装及张拉等一系列环节中出现了问题。同时，由于预应力筋断裂或滑脱对结构构件的受力性能影响极大，因此，规定应严格限制其断裂或滑脱的数量。先张法预应力构件中的预应力筋不允许出现断裂或滑脱，若在浇筑混凝土前出现断裂或滑脱，相应的预应力筋应予以更换。

6.4.12 先张法预应力筋的放张顺序，应符合下列规定：

1 宜采取缓慢放张工艺进行逐根或整体放张；

2 对轴心受压构件，所有预应力筋宜同时放张；

3 对受弯或偏心受压的构件，应先同时放张预压应力较小区域的预应力筋，再同时放张预压应力较大区域的预应力筋；

4 当不能按本条第 1～3 款的规定放张时，应分阶段、对称、相互交错放张；

5 放张后，预应力筋的切断顺序，宜从张拉端开始依次切向另一端。

【条文解析】

本条规定了先张法预应力构件的预应力筋放张原则，主要考虑确保施工阶段先张法构件的受力不出现异常情况。

6.5.1 后张法有黏结预应力筋张拉完毕并经检查合格后，应尽早进行孔道灌浆，孔道内水泥浆应饱满、密实。

【条文解析】

张拉后的预应力筋处于高应力状态，对腐蚀很敏感，同时全部拉力由锚具承担，因此应尽早进行灌浆保护预应力筋以提供预应力筋与混凝土之间的黏结。饱满、密实的灌浆是保证预应力筋防腐和提供足够黏结力的重要前提。

6.5.2 后张法预应力筋锚固后的外露多余长度，宜采用机械方法切割，也可采用氧—乙炔焰切割，其外露长度不宜小于预应力筋直径的 1.5 倍，且不应小于 30mm。

【条文解析】

锚具外多余预应力筋常采用无齿锯或机械切断机切断，也可采用氧—乙炔焰切割多余预应力筋。当采用氧—乙炔焰切割时，为避免热影响可能波及锚具部位，宜适当加大外露预应力筋的长度或采取对锚具降温等措施。本条规定的外露预应力筋长度要求，主要考虑到锚具正常工作及可能的热影响。

6.5.6 灌浆用水泥浆的制备及使用，应符合下列规定：

1 水泥浆宜采用高速搅拌机进行搅拌，搅拌时间不应超过 5min；

2 水泥浆使用前应经筛孔尺寸不大于 1.2mm×1.2mm 的筛网过滤；

3 搅拌后不能在短时间内灌入孔道的水泥浆，应保持缓慢搅动；

4 水泥浆应在初凝前灌入孔道。搅拌后至灌浆完毕的时间不宜超过 30min。

【条文解析】

采用专门的高速搅拌机（一般为 1000r/min 以上）搅拌水泥浆，一方面提高劳动效率，减轻劳动强度，同时有利于充分搅拌均匀水泥及外加剂等材料，获得良好的水泥浆；如果搅拌时间过长，将降低水泥浆的流动性。水泥浆采用滤网过滤，可清除搅拌中未被充分散开的颗粒，可降低灌浆压力，并提高灌浆质量。当水泥浆中掺有缓凝剂且有可靠工程经验时，水泥浆拌合后至灌入孔道的时间可适当延长。

6.5.7 灌浆施工应符合下列规定：

1 宜先灌注下层孔道，后灌注上层孔道。

2 灌浆应连续进行，直至排气管排除的浆体稠度与注浆孔处相同且无气泡后，再顺浆体流动方向依次封闭排气孔；全部出浆口封闭后，宜继续加压 0.5~0.7MPa，并应稳压 1~2min 后封闭灌浆口。

3 当泌水较大时，宜进行二次灌浆和对泌水孔进行重力补浆。

4 因故中途停止灌浆时，应用压力水将未灌注完孔道内已注入的水泥浆冲洗干净。

【条文解析】

本条规定了一般性的灌浆操作工艺要求。对因故尚未灌注完成的孔道，应采用压力水冲洗该孔道，并采取措施后再行灌浆。

《混凝土结构工程施工质量验收规范（2010 版）》GB 50204—2002

6.1.1 后张法预应力工程的施工应由具有相应资质等级的预应力专业施工单位承担。

【条文解析】

后张法预应力施工是一项专业性强、技术含量高、操作要求严的作业，故应由获得有关部门批准的预应力专项施工资质的施工单位承担。预应力混凝土结构施工前，专业施工单位应根据设计图纸，编制预应力施工方案。当设计图纸深度不具备施工条件时，预应力施工单位应予以完善，并经设计单位审核后实施。

6.1.2 预应力筋张拉机具设备及仪表，应定期维护和校验。张拉设备应配套标定，并配套使用。张拉设备的标定期限不应超过半年。当在使用过程中出现反常现象时或在千斤顶检修后，应重新标定。

注：1 张拉设备标定时，千斤顶活塞的运行方向应与实际张拉工作状态一致；

2 压力表的精度不应低于 1.5 级，标定张拉设备用的试验机或测力计精度不应低于 ±2%。

【条文解析】

本条规定了预应力张拉设备的校验和标定要求。张拉设备（千斤顶、油泵及压力表等）应配套标定，以确定压力表读数与千斤顶输出力之间的关系曲线。这种关系曲线对应于特定的一套张拉设备，故配套标定后应配套使用。由于千斤顶主动工作和被动工作时，压力表读数与千斤顶输出力之间的关系是不一致的，故要求标定时千斤顶活塞的运行方向应与实际张拉工作状态一致。

6.1.3 在浇筑混凝土之前，应进行预应力隐蔽工程验收，其内容包括：

1 预应力筋的品种、规格、数量、位置等；

2 预应力筋锚具和连接器的品种、规格、数量、位置等；

3 预留孔道的规格、数量、位置、形状及灌浆孔、排气兼泌水管等；

4 锚固区局部加强构造等。

【条文解析】

预应力隐蔽工程反映预应力分项工程施工的综合质量，在浇筑混凝土之前验收是为了确保预应力筋等的安装符合设计要求并在混凝土结构中发挥其应有的作用。本条对预应力隐蔽工程验收的内容作出了具体规定。

6.2.2 无黏结预应力筋的涂包质量应符合无黏结预应力钢绞线标准的规定。

检查数量：每 60t 为一批，每批抽取一组试件。

检验方法：观察，检查产品合格证、出厂检验报告和进场复验报告。

注：当有工程经验，并经观察认为质量有保证时，可不作油脂用量和护套厚度的进场复验。

【条文解析】

无黏结预应力筋的涂包质量对保证预应力筋防腐及准确地建立预应力非常重要。涂包质量的检验内容主要有涂包层油脂用量、护套厚度及外观。当有工程经验，并经观察确认质量有保证时，可仅作外观检查。

6.2.5 预应力筋使用前应进行外观检查，其质量应符合下列要求：

1 有黏结预应力筋展开后应平顺，不得有弯折，表面不应有裂缝、小刺、机械损伤、氧化铁皮和油污等；

2 无黏结预应力筋护套应光滑、无裂缝，无明显褶皱。

检查数量：全数检查。

检验方法：观察。

注：无黏结预应力筋护套轻微破损者应外包防水塑料胶带修补，严重破损者不得使用。

【条文解析】

预应力筋进场后可能由于保管不当引起锈蚀、污染等，故使用前应进行外观质量检查。对有黏结预应力筋，可按各相关标准进行检查。对无黏结预应力筋，若出现护套破损，不仅影响密封性，而且增加预应力摩擦损失，故应根据不同情况进行处理。

6.2.6 预应力筋用锚具、夹具和连接器使用前应进行外观检查，其表面应无污物、锈蚀、机械损伤和裂纹。

检查数量：全数检查。

检验方法：观察。

【条文解析】

当锚具、夹具及连接器进场入库时间较长时，可能造成锈蚀、污染等，影响其使用性能，故使用前应重新对其外观进行检查。

6.3.1 预应力筋安装时，其品种、级别、规格、数量必须符合设计要求。

检查数量：全数检查。

检验方法：观察，钢尺检查。

【条文解析】

预应力筋的品种、级别、规格和数量对保证预应力结构构件的抗裂性能及承载力至关重要，故必须符合设计要求。

6.3.2 先张法预应力施工时应选用非油质类模板隔离剂，并应避免沾污预应力筋。

检查数量：全数检查。

检验方法：观察。

【条文解析】

先张法预应力施工时，油质类隔离剂可能沾污预应力筋，严重影响黏结力，并且会污染混凝土表面，影响装修工程质量，故应避免。

6.3.3 施工过程中应避免电火花损伤预应力筋；受损伤的预应力筋应予以更换。

检查数量：全数检查。

检验方法：观察。

【条文解析】

预应力筋若遇电火花损伤，容易在张拉阶段脆断，故应避免。施工时应避免将预应力筋作为电焊的一极。受电火花损伤的预应力筋应予以更换。

6.3.5 预应力筋端部锚具的制作质量应符合下列要求：

1 挤压锚具制作时压力表油压应符合操作说明书的规定，挤压后预应力筋外端应露出挤压套筒 1～5mm；

2 钢绞线压花锚成型时，表面应清洁、无油污，梨形头尺寸和直线段长度应符合设计要求；

3 钢丝镦头的强度不得低于钢丝强度标准值的 98%。

检查数量：对挤压锚，每工作班抽查 5%，且不应少于 5 件；对压花锚，每工作班抽查 3 件；对钢丝镦头强度，每批钢丝检查 6 个镦头试件。

检验方法：观察，钢尺检查，检查镦头强度试验报告。

【条文解析】

预应力筋的端部锚具制作质量对可靠地建立预应力非常重要。本条规定了挤压锚、压花锚、镦头锚的制作质量要求。本条对镦头锚制作质量的要求，主要是为了检测钢丝的可镦性，故规定按钢丝的进场批量检查。

6.3.6 后张法有黏结预应力筋预留孔道的规格、数量、位置和形状除应符合设计要求外，还应符合下列规定：

1 预留孔道的定位应牢固，浇筑混凝土时不应出现移位和变形。

2 孔道应平顺，端部的预埋锚垫板应垂直于孔道中心线。

3 成孔用管道应密封良好，接头应严密且不得漏浆。

4 灌浆孔的间距：对预埋金属螺旋管不宜大于 30m；对抽芯成型孔道不宜大于 12m。

5 在曲线孔道的曲线波峰部位应设置排气兼泌水管，必要时可在最低点设置排水孔。

6 灌浆孔及泌水管的孔径应能保证浆液畅通。

检查数量：全数检查。

检验方法：观察，钢尺检查。

【条文解析】

浇筑混凝土时，预留孔道定位不牢固会发生移位，影响建立预应力的效果。为确保孔道成型质量，除应符合设计要求外，还应符合本条对预留孔道安装质量作出的相应规定。对后张法预应力混凝土结构中预留孔道的灌浆孔及泌水管等的间距和位置要求，是为了保证灌浆质量。

6.3.7 预应力筋束形控制点的竖向位置允许偏差应符合表 6.3.7 的规定。

表 6.3.7 束形控制点的竖向位置允许偏差

截面高（厚）度/mm	$h \leqslant 300$	$300 < h \leqslant 1500$	$h > 1500$
允许偏差/mm	± 5	± 10	± 15

检查数量：在同一检验批内，抽查各类构件预应力筋总数的 5%，且对各类型构件不小于 5 束，每束不应少于 5 处。

检验方法：钢尺检查。

注：束形控制点的竖向位置偏差合格点率应达到 90% 及以上，且不得有超过表中数值 1.5 倍的尺寸偏差。

【条文解析】

预应力筋束形直接影响建立预应力的效果，并影响结构构件的承载力和抗裂性能，故对束形控制点的竖向位置允许偏差提出了较高要求。本条按截面高度设定束形控制点的竖向位置允许偏差，以便于实际控制。

6.3.9 浇筑混凝土前穿入孔道的后张法有黏结预应力筋，宜采取防止锈蚀的措施。

检查数量：全数检查。

检验方法：观察。

【条文解析】

后张法施工中，当浇筑混凝土前将预应力筋穿入孔道时，预应力筋需经合模、混凝土浇筑、养护并达到设计要求的强度后才能张拉。在此期间，孔道内可能会有浇筑混凝土时渗进的水或从喇叭管口流入的养护水、雨水等，若时间过长，可能引起预应力筋锈蚀，故应根据工程具体情况采取必要的防锈措施。

6.4.3 预应力筋张拉锚固后实际建立的预应力值与工程规定检验值的相对允许偏差为 ± 5%。

检查数量：对先张法施工，每工作班抽查预应力筋总数的 1%，且不少于 3 根；对后张法施工，在同一检验批内，抽查预应力筋总数的 3%，且不少于 5 束。

检验方法：对先张法施工，检查预应力筋应力检测记录；对后张法施工，检查见证张拉记录。

【条文解析】

预应力筋张拉锚固后，实际建立的预应力值与量测时间有关。相隔时间越长，预应力损失值越大，故检验值应由设计通过计算确定。

预应力筋张拉后实际建立的预应力值对结构受力性能影响很大，必须予以保证。先张法施工中可以用应力测定仪器直接测定张拉锚固后预应力筋的应力值；后张法施工中预应力筋的实际应力值较难测定，故可用见证张拉代替预加力值测定。见证张拉系指监理工程师或建设单位代表现场见证下的张拉。

6.4.4 张拉过程中应避免预应力筋断裂或滑脱；当发生断裂或滑脱时，必须符合下列规定：

1 对后张法预应力结构构件，断裂或滑脱的数量严禁超过同一截面预应力筋总根数的3%，且每束钢丝不得超过一根；对多跨双向连续板，其同一截面应按每跨计算。

2 对先张法预应力构件，在浇筑混凝土前发生断裂或滑脱的预应力筋必须予以更换。

检查数量：全数检查。

检验方法：观察，检查张拉记录。

【条文解析】

由于预应力筋断裂或滑脱对结构构件的受力性能影响极大，故施加预应力过程中，应采取措施加以避免。先张法预应力构件中的预应力筋不允许出现断裂或滑脱，若在浇筑混凝土前出现断裂或滑脱，相应的预应力筋应予以更换。后张法预应力结构构件中预应力筋断裂或滑脱的数量，不应超过本条的规定。

6.4.5 锚固阶段张拉端预应力筋内缩量应符合设计要求；当设计无具体要求时，应符合表6.4.5的规定。

表6.4.5 张拉端预应力筋的内缩量限值

锚具类别		内缩量限值/mm
支承式锚具（镦头锚具等）	螺帽缝隙	1
	每块后加垫板的缝隙	1
锥塞式锚具		5
夹片式锚具	有顶压	5
	无顶压	6~8

检查数量：每工作班抽查预应力筋总数的3%，且不少于3束。

检验方法：钢尺检查。

【条文解析】

实际工程中，由于锚具种类、张拉锚固工艺及放张速度等各种因素的影响，内缩量可能有较大波动，导致实际建立的预应力值出现较大偏差。因此，应控制锚固阶段张拉端预应力筋的内缩量。当设计对张拉端预应力筋的内缩量有具体要求时，应按设计要求执行。

6.4.6 先张法预应力筋张拉后与设计位置的偏差不得大于 5mm，且不得大于构件截面短边边长的 4%。

检查数量：每工作班抽查预应力筋总数的 3%，且不少于 3 束。

检验方法：钢尺检查。

【条文解析】

对先张法构件，施工时应采取措施减小张拉后预应力筋位置与设计位置的偏差。本条对最大偏移值作出了规定。

6.5.1 后张法有黏结预应力筋张拉后应尽早进行孔道灌浆，孔道内水泥浆应饱满、密实。

检查数量：全数检查。

检验方法：观察，检查灌浆记录。

【条文解析】

预应力筋张拉后处于高应力状态，对腐蚀非常敏感，所以应尽早进行孔道灌浆。灌浆是对预应力筋的永久性保护措施，故要求水泥浆饱满、密实，完全裹住预应力筋。灌浆质量的检验应着重于现场观察检查，必要时采用无损检查或凿孔检查。

6.5.2 锚具的封闭保护应符合设计要求；当设计无具体要求时，应符合下列规定：

1 应采取防止锚具腐蚀和遭受机械损伤的有效措施。

2 凸出式锚固端锚具的保护层厚度不应小于 50mm。

3 外露预应力筋的保护层厚度：处于正常环境时，不应小于 20mm；处于易受腐蚀的环境时，不应小于 50mm。

检查数量：在同一检验批内，抽查预应力筋总数的 5%，且不少于 5 处。

检验方法：观察，钢尺检查。

【条文解析】

封闭保护应遵照设计要求执行，并在施工技术方案中作出具体规定。后张预应力筋的锚具多配置在结构的端面，所以常处于易受力冲击和雨水浸入的状态；此外，预应力筋张拉锚固后，锚具及预应力筋处于高应力状态，为确保曝露于结构外的锚具能够永久性地正常工作，不致受外力冲击和雨水浸入而造成破损或腐蚀，应采取防止锚具锈蚀和遭受机械损伤的有效措施。

6.5.3 后张法预应力筋锚固后的外露部分应用机械方法切割，其外露长度不宜小于其直径的 1.5 倍，且不宜小于 30mm。

检查数量：在同一检验批内，抽查预应力筋总数的 3%，且不少于 5 束。

检验方法：观察，钢尺检查。

【条文解析】

锚具外多余预应力筋常采用无齿锯或机械切断机切断。实际工程中，也可采用氧-乙炔焰切割方法切断多余预应力筋，但为了确保锚具正常工作及考虑切断时热影响可能波及锚固部位，应采取锚具降温等措施。考虑到锚具正常工作及可能的热影响，本条对预应力筋外露部分长度作出了规定。切割位置不宜距离锚具太近，同时也不应影响构件安装。

6.5.4 灌浆用水泥浆的水灰比不应大于 0.45，搅拌后 3h 泌水率不宜大于 2%，且不应大于 3%。泌水应能在 24h 内全部重新被水泥浆吸收。

检查数量：同一配合比检查一次。

检验方法：检查水泥浆性能试验报告。

【条文解析】

本条规定灌浆用水泥浆水灰比的限值，其目的是为了在满足必要的水泥浆稠度的同时，尽量减小泌水率，以获得饱满、密实的灌浆效果。水泥浆中水的泌出往往造成孔道内的空腔，并引起预应力筋腐蚀。2%左右的泌水一般可被水泥浆吸收，因此应按本条的规定控制泌水率。如果有可靠的工程经验，也可以提供以往工程中相同配合比的水泥浆性能试验报告。

4.4 混凝土工程

《混凝土结构工程施工规范》GB 50666—2011

7.2.4 细骨料宜选用级配良好、质地坚硬、颗粒洁净的天然砂或机制砂，并应符合下列规定：

1 细骨料宜选用Ⅱ区中砂。当选用Ⅰ区砂时，应提高砂率，并应保持足够的胶凝材料用量，同时应满足混凝土的工作性要求；当采用Ⅲ区砂时，宜适当降低砂率。

2 混凝土细骨料中氯离子含量，对钢筋混凝土，按干砂的质量百分率计算不得大于 0.06%；对预应力混凝土，按干砂的质量百分率计算不得大于 0.02%。

3 含泥量、泥块含量指标应符合本规范附录 F 的规定。

4 海砂应符合现行行业标准《海砂混凝土应用技术规范》JGJ 206—2010 的有关规定。

【条文解析】

本条第 1～3 款的规定与国家标准《混凝土质量控制标准》GB 50164—2011 和行业标准《普通混凝土用砂、石质量及检验方法标准》JGJ 52—2006 一致。对于海砂，由于其含有大量氯离子及硫酸盐、镁盐等成分，会对钢筋混凝土和预应力混凝土的性能与耐久性产生严重危害，使用时应符合现行行业标准《海砂混凝土应用技术规范》GJ 206—2010 的有关规定。

7.2.10 未经处理的海水严禁用于钢筋混凝土结构和预应力混凝土结构中混凝土的拌制和养护。

【条文解析】

海水中含有大量的氯盐、硫酸盐、镁盐等化学物质，掺入混凝土中后，会对钢筋产生锈蚀，对混凝土造成腐蚀，严重影响混凝土结构的安全性和耐久性，因此，严禁直接采用海水拌制和养护钢筋混凝土结构和预应力混凝土结构的混凝土。

7.4.3 采用分次投料方法时，应通过试验确定投料顺序、数量及分段搅拌的时间等工艺参数。矿物掺合料宜与水泥同步投料，液体外加剂宜滞后于水和水泥投料；粉状外加剂宜溶解后再投料。

【条文解析】

根据投料顺序不同，常用的投料方法有先拌水泥净浆法、先拌砂浆法、水泥裹砂法和水泥裹砂石法等。

先拌水泥净浆法是指先将水泥和水充分搅拌成均匀的水泥净浆后，再加入砂和石搅拌成混凝土。

先拌砂浆法是指先将水泥、砂和水投入搅拌筒内进行搅拌，成为均匀的水泥砂浆后，再加入石子搅拌成均匀的混凝土。

水泥裹砂法是指先将全部砂子投入搅拌机中，并加入总拌合水量 70% 左右的水（包括砂子的含水量），搅拌 10～15s，再投入水泥搅拌 30～50s，最后投入全部石子、剩余水及外加剂，再搅拌 50～70s 后出罐。

水泥裹砂石法是指先将全部的石子、砂和 70% 拌合水投入搅拌机，拌合 15s，使骨料湿润，再投入全部水泥搅拌 30s 左右，然后加入 30% 拌合水再搅拌 60s 左右即可。

7.4.5 对首次使用的配合比应进行开盘鉴定，开盘鉴定应包括下列内容：

1 混凝土的原材料与配合比设计所采用原材料的一致性；

2 出机混凝土工作性与配合比设计要求的一致性；

3 混凝土强度；

4 混凝土凝结时间；

5 工程有要求时，尚应包括混凝土耐久性能等。

【条文解析】

本条规定了开盘鉴定的主要内容。开盘鉴定一般可按照下列要求进行组织：施工现场拌制的混凝土，其开盘鉴定由监理工程师组织，施工单位项目部技术负责人、混凝土专业工长和试验室代表等共同参加。预拌混凝土搅拌站的开盘鉴定，由预拌混凝土搅拌站总工程师组织，搅拌站技术、质量负责人和试验室代表等参加，当有合同约定时应按照合同约定进行。

7.5.1 采用混凝土搅拌运输车运输混凝土时，应符合下列规定：

1 接料前，搅拌运输车应排净罐内积水；

2 在运输途中及等候卸料时，应保持搅拌运输车罐体正常转速，不得停转；

3 卸料前，搅拌运输车罐体宜快速旋转搅拌 20s 以上后再卸料。

【条文解析】

采用混凝土搅拌运输车运输混凝土时，接料前应用水湿润罐体，但应排净积水；运输途中或等候卸料期间，应保持罐体正常运转，一般为 3～5r/min，以防止混凝土沉淀、离析和改变混凝土的施工性能；临卸料前先进行快速旋转，可使混凝土拌合物更加均匀。

7.5.4 当采用机动翻斗车运输混凝土时，道路应通畅，路面应平整、坚实，临时坡道或支架应牢固，铺板接头应平顺。

【条文解析】

采用机动翻斗车运送混凝土，道路应经事先勘察确认通畅，路面应修筑平坦；在坡道或临时支架上运送混凝土，坡道或临时支架应搭设牢固，脚手板接头应铺设平顺，防止因颠簸、振荡造成混凝土离析或散落。

7.6.3 原材料进场质量检查应符合下列规定：

应对水泥的强度、安定性及凝结时间进行检验。同一生产厂家、同一等级、同一品种、同一批号且连续进场的水泥，袋装水泥不超过 200t 应为一批，散装水泥不超过 500t 应为一批。

【条文解析】

强度、安定性是水泥的重要指标，进场时应复验。水泥质量直接影响混凝土结构的质量。

7.6.4 当使用中水泥质量受不利环境影响或水泥出厂超过三个月（快硬硅酸盐水泥超过一个月）时，应进行复验，并应按复验结果使用。

【条文解析】

水泥出厂超过三个月（快硬硅酸盐水泥超过一个月），或因存放不当等原因，水泥质量可能产生受潮结块等品质下降，直接影响混凝土结构质量，此时应进行复验。

本条"应按复验结果使用"的规定，其含义是当复验结果表明水泥品质未下降时可能继续使用；当复验结果表明水泥强度有轻微下降时可在一定条件下使用。当复验结果表明水泥安定性或凝结时间出现不合格时，不得在工程上使用。

8.1.3 混凝土运输、输送、浇筑过程中严禁加水；混凝土运输、输送、浇筑过程中散落的混凝土严禁用于混凝土结构构件的浇筑。

【条文解析】

混凝土运输、输送、浇筑过程中加水会严重影响混凝土质量；运输、输送、浇筑过程中散落的混凝土，不能保证混凝土拌合物的工作性和质量。

《混凝土结构工程施工质量验收规范（2010 版）》GB 50204—2002

7.1.2 检验评定混凝土强度用的混凝土试件的尺寸及强度的尺寸换算系数应按表 7.1.2 取用；其标准成型方法、标准养护条件及强度试验方法应符合普通混凝土力学性能试验方法标准的规定。

表 7.1.2 混凝土试件尺寸及强度的尺寸换算系数

骨料最大粒径/mm	试件尺寸/（mm×mm×mm）	强度的尺寸换算系数
≤31.5	100×100×100	0.95
≤40	150×150×150	1.00
≤63	200×200×200	1.05

注：对强度等级为C60及以上的混凝土试件，其强度的尺寸换算系数可通过试验确定。

【条文解析】

混凝土试件强度的试验方法应符合普通混凝土力学性能试验方法标准的规定。混凝土试件的尺寸应根据骨料的最大粒径确定。当采用非标准尺寸的试件时，其抗压强度应乘以相应的尺寸换算系数。

7.1.3 结构构件拆模、出池、出厂、吊装、张拉、放张及施工期间临时负荷时的混凝土强度，应根据同条件养护的标准尺寸试件的混凝土强度确定。

【条文解析】

由于同条件养护试件具有与结构混凝土相同的原材料、配合比和养护条件，能有效代表结构混凝土的实际质量。在施工过程中，根据同条件养护试件的强度来确定结构构件拆模、出池、出厂、吊装、张拉、放张及施工期间临时负荷的混凝土强度，是行之有效的方法。

7.1.4 当混凝土试件强度评定不合格时，可采用非破损或局部破损的检测方法，按国家现行有关标准的规定对结构构件中的混凝土强度进行推定，并作为处理的依据。

【条文解析】

当混凝土试件强度评定不合格时，可根据国家现行有关标准采用回弹法、超声回弹综合法、钻芯法、后装拔出法等推定结构的混凝土强度。应指出，通过检测得到的推定强度可作为判断结构是否需要处理的依据。

7.4.3 混凝土原材料每盘称量的偏差应符合表 7.4.3 的规定。

表 7.4.3 原材料每盘称量的允许偏差

材料名称	允许偏差/%
水泥、掺合料	±2
粗、细骨料	±3
水、外加剂	±2

注：1 各种衡器应定期校验，每次使用前应进行零点校核，保持计量准确；
    2 当遇雨天或含水率有显著变化时，应增加含水率检测次数，并及时调整水和骨料用量。

检查数量：每工作班抽查不应少于一次。

检验方法：复称。

【条文解析】

本条提出了对混凝土原材料计量偏差的要求。各种衡器应定期校验，以保持计量准确。生产过程中应定期测定骨料的含水率，当遇雨天施工或其他原因致使含水率发生显著变化时，应增加测定次数，以便及时调整用水量和骨料用量，使其符合设计配合比的要求。

7.4.4 混凝土运输、浇筑及间歇的全部时间不应超过混凝土的初凝时间。同一施工段的混凝土应连续浇筑，并应在底层混凝土初凝之前将上一层混凝土浇筑完毕。

当底层混凝土初凝后浇筑上一层混凝土时，应按施工技术方案中对施工技术方案中施工缝的要求进行处理。

检查数量：全数检查。

检验方法：观察，检查施工记录。

【条文解析】

混凝土的初凝时间与水泥品种、凝结条件、掺用外加剂的品种和数量等因素有关，应由试验确定。当施工环境气温较高时，还应考虑气温对混凝土初凝时间的影响。规定混凝土应连续浇筑并在底层初凝之前将上一层浇筑完毕，主要是为了防止扰动已初凝的混凝土而出现质量缺陷。当因停电等意外原因造成底层混凝土已初凝时，则应在继续浇筑混凝土之前，按照施工技术方案对混凝土接槎的要求进行处理，使新旧混凝土结合紧密，保证混凝土结构的整体性。

7.4.5 施工缝的位置应在混凝土浇筑前按设计要求和施工技术方案确定。施工缝的处理应按施工技术方案执行。

检查数量：全数检查。

检验方法：观察，检查施工记录。

【条文解析】

混凝土施工缝不应随意留置，其位置应事先在施工技术方案中确定。确定施工缝位置的原则为：尽可能留置在受剪力较小的部位；留置部位应便于施工。承受动力作用的设备基础，原则上不应留置施工缝；当必须留置时，应符合设计要求并按施工技术方案执行。

7.4.6 后浇带的留置位置应按设计要求和施工技术方案确定。后浇带混凝土浇筑应按施工技术方案进行。

检查数量：全数检查。

检验方法：观察，检查施工记录。

【条文解析】

混凝土后浇带对避免混凝土结构的温度收缩裂缝等有较大作用。混凝土后浇带位置应按设计要求留置，后浇带混凝土的浇筑时间、处理方法等也应事先在施工技术方案中确定。

7.4.7 混凝土浇筑完毕后，应按施工技术方案及时采取有效的养护措施，并应符合下列规定：

1 应在浇筑完毕后的 12h 以内对混凝土加以覆盖并保湿养护。

2 混凝土浇水养护的时间，对采用硅酸盐水泥、普通硅酸盐水泥或矿渣硅酸盐水泥拌制的混凝土，不得少于 7d；对掺用缓凝型外加剂或有抗渗要求的混凝土，不得少于14d。

3 浇水次数应能保持混凝土处于湿润状态，混凝土养护用水应与拌制用水相同。

4 采用塑料布覆盖养护的混凝土，其敞露的全部表面应覆盖严密，并应保持塑料面布内有凝结水。

5 混凝土强度达到 $1.2N/mm^2$ 前，不得在其上踩踏或安装模板及支架。

注：1 当日平均气温低于 5℃时，不得浇水；

2 当采用其他品种水泥时，混凝土的养护时间应根据所采用水泥的技术性能确定；

3 混凝土表面不便浇水或使用塑料布时，宜涂刷养护剂；

4 对大体积混凝土的养护，应根据气候条件按施工技术方案采取控温措施。

检查数量：全数检查。

检查方法：观察，检查施工记录。

【条文解析】

养护条件对于混凝土强度的增长有重要影响。在施工过程中，应根据原材料、配合比、浇筑部位和季节等具体情况，制订合理的施工技术方案，采取有效的养护措施，保证混凝土强度正常增长。

《高层建筑混凝土结构技术规程》JGJ 3—2010

13.8.1 高层建筑宜采用预拌混凝土或有自动计量装置、可靠质量控制的搅拌站供应的混凝土，预拌混凝土应符合现行国家标准《预拌混凝土》GB/T 14902 的规定。混凝土浇灌宜采用泵送入模、连续施工，并应符合现行行业标准《混凝土泵送施工技术规程》JGJ/T 10 的规定。

【条文解析】

高层建筑基础深、层数多，需要混凝土质量高、数量大，应尽量采用预拌泵送混凝土。

13.8.3 高层建筑宜根据不同工程需要，选用特定的高性能混凝土。采用高强混凝土时，应优选水泥、粗细骨料、外掺合料和外加剂，并应作好配制、浇筑与养护。

【条文解析】

高性能混凝土以耐久性、工作性、适当高强度为基本要求，并根据不同用途强化某些性能，形成补偿收缩混凝土、自密实免振混凝土等。

13.8.9 结构柱、墙混凝土设计强度等级高于梁、板混凝土设计强度等级时，应在交界区域采取分隔措施。分隔位置应在低强度等级的构件中，且与高强度等级构件边缘的距离不宜小于 500mm。应先浇筑高强度等级混凝土，后浇筑低强度等级混凝土。

【条文解析】

提出对柱、墙与梁、板混凝土强度不同时的混凝土浇筑要求。施工中，当强度相差不超过两个等级时，已有采用较低强度等级的梁板混凝土浇筑核心区（直接浇筑或采取必要加强措施）的实践，但必须经设计和有关单位协商认可。

13.8.12 现浇混凝土结构的允许偏差应符合表 13.8.12 的规定。

表 13.8.12 现浇混凝土结构的允许偏差

项目			允许偏差/mm
轴线位置			5
垂直度	每层	≤5m	8
		>5m	10
	全高		$H/1000$ 且 ≤30
标高	每层		±10
	全高		±30
截面尺寸			+8，-5（抹灰）
			+5，-2（不抹灰）
表面平整（2m长度）			8（抹灰），4（不抹灰）
预埋设施中心线位置	预埋件		10
	预埋螺栓		5
	预埋管		5
预埋洞中心线位置			15
电梯井	井筒长、宽对定位中心线		+25，0
	井筒全高（H）垂直度		$H/1000$ 且 ≤30

【条文解析】

混凝土结构允许偏差主要根据现行国家标准《混凝土结构工程施工质量验收规范（2010 版）》GB 50204—2002 的有关规定，其中截面尺寸和表面平整的抹灰部分系指采用中、小型模板的允许偏差，不抹灰部分系指采用大模板及爬模工艺的允许偏差。

13.9.3 大体积基础底板及地下室外墙混凝土，当采用粉煤灰混凝土时，可利用 60d 或 90d 强度进行配合比设计和施工。

【条文解析】

大体积混凝土由于水化热产生的内外温差和混凝土收缩变形大，易产生裂缝。预防大体积混凝土裂缝应从设计构造、原材料、混凝土配合比、浇筑等方面采取综合措施。大体积基础底板、外墙混凝土可采用混凝土 60d 或 90d 强度，并采用相应的配合比，延缓混凝土水化热的释放，减少混凝土温度应力裂缝，但应由设计单位认可，并满足施工荷载的要求。

13.9.5 大体积混凝土浇筑、振捣应满足下列规定：

1 宜避免高温施工；当必须暑期高温施工时，应采取措施降低混凝土拌合物和混凝土内部温度。

2 根据面积、厚度等因素，宜采取整体分层连续浇筑或推移式连续浇筑法；混凝土供应速度应大于混凝土初凝速度，下层混凝土初凝前应进行第二层混凝土浇筑。

3 分层设置水平施工缝时，除应符合设计要求外，尚应根据混凝土浇筑过程中温度裂缝控制的要求、混凝土的供应能力、钢筋工程的施工、预埋管件安装等因素确定其位置及间隔时间。

4 宜采用二次振捣工艺，浇筑面应及时进行二次抹压处理。

【条文解析】

对大体积混凝土浇筑、振捣提出相关要求。

13.9.6 大体积混凝土养护、测温应符合下列规定：

1 大体积混凝土浇筑后，应在 12h 内采取保湿、控温措施。混凝土浇筑体的里表温差不宜大于 25℃，混凝土浇筑体表面与大气温差不宜大于 20℃。

2 宜采用自动测温系统测量温度，并设专人负责；测温点布置应具有代表性，测温频次应符合相关标准的规定。

【条文解析】

对大体积混凝土养护、测温提出相关要求。养护、测温的根本目的是控制混凝土内外温差。养护方法应考虑季节性特点。测温可采用人工测量、记录，目前很多工程已成功采用预埋测温电偶并利用计算机进行自动测温记录。测温结果应及时向有关技术人员报告，温差超出规定范围时应采取相应措施。

5 钢结构工程

5.1 原材料及成品进场

《钢结构工程施工规范》GB 50755—2012

5.2.6 进口钢材复验的取样、制作及试验方法应按设计文件和合同规定执行。海关商检结果经监理工程师认可后，可作为有效的材料复验结果。

【条文解析】

钢材的海关商检项目与复验项目有些内容可能不一致，本条规定可作为有效的材料复验结果，是经监理工程师认可的全部商检结果或商检结果的部分内容，视商检项目和复验项目的内容一致性而定。

《钢结构工程施工质量验收规范》GB 50205—2001

4.2.1 钢材、钢铸件的品种、规格、性能等应符合现行国家产品标准和设计要求。进口钢材产品的质量应符合设计和合同规定标准的要求。

检查数量：全数检查。

检验方法：检查质量合格证明文件、中文标志及检验报告等。

【条文解析】

钢材是组成钢结构的主体材料，直接影响着结构的安全使用。随着大跨度空间钢结构发展，钢铸件在钢结构中的应用逐渐增加，故对其规格和质量提出明确规定是完全必要的，体现了从源头上控制工程质量的精神。另外，各国进口钢材标准不尽相同，所以规定对进口钢材应按设计和合同规定的标准验收。

4.3.1 焊接材料的品种、规格、性能等应符合现行国家产品标准和设计要求。

检查数量：全数检查。

检验方法：检查焊接材料的质量合格证明文件、中文标志及检验报告等。

【条文解析】

焊接连接是钢结构的重要连接形式之一，其连接质量直接关系结构的安全使用。焊接材料对焊接质量的影响重大，因此，钢结构工程中所采用的焊接材料应按设计要求选用，同时产品应符合相应的国家现行标准要求。

4.4.1 钢结构连接用高强度大六角头螺栓连接副、扭剪型高强度螺栓连接副、钢网架用高强度螺栓、普通螺栓、铆钉、自攻钉、拉铆钉、射钉、锚栓（机械型和化学试剂型）、地脚锚栓等紧固标准件及螺母、垫圈等标准配件，其品种、规格、性能等应符合现行国家产品标准和设计要求。高强度大六角头螺栓连接副和扭剪型高强度螺栓连接副出厂时应分别随箱带有扭矩系数和紧固轴力（预拉力）的检验报告。

检查数量：全数检查。

检验方法：检查产品的质量合格证明文件、中文标志及检验报告等。

4.4.2 高强度大六角头螺栓连接副应按本规范附录 B 的检验其扭矩系数，其检验结果应符合本规范附录 B 的规定。

检查数量：见本规范附录 B。

检验方法：检查复验报告。

4.4.3 扭剪型高强度螺栓连接副应按本规范附录 B 的检验预拉力，其检验结果应符合本规范附录 B 的规定。

检查数量：见本规范附录 B。

检验方法：检查复验报告。

【条文解析】

高强度大六角头螺栓连接副的扭矩系数和扭剪型高强度螺栓连接副的紧固轴力（预拉力）是影响高强度螺栓连接质量最主要的因素，也是施工的重要依据，因此要求生产厂家在出厂前要进行检验，且出具检验报告，施工单位应在使用前及产品质量保证期内及时复验，该复验应为见证取样、送样检验项目。

5.2 钢结构焊接工程

《钢结构工程施工规范》GB 50755—2012

6.2.1 焊接技术人员（焊接工程师）应具有相应的资格证书；大型重要的钢结构工程，焊接技术负责人应取得中级及以上技术职称并有五年以上焊接生产或施工实践经验。

【条文解析】

本条对从事钢结构焊接技术和管理的焊接技术人员要求进行了规定,特别是对于负责大型重要钢结构工程的焊接技术人员从技术水平和能力方面提出更多的要求。本条所定义的焊接技术人员(焊接工程师)是指钢结构的制作、安装中进行焊接工艺的设计、施工计划和管理的技术人员。

6.3.10 当引弧板、引出板和衬垫板为钢材时,应选用屈服强度不大于被焊钢材标称强度的钢材,且焊接性应相近。

【条文解析】

衬垫的材料有很多,如钢材、铜块、焊剂、陶瓷等,本条主要是对钢衬垫的用材规定。引弧板、引出板和衬垫板所用钢材应对焊缝金属性能不产生显著影响,不要求与母材材质相同,但强度等级应不高于母材,焊接性不比所焊母材差。

6.3.11 焊接接头的端部应设置焊缝引弧板、引出板。焊条电弧焊和气体保护电弧焊焊缝引出长度应大于 25mm,埋弧焊缝引出长度应大于 80mm。焊接完成并完全冷却后,可采用火焰切割、碳弧气刨或机械等方法除去引弧板、引出板,并应修磨平整,严禁用锤击落。

【条文解析】

焊接开始和焊接熄弧时由于焊接电弧能量不足、电弧不稳定,容易造成夹渣、未熔合、气孔、弧坑和裂纹等质量缺陷,为确保正式焊缝的焊接质量,在对接、T接和角接等主要焊缝两端引熄弧区域装配引弧板、引出板,其坡口形式与焊缝坡口相同,目的为将缺陷引至正式焊缝之外。为确保焊缝的完整性,规定了引弧板、引出板的长度。对于少数焊缝位置,由于空间局限不便设置引弧板、引出板时,焊接时要采取改变引熄弧点位置或其他措施保证焊缝质量。

6.3.12 钢衬垫板应与接头母材密贴连接,其间隙不应大于 1.5mm,并应与焊缝充分熔合。手工电弧焊和气体保护电弧焊时,钢衬垫板厚度不应小于 4mm;埋弧焊接时,钢衬垫板厚度不应小于 6mm;电渣焊时钢衬垫板厚度不应小于 25mm。

【条文解析】

焊缝钢衬垫在整个焊缝长度内连续设置,与母材紧密连接,最大间隙控制在 1.5mm以内,并与母材采用间断焊焊缝;但在周期性荷载结构中,纵向焊缝的钢衬垫与母材焊接时,沿衬垫长度需要连续施焊。规定钢衬垫的厚度,主要保证衬垫板有足够的厚度以防止熔穿。

6.4.14 每班焊接作业前,应至少试焊 3 个栓钉,并应检查合格后再正式施焊。

【条文解析】

试焊栓钉目的是为调整焊接参数，对试焊栓钉的检查要求较高，达到完全熔合和四周全部焊满，栓钉弯曲 30° 检查时热影响区无裂纹。

6.4.15 当受条件限制而不能采用专用设备焊接时，栓钉可采用焊条电弧焊和气体保护电弧焊焊接，并应按相应的工艺参数施焊，其焊缝尺寸应通过计算确定。

【条文解析】

实际应用中，由于装配顺序、焊接空间要求以及安装空间需要，构件上的局部部位的栓钉无法采用专用栓钉焊设备进行焊接，需要采用焊条电弧焊、气体保护焊进行角焊缝焊接。此时应对栓钉角焊缝的强度进行计算，确保焊缝强度不低于原来全熔透的强度；为确保栓钉焊缝的质量，对焊接部位的母材应进行必要的清理和焊前预热，相关工艺应满足对应方法的工艺要求。

《钢结构工程施工质量验收规范》GB 50205—2001

5.2.2 焊工必须经考试合格并取得合格证书。持证焊工必须在其考试合格项目及其认可范围内施焊。

检查数量：全数检查。

检验方法：检查焊工合格证及其认可范围、有效期。

【条文解析】

从事钢结构焊接施工的焊工，包括手工操作焊工和机械操作焊工，作为特殊专业工种，其操作技能和资格对焊接质量起到保证作用，直接影响钢结构的安全可靠性。

5.2.4 设计要求全焊透的一级、二级焊缝应采用超声波探伤进行内部缺陷的检验，超声波探伤不能对缺陷作出判断时，应采用射线探伤，其内部缺陷分级及探伤方法应符合现行国家标准《钢焊缝手工超声波探伤方法和探伤结果分级》GB 11345 或《钢熔化焊对接接头射线照相和质量分级》GB 3323 的规定。

焊接球节点网架焊缝、螺栓球节点网架焊缝及圆管 T、K、Y 形节点相贯线焊缝，其内部缺陷分级及探伤方法应分别符合国家现行标准《焊接球节点钢网架焊缝超声波探伤方法及质量分级法》JG/T 3034.1、《螺栓球节点钢网架焊缝超声波探伤质量分级法》JG/T 3034.2、《建筑钢结构焊接技术规程》JGJ 81 的规定。

一级、二级焊缝的质量等级及缺陷分级应符合表 5.2.4 的规定。

表 5.2.4 一级、二级焊缝质量等级及缺陷分级

焊缝质量等级		一级	二级
内部缺陷超声波探伤	评定等级	Ⅱ	Ⅲ
	检验等级	B级	B级
	探伤比例	100%	20%
内部缺陷射线探伤	评定等级	Ⅱ	Ⅲ
	检验等级	AB级	AB级
	探伤比例	100%	20%

注：探伤比例的计数方法应按以下原则确定：

1）对工厂制作焊缝，应按每条焊缝计算百分比，且探伤长度应不小于200mm，当焊缝长度不足200mm时，应对整条焊缝进行探伤；

2）对现场安装焊缝，应按同一类型、同一施焊条件的焊缝条数计算百分比，探伤长度应不小于200mm，并应不少于1条焊缝。

检查数量：全数检查。

检验方法：检查超声波或射线探伤记录。

【条文解析】

焊接连接是目前钢结构中应用最广泛的连接形式之一，因而焊缝质量是影响结构构件强度和安全性能的关键因素。国家标准《钢结构设计规范》GB 50017—2003 中明确规定，应根据结构重要性、荷载特性、焊缝形式、工作环境以及应力状态等情况分别选用不同质量等级的焊缝——有一、二、三级之分，与现行的焊缝内部缺陷探伤分级相呼应，这样从设计到施工形成相贯的整体。钢结构焊缝内部缺陷的无损检测一般可用超声波探伤和射线探伤。射线探伤具有直观性、一致性好的优点，过去人们觉得射线探伤可靠、客观。但是射线探伤成本高、操作程序复杂、检测周期长，尤其是钢结构中大多为 T 形接头和角接头，射线检测的效果差，且射线探伤对裂纹、未熔合等危害性缺陷的检出率低。超声波探伤则正好相反，操作程序简单、快速，对各种接头形式的适应性好，对裂纹、未熔合的检测灵敏度高，因此在进行焊缝内部缺陷无损检测时，优先采用超声波探伤，只有当超声波探伤不能对缺陷作出判断时，可以采用射线探伤。

随着大型空间钢结构的广泛应用，钢管的相贯连接焊缝和钢网架的管球连接焊缝比起平板焊缝具有其特殊复杂性，因此对于钢结构中的特殊类型焊缝采用专门的行业标准进行内部缺陷分级及探伤。

5.2.6 焊缝表面不得有裂纹、焊瘤等缺陷。一级、二级焊缝不得有表面气孔、夹渣、弧坑裂纹、电弧擦伤等缺陷。且一级焊缝不得有咬边、未焊满、根部收缩等缺陷。

检查数量：每批同类构件抽查 10%，且不少于 3 件；被抽查构件中，每一类型焊缝按条数抽查 5%，且不少于 1 条；每条抽查 1 处，总抽查数不应少于 10 处。

检验方法：观察检查或使用放大镜、焊缝量规和钢尺检查，当存在疑义时，采用渗透或磁粉探伤检查。

【条文解析】

考虑不同质量等级的焊缝承载要求不同，凡是严重影响焊缝承载能力的缺陷都是严禁的，本条对严重影响焊缝承载能力的外观质量要求列入主控项目，并给出了外观合格质量要求。由于一级、二级焊缝的重要性，对表面气孔、夹渣、弧坑裂纹、电弧擦伤应有特定不允许存在的要求，咬边、未焊满、根部收缩等缺陷对动载影响很大，故一级焊缝不得存在该类缺陷。

5.2.10 焊成凹形的角焊缝，焊缝金属与母材间平缓过渡；加工成凹形的角焊缝，不得在其表面留下切痕。

检查数量：每批同类构件抽查 10%，且不少于 3 件。

检验方法：观察检查。

【条文解析】

为了减少应力集中，提高接头承受疲劳载荷的能力，部分角焊缝将焊缝表面焊接或加工为凹型。这类接头必须注意焊缝与母材之间的圆滑过渡。同时，在确定焊缝计算厚度时，应考虑焊缝外形尺寸的影响。

5.3.1 施工单位对其采用的焊钉和钢材焊接应进行焊接工艺评定，其结果应符合设计要求和国家现行有关标准的规定。瓷环应按其产品说明书进行烘焙。

检查数量：全数检查。

检验方法：检查焊接工艺评定报告和烘焙记录。

【条文解析】

由于钢材的成分和焊钉的焊接质量有直接影响，因此必须按实际施工采用的钢材与焊钉匹配进行焊接工艺评定试验。瓷环在受潮或产品要求烘干时应按要求进行烘干，以保证焊接接头的质量。

5.3.2 焊钉焊接后应进行弯曲试验检查，其焊缝和热影响区不应有肉眼可见的裂纹。

检查数量：每批同类构件抽查 10%，且不应少于 10 件；被抽查构件中，每件检查焊钉数量的 1%，但不应少于 1 个。

检验方法：焊钉弯曲 30° 后用角尺检查和观察检查。

【条文解析】

焊钉焊后弯曲检验可用打弯的方法进行。焊钉可采用专用的栓钉焊接或其他电弧焊方法进行焊接。不同的焊接方法接头的外观质量要求不同。本条规定是针对采用专用的栓钉焊机所焊接头的外观质量要求。对采用其他电弧焊所焊的焊钉接头，可按角焊缝的外观质量和外型尺寸要求进行检查。

5.3 紧固件连接工程

《钢结构工程施工规范》GB 50755—2012

7.2.4 高强度螺栓连接处的摩擦面可根据设计抗滑移系数的要求选择处理工艺，抗滑移系数应符合设计要求。采用手工砂轮打磨时，打磨方向应与受力方向垂直，且打磨范围不应小于螺栓孔径的 4 倍。

【条文解析】

本条规定了高强度螺栓连接处的摩擦面处理方法，是为方便施工单位根据企业自身的条件选择，但不论选用哪种处理方法，凡经加工过的表面，其抗滑移系数值最小值要求达到设计文件规定。常见的处理方法有喷砂（九）处理、喷砂后生赤锈处理、喷砂后涂无机富锌漆、砂轮打磨手工处理、手工钢丝刷清理处理、设计要求涂层摩擦面等。

7.4.3 高强度螺栓安装时应先使用安装螺栓和冲钉。在每个节点上穿入的安装螺栓和冲钉数量，应根据安装过程所承受的荷载计算确定，并应符合下列规定：

1 不应少于安装孔总数的 1/3；

2 安装螺栓不应少于 2 个；

3 冲钉穿入数量不宜多于安装螺栓数量的 30%；

4 不得用高强度螺栓兼做安装螺栓。

【条文解析】

本条对高强度螺栓安装采用安装螺栓和冲钉的规定，冲钉主要取定位作用，安装螺栓主要取紧固作用，尽量消除间隙。安装螺栓和冲钉的数量要保证能承受构件的自重和连接校正时外力的作用，规定每个节点安装的最少个数是为了防止连接后构件位置偏移，同时限制冲钉用量。冲钉加工成锥形，中部直径与孔直径相同。

高强度螺栓不得兼做安装螺栓是为了防止螺纹的损伤和连接副表面状态的改变引起扭矩系数的变化。

7.4.4 高强度螺栓应在构件安装精度调整后进行拧紧。高强度螺栓安装应符合下列规定：

1 扭剪型高强度螺栓安装时，螺母带圆台面的一侧应朝向垫圈有倒角的一侧；

2 大六角头高强度螺栓安装时，螺栓头下垫圈有倒角的一侧应朝向螺栓头，螺母带圆台面的一侧应朝向垫圈有倒角的一侧。

【条文解析】

对于大六角头高强度螺栓连接副，垫圈设置内倒角是为了与螺栓头下的过渡圆弧相配合，因此在安装时垫圈带倒角的一侧必须朝向螺栓头，否则螺栓头就不能很好与垫圈密贴，影响螺栓的受力性能。对于螺母一侧的垫圈，因倒角侧的表面较为平整、光滑，拧紧时扭矩系数较小，且离散率也较小，所以垫圈有倒角一侧朝向螺母。

7.4.5 高强度螺栓现场安装时应能自由穿入螺栓孔，不得强行穿入。螺栓不能自由穿入时，可采用铰刀或锉刀修整螺栓孔，不得采用气割扩孔，扩孔数量应征得设计单位同意，修整后或扩孔后的孔径不应超过螺栓直径的 1.2 倍。

【条文解析】

气割扩孔很不规则，既削弱了构件的有效截面，减少了传力面积，还会给扩孔处钢材造成缺陷，故规定不得气割扩孔。最大扩孔量的限制也是基于构件有效截面和摩擦传力面积的考虑。

7.4.14 螺栓球节点网架总接完成后，高强度螺栓与球节点应紧固连接，螺栓拧入螺栓球内的螺纹长度不应小于螺栓直径的 1.1 倍，连接处不应出现有间隙、松动等未拧紧情况。

【条文解析】

对于螺栓球节点网架，其刚度（挠度）往往比设计值要弱。主要原因是因为螺栓球与钢管连接的高强度螺栓紧固不到位，出现间隙、松动等情况，当下部支撑系统拆除后，由于连接间隙、松动等原因，挠度明显加大，超过规范规定的限值，本条规定的目的是避免上述情况的发生。

《钢结构工程施工质量验收规范》GB 50205—2001

6.3.1 钢结构制作和安装单位应按本规范附录 B 的规定分别进行高强度螺栓连接摩擦面的抗滑移系数试验和复验，现场处理的构件摩擦应单独进行摩擦面抗滑移系数试验，其结果应符合设计要求。

检查数量：见本规范附录 B。

检验方法：检查摩擦面抗滑移系数试验报告和复验报告。

【条文解析】

抗滑移系数是高强度螺栓连接的主要设计参数之一，直接影响构件的承载力，因此构件摩擦面无论由制造厂处理还是由现场处理，均应对抗滑移系数进行测试，测得的抗滑移系数最小值应符合设计要求。

6.3.2 高强度大六角头螺栓连接副终拧完成 1h 后、48h 内应进行终拧扭矩检查，检查结果应符合本规范附录 B 的规定。

检查数量：按节点数抽查 10%，且不应小于 10 个，每个被抽查节点按螺栓数抽查 10%，且不应小于 2 个。

检验方法：见本规范附录 B。

【条文解析】

高强度螺栓终拧 1h 时，螺栓预拉力的损失已大部分完成，在随后一两天内，损失趋于平稳，当超过一个月后，损失就会停止，但在外界环境影响下，螺栓扭矩系数将会发生变化，影响检查结果的准确性。为了统一和便于操作，本条规定检查时间统一定在 1h 后、48h 之内完成。

6.3.3 扭剪型高强度螺栓连接副终拧后，除因构造原因无法使用专用扳手终拧掉梅花头者外，未在终拧中拧掉梅花头的螺栓数不应大于该节点螺栓数的 5%，对所有梅花未拧掉的扭剪型高强度螺栓连接副应采用扭矩法或转角法进行终拧并作标记，且按 6.3.2 条的规定进行终拧扭矩检查。

检查数量：按节点数抽查 10%，且不应小于 10 个，被抽查节点中梅花拧掉的扭剪型高强度螺栓连接副全数进行终拧扭矩检查。

检验方法：观察检查及本规范附录 B。

【条文解析】

本条的构造原因是指设计原因造成空间太小无法使用专用扳手进行终拧的情况。在扭剪型高强度螺栓施工中，因安装顺序、安装方向考虑不周，或终拧时因对电动扳手使用掌握不熟练，致使终拧时尾部梅花头上的棱端部滑牙（即打滑），无法拧掉梅花头，造成终拧扭矩是未知数，对此类螺栓应控制一定比例。

6.3.7 高强度螺栓应自由穿入螺栓孔。高强度螺栓孔不应采用气割扩孔，扩孔数量应征得设计同意，扩孔后直径不应超过 1.2d（d 为螺栓直径）。

检查数量：被扩螺栓孔全数检查。

检验方法：观察检查及用卡检查。

【条文解析】

强行穿入螺栓会损伤螺纹，改变高强度螺栓连接副的扭矩系数，甚至连螺母都拧不上，因此强调自由穿入螺栓孔。气割扩孔很不规则，既削弱了构件的有效截面，减少了压力传力面积，还会使扩孔处钢材造成缺陷，故规定不得气割扩孔。最大扩孔量的限制也是基于构件有效截面和摩擦传力面积的考虑。

6.3.8 螺栓球节点网架总拼完成后，高强度螺栓与球节点应紧固连接，高强度螺栓拧入螺栓球内的的螺纹长度不应小于 $1.0d$（d 为螺栓直径），连接处不应出现有间隙、松动等未拧紧情况。

检查数量：按节点数抽查 5%，且不应小于 10 个。

检验方法：普通扳手用尺量检查。

【条文解析】

对于螺栓球节点网架，其刚度（挠度）往往比设计值要弱，主要原因是因为螺栓球与钢管连接的高强度螺栓紧固不牢，出现间隙、松动等未拧紧情况，当下部支撑系统拆除后，由于连接间隙、松动等原因，挠度明显加大，超过规范规定的限值。

5.4 钢零件及钢部件加工工程

《钢结构工程施工规范》GB 50755—2012

8.2.4 主要零件应根据构件的受力特点和加工状况，按工艺规定的方向进行号料。

【条文解析】

本条规定号料方向，主要考虑钢板沿轧制方向和垂直轧制方向力学性能有差异，一般构件主要受力方向与钢板轧制方向一致，弯曲加工方向（如弯折线、卷制轴线）与钢板轧制方向垂直，以防止出现裂纹。

8.2.5 号料后，零件和部件应按施工详图和工艺要求进行标识。

【条文解析】

号料后零件和部件应进行标识，包括工程号、零部件编号、加工符号、孔的位置等，便于切割及后续工序工作，避免造成混乱。同时将零部件所用材料的相关信息，如钢种、厚度、炉批号等移植到下料配套表和余料上，以备检查和后用。

8.3.3 气割前钢材切割区域表面应清理干净。切割时，应根据设备类型、钢材厚度、切割气体等因素选择适合的参数。

【条文解析】

为保证气割操作顺利和气割面质量，不论采用何种气割方法，切割前要求将钢材切割区域表面清理干净。

8.5.2 气割或机械剪切的零件，需要进行边缘加工时，其刨削量不应小于2.0mm。

【条文解析】

为消除切割对主体钢材造成的冷作硬化和热影响的不利影响，使加工边缘加工达到设计规范中关于加工边缘应力取值和压杆曲线的有关要求，规定边缘加工的最小刨削量不应小于2.0mm。本条中需要进行边缘加工的有：

1）需刨光顶紧的构件边缘，如：吊车梁等承受动力荷载的构件有直接传递承压力的部位，如支座部位、加劲肋、腹板端部等；受力较大的钢柱底端部位，为使其压力由承压面直接传至底板，以减小连接焊缝的焊脚尺寸；钢件现场对接连接部位；高层、超高层钢结构核心筒与钢框架梁连接部位的连接板端部；对构件或连接精度要求高的部位。

2）对直接承受动力荷载的构件，剪切切割和手工切割的外边缘。

8.6.1 制孔可采用钻孔、冲孔、铣孔、铰孔、镗孔和锪孔等方法，对直径较大或长形孔也可采用气割制孔。

【条文解析】

本条规定了孔的制作方法，钻孔、冲孔为一次制孔(其中，冲孔的板厚应≤12mm)。铣孔、铰孔、镗孔和锪孔方法为二次制孔，即在一次制孔的基础上进行孔的二次加工。也规定了采用气割制孔的方法，实际加工时一般直径在80mm以上的圆孔，钻孔不能实现时可采用气割制孔；另外，对于长圆孔或异形孔一般可采用先行钻孔然后再采用气割制孔的方法。采用冲孔制孔时，钢板厚度应控制在12mm以内，因为过厚钢板冲孔后孔内壁会出现分层现象。

8.8.3 复杂的铸钢节点接头宜设置过渡段。

【条文解析】

设置过渡段的目的为提高现场焊接质量，过渡段材质应与相接之构件的材质相同，其长度可取"500mm和截面尺寸"中的最大值。

《钢结构工程施工质量验收规范》GB 50205—2001

7.2.1 钢材切割面或剪切面应无裂纹、夹渣、分层和大于1mm的缺棱。

检查数量：全数检查。

检验方法：观察或用放大镜及百分尺检查，有疑义时做渗透、磁粉或超声波探伤检查。

【条文解析】

钢材切割面或剪切面应无裂纹、夹渣、分层和大于 1mm 的缺棱。这些缺陷在气割后都能较明显地曝露出来,一般观察(用放大镜)检查即可;但有特殊要求的气割面或剪切时则不然,除观察外,必要时应采用渗透、磁粉或超声波探伤检查。

7.3.1 碳素结构钢在环境温度低于-16℃、低合金结构钢在环境温度低于-12℃时,不应进行冷矫正和冷弯曲。碳素结构钢和低合金结构钢在加热矫正时,加热温度不应超过 900℃。低合金结构钢在加热矫正后应自然冷却。

检查数量:全数检查。

检验方法:检查制作工艺报告和施工记录。

【条文解析】

对冷矫正和冷弯曲的最低环境温度进行限制,是为了保证钢材在低温情况下受到外力时不致产出冷脆断裂。在低温下钢材受外力而脆断要比冲孔和剪切加工时而断裂更敏感,故环境温度限制较严。

7.3.3 矫正后的钢材表面,不应有明显的凹面或损伤,划痕深度不得大于 0.5mm,且不应大于该钢材厚度负允许偏差的 1/2。

检查数量:全数检查。

检验方法:观察检查和实测检查。

【条文解析】

钢材和零件在矫正过程中,矫正设备和吊运都有可能对表面产生影响。按照钢材表面缺陷的允许程度规定了划痕深度不得大于 0.5mm,且深度不得大于该钢材厚度负偏差值的 1/2,以保证表面质量。

7.4.2 边缘加工允许偏差应符合表 7.4.2 的规定。

表 7.4.2 边缘加工的允许偏差
(单位:mm)

项目	允许偏差
零件宽度、长度	±1.0
加工边直线度	$l/3000$,且不应大于 2.0
相邻两边夹角	±6′

续　表

项目	允许偏差
加工面垂直度	0.025t，且不应大于0.5
加工面表面粗糙度	$\overline{\underset{\nabla}{50}}$

注：l——零件长度；t——零件厚度。

检查数量：按加工面数抽查10%且不应少于3件。

检验方法：观察检查和实测检查。

【条文解析】

保留了相邻两夹角和加工面垂直度的质量指标，以控制零件外形满足组装、拼装和受力的要求，加工边直线度的偏差不得与尺寸偏差叠加。

7.5.1 螺栓球成型后，不应有裂纹、褶皱、过烧。

检查数量：每种规格抽查10%，且不应少于5个。

检验方法：10倍放大镜观察检查或表面探伤。

【条文解析】

螺栓球是网架杆件互相连接的受力部件，采取热锻成型，质量容易得到保证。对锻造球，应着重检查是否有裂纹、叠痕、过烧。

7.5.2 钢板压成半圆球后，表面不应有裂纹、褶皱。焊接球对接坡口应采用机械加工，对接焊缝表面应打磨平整。

检查数量：每种规格抽查10%，且不少于5个。

检验方法：10倍放大镜观察检查或表面探伤。

【条文解析】

焊接球体要求表面光滑。光面不得有裂纹、褶皱。焊缝余高在符合焊缝表面质量后，在接管处应打磨平整。

7.5.5 钢网架（桁架）用钢管杆件加工的允许偏差应符合表7.5.5的规定。

表 7.5.5 钢网架（桁架）用钢管杆件加工的允许偏差
（单位：mm）

项目	允许偏差	检验方法
长度	±1.0	用钢尺和百分表检查

续　表

项目	允许偏差	检验方法
端面对管轴的垂直度	0.005r	用百分表、V形块检查
管口曲线	1.0	用套模和游标卡尺检查

注：r 为曲率半径。

检查数量：每种规格抽查10%，且不应少于5根。

检验方法：见表7.5.5。

【条文解析】

钢管杆件的长度、端面垂直度和管口曲线，其偏差的规定值是按照组装、焊接和网架杆件受力的要求而提出的，杆件直线度的允许偏差应符合型钢矫正弯曲矢高的规定。管口曲线用样板靠紧检查，其间隙不应大于1.0mm。

5.5 钢构件组装工程

《钢结构工程施工规范》GB 50755—2012

9.1.2　构件组装前，组装人员应熟悉施工详图、组装工艺及有关技术文件的要求，检查组装用的零部件的材质、规格、外观、尺寸、数量等均应符合设计要求。

【条文解析】

构件组装前，要求对组装人员进行技术交底，交底内容包括施工详图、组装工艺、操作规程等技术文件。组装之前，组装人员应检查组装用的零件、部件的编号、清单及实物，确保实物与图纸相符。

9.1.5　构件组装应根据设计要求、构件形式、连接方式、焊接方法和焊接顺序等确定合理的组装顺序。

【条文解析】

确定组装顺序时，应按组装工艺进行。编制组装工艺时，应考虑设计要求、构件形式、连接方式、焊接方法和焊接顺序等因素。对桁架结构应考虑腹杆与弦杆、腹杆与腹杆之间多次相贯的焊接要求，特别对隐蔽焊缝的焊接要求。

9.3.5　设计要求起拱的构件，应在组装时按规定的起拱值进行起拱，起拱允许偏差为起拱值的0~10%，且不应大于10mm。设计未要求但施工工艺要求起拱的构件，起拱允许偏差不应大于起拱值的±10%，且不应大于±10mm。

【条文解析】

设计要求或施工工艺要求起拱的构件,应根据起拱值的大小在施工详图设计或组装工序中考虑。对于起拱值较大的构件,应在施工详图设计中予以考虑。当设计要求起拱时,构件的起拱允许偏差应为正偏差（不允许负偏差）。

《钢结构工程施工质量验收规范》GB 50205—2001

8.2.1 焊接 H 型钢的翼缘板拼接缝和腹板拼接缝的间距不应小于 200mm。翼缘板拼接长度不应小于 2 倍板宽,腹板拼接宽度不应小于 300mm,长度不应小于 600mm。

检查数量:全数检查。

检验方法:观察和用钢尺检查。

【条文解析】

钢板的长度和宽度有限,大多需要进行拼接,由于翼缘板与腹板相连有两条角焊缝,因此翼缘板不应再设纵向拼接缝,只允许长度拼接;而腹板则长度、宽度均可拼接,拼接缝可为"十"字形或"T"字形;翼缘板或腹板接缝应错开 200mm 以上,以避免焊缝交叉和焊缝缺陷的集中。

8.3.1 吊车梁和吊车桁架不应下挠。

检查数量:全数检查。

检验方法:构件直立,在两端支承后,用水准仪和钢尺检查。

【条文解析】

为了确保吊车轨道的安装和吊车的正常运行,吊车梁和吊车桁架在安装就位后略有起拱,至少不应有下挠,否则在吊车负荷运行时,吊车梁不可避免地出现较大的下挠,影响吊车的正常运行。吊车梁和吊车桁架在工厂组装焊接完后,在检验其拱度或下挠时,应与安装原位的支承状况基本相同,以便检测或消除梁自重对拱度或挠度的影响。

8.5.1 钢构件外形尺寸主控项目的允许偏差应符合表 8.5.1 的规定。

表 8.5.1 钢构件外形尺寸主控项目的允许偏差
（单位:mm）

项目	允许偏差
单层柱、梁、桁架受力支托（支承面）表面至第一个安装孔距离	± 1.0
多节柱铣平面至第一个安装孔距离	± 1.0
实腹梁两端最外侧安装孔距离	± 3.0

续　表

项目	允许偏差
构件连接处的截面几何尺寸	±3.0
柱、梁连接处的腹板中心线偏移	2.0
受压构件（杆件）弯曲矢高	$l/1000$，且不应大于10.0

注：l为杆长度。

检查数量：全数检查。

检验方法：用钢尺检查。

【条文解析】

根据多年工程实践，综合考虑钢结构工程施工中钢构件部分外形尺寸的质量指标，将对工程质量有决定性影响的指标，如"单层柱、梁、桁架受力支托（支承面）表面至第一个安装孔距离"等6项作为主控项目，其余指标作为一般项目。

5.6 钢构件安装工程

《钢结构工程施工规范》GB 50755—2012

11.2.4 钢结构吊装作业必须在起重设备的额定起重量范围内进行。

【条文解析】

进行钢结构吊装的起重机械设备，必须在其额定起重量范围内吊装作业，以确保吊装安全。若超出额定起重量进行吊装作业，易导致生产安全事故。

11.2.6 用于吊装的钢丝绳、吊装带、卸扣、吊钩等吊具应经检查合格，并应在其额定许用范围内使用。

【条文解析】

吊装用钢丝绳、吊装带、卸扣、吊钩等吊具，在使用过程中可能存在局部的磨耗、破坏等缺陷，使用时间越长，存在缺陷的可能性越大，因此本条规定应对吊具进行全数检查，以保证质量合格要求，防止安全事故发生。并在额定许用荷载的范围内进行作业，以保证吊装安全。

11.4.3 支撑安装应符合下列规定：

1 交叉支撑宜按从下到上的顺序组合吊装；

2 无特殊规定时，支撑构件的校正宜在相邻结构校正固定后进行；

3 屈曲约束支撑应按设计文件和产品说明书的要求进行安装。

【条文解析】

支撑构件安装后对结构的刚度影响较大，故要求支撑的固定一般在相邻结构固定后，再进行支撑的校正和固定。

11.4.7 钢铸件或铸钢节点安装应符合下列规定：

1 出厂时应标识清晰的安装基准标记；

2 现场焊接应严格按焊接工艺专项方案施焊和检验。

【条文解析】

钢铸件与普通钢结构构件的焊接一般为不同材质的对接。由于现场焊接条件差，异种材质焊接工艺要求高。本条规定对于铸钢节点，要求在施焊前进行焊接工艺评定试验，并在施焊中严格执行，以保证现场焊接质量。

11.4.8 由多个构件在地面组拼的重型组合构件吊装时，吊点位置和数量应经计算确定。

【条文解析】

由多个构件拼装形成的组合构件，具有构件体型大、单体重量重、重心难以确定等特点，施工期间构件有组拼、翻身、吊装、就位等各种姿态，选择合适的吊点位置和数量对组合构件非常重要，一般要求经过计算分析确定，必要时采取加固措施。

11.4.9 后安装构件应根据设计文件或吊装工况的要求进行安装，其加工长度宜根据现场实际测量确定；当后安装构件与已完成结构采用焊接连接时，应采取减少焊接变形和焊接残余应力措施。

【条文解析】

后安装构件安装时，结构受荷载变形，构件实际尺寸与设计尺寸有一定的差别，施工时构件加工和安装长度应采用现场实际测量长度。当后安装构件焊接时，一般拘束度较大，采用的焊接工艺应减少焊接收缩对永久结构造成影响。

11.5.2 单层钢结构在安装过程中，应及时安装临时柱间支撑或稳定缆绳，应在形成空间结构稳定体系后再扩展安装。单层钢结构安装过程中形成的临时空间结构稳定体系应能承受结构自重、风荷载、雪荷载、施工荷载以及吊装过程中冲击荷载的作用。

【条文解析】

单层钢结构安装过程中，采用临时稳定缆绳和柱间支撑对于保证施工阶段结构稳定非常重要。要求每一施工步骤完成时，结构均具有临时稳定的特征。

11.7.4 大跨度空间钢结构施工应分析环境温度变化对结构的影响。

【条文解析】

温度变化对构件有热胀冷缩的影响，结构跨度越大温度影响越敏感，特别是合拢施工需选取适当的时间段，避免次应力的产生。

11.8.3 高耸钢结构安装的标高和轴线基准点向上传递时，应对风荷载、环境温度和日照等对结构变形的影响进行分析。

【条文解析】

受测量仪器的仰角限制和大气折光的影响，高耸结构的标高和轴线基准点应逐步从地面向上转移。由于高耸结构刚度相对较弱，受环境温度和日照的影响变形较大，转移到高空的测量基准点经常处于动态变化的状态。一般情况下，若此类变形属于可恢复的变形，则可认定高空的测量基准点有效。

《钢结构工程施工质量验收规范》GB 50205—2001

10.2.1 建筑物的定位轴线、基础轴线和标高、地脚螺栓的规格及其紧固应符合设计要求。

检查数量：按柱基数抽查 10%，且不应少于 3 个。

检验方法：用经纬仪、水准仪、全站仪和钢尺现场实测。

【条文解析】

建筑物的定位轴线与基础的标高等直接影响到钢结构的安装质量，故应给予高度重视。

10.3.1 钢构件应符合设计要求和本规范的规定。运输、堆放和吊装等造成钢构件变形及涂层脱落时，应进行矫正和修补。

检查数量：按构件数抽查 10%，且不应少于 3 个。

检验方法：用拉线、钢尺现场实测或观察。

【条文解析】

依照全面质量管理中全过程进行质量管理的原则，钢结构安装工程质量应从原材料质量和构件质量抓起，不但要严格控制构件制作质量，而且要控制构件运输、堆放和吊装质量。采取切实可靠措施，防止构件在上述过程中变形或脱漆。如不慎构件产生变形或脱漆，应矫正或补漆后再安装。

10.3.4 单层钢结构主体结构的整体垂直度和整体平面弯曲的允许偏差应符合表 10.3.4 的规定。

表 10.3.4 整体垂直度和整体平面弯曲的允许偏差
（单位：mm）

项目	允许偏差	图例
主体结构的整体垂直度	$H/1000$，且不应大于25.0	
主体结构的整体平面弯曲	$L/1500$，且不应大于25.0	

检查数量：对主要立面全部检查。对每个所检查的立面，除两列角柱外，尚应至少选取一列中间柱。

检验方法：采用经纬仪、全站仪等测量。

【条文解析】

单层钢结构作为主体结构，其整体垂直度和整体平面弯曲，直接影响着建筑结构的安全和建筑装饰围护体系的施工质量。单层钢结构的整体垂直度实际上相当于结构柱的垂直度，因此要求垂直度控制在 $H/1000$，且不应大于 25.0mm，这与钢柱垂直度和压杆侧弯相吻合。

11.1.3 柱、梁、支撑等构件的长度尺寸应包括焊接收缩余量等变形值。

【条文解析】

多层及高层钢结构的柱与柱、主梁与柱的接头，一般用焊接方法连接，焊缝的收缩值以及荷载对柱的压缩变形，对建筑物的外形尺寸有一定的影响。因此，柱和主梁的制作长度要作如下考虑：柱要考虑荷载对柱的压缩变形值和接头焊缝的收缩变形值；梁要考虑焊缝的收缩变形值。

11.1.4 安装柱时，每节柱的定位轴线应从地面控制轴线直接引上，不得从下层柱的轴线引上。

【条文解析】

多层及高层钢结构每节柱的定位轴线，一定要从地面的控制轴线直接引上来。这是因为下面一节柱的柱顶位置有安装偏差，所以不得用下节柱的柱顶位置线作上节柱的定位轴线。

11.1.5 结构的楼层标高可按相对标高或设计标高进行控制。

【条文解析】

多层及高层钢结构安装中，建筑物的高度可以按相对标高控制，也可按设计标高控制，在安装前要先决定选用哪一种方法。

11.3.5 多层及高层钢结构主体结构的整体垂直度和整体平面弯曲矢高的允许偏差应符合表 11.3.5 的规定。

表 11.3.5 整体垂直度和整体平面弯曲矢高的允许偏差
（单位：mm）

项目	允许偏差	图例
主体结构的整体垂直度	（$H/2500+10.0$），且不应大于50.0	
主体结构的整体平面弯曲	$l/1500$，且不应大于25.0	

检查数量：对主要立面全部检查。对每个所检查的立面，除两列角柱外，尚应至少选取一列中间柱。

检验方法：对于整体垂直度，可采用激光经纬仪、全站仪测量，也可根据各节柱的垂直度允许偏差累计（代数和）计算。对于整体平面弯曲，可按产生的允许偏差累计（代数和）计算。

【条文解析】

多层和高层钢结构作为主体结构，其整体垂直度和整体平面弯曲，直接影响着建筑结构的安全和建筑装饰围护体系的施工质量。对多层和高层钢结构整体轮廓尺寸进行控制，可以避免局部偏差累计导致整体偏差失控的情况发生。

5.7 钢网架结构安装工程

《钢结构工程施工质量验收规范》GB 50205—2001

12.2.3 支承垫块的种类、规格、摆放位置和朝向，必须符合设计要求和国家现行有关标准的规定。橡胶垫块与刚性垫块之间或不同类型刚性垫块之间不得互换使用。

检查数量：按支座数抽查10%，且不应少于4处。

检验方法：观察和用钢尺实测。

【条文解析】

在对网架结构进行分析时，其杆件内力和节点变形都是根据支座节点在一定约束条件下进行计算的。而支承垫块的种类、规格、摆放位置和朝向的改变，都会对网架支座节点的约束条件产生直接的影响。

12.3.4 钢网架结构总拼完成后及屋面工程完成应分别测量其挠度值，且所测的挠度值不应超过相应设计值的1.15倍。

检查数量：跨度24m及以下钢网架结构测量下弦中央一点，跨度24m以上钢网架结构测量下弦中央一点及各向下弦跨度的四等分点。

检验方法：用钢尺和水准仪实测。

【条文解析】

钢网架作为一个多次超静定结构，其变形即挠度是衡量结构承载力和正常使用的重要指标。网架结构理论计算挠度与网架结构安装后的实际挠度有一定的差异，除了网架结构的计算模型与其实际的情况存在差异之外，还与网架结构的连接节点实际零部件的加工精度、安装精度等有极为密切的关系。钢网架结构总拼完成及屋面工程完成是指网架在自重作用下和正常使用状态下两个工况。

5.8 钢结构涂装

《钢结构工程施工规范》GB 50755—2012

13.1.8 构件表面的涂装系统应相互兼容。

【条文解析】

规定构件表面防腐油漆的底层漆、中间漆和面层漆之间的搭配相互兼容，以及防腐油漆与防火涂料相互兼容，以保证涂装系统的质量。整个涂装体系的产品尽量来自于同一厂家，以保证涂装质量的可追溯性。

13.4.1 钢结构金属热喷涂方法可采用气喷涂或电喷涂，并应按现行国家标准《金属和其他无机覆盖层热喷涂锌、铝及其合金》GB/T 9793—2012 的有关规定执行。

【条文解析】

金属热喷涂工艺有火焰喷涂法、电弧喷涂法和等离子喷涂法等。由于环境条件和操作因素所限，目前工程上应用的热喷涂方法仍以火焰喷涂法为主。该方法用氧气和乙炔焰熔化金属丝，由压缩空气吹送至待喷涂结构表面，即为本条的气喷法。气喷法适用于热喷锌涂层，电喷涂法适用于热喷涂铝涂层，等离子喷涂法适用于喷涂耐腐蚀合金涂层。

13.6.6 防火涂料施工可采用喷涂、抹涂或滚涂等方法。

【条文解析】

薄涂型防火涂料的底涂层（或主涂层）宜采用重力式喷枪喷涂，局部修补和小面积施工时宜用手工抹涂，面层装饰涂料宜涂刷、喷涂或滚涂。厚涂型防火涂料宜采用压送式喷涂机喷涂，喷涂遍数、涂层厚度应根据施工要求确定，且须在前一遍干燥后喷涂。

《钢结构工程施工质量验收规范》GB 50205—2001

14.2.2 涂料、涂装遍数、涂层厚度均应符合设计要求。当设计对涂层厚度无要求时，涂层干漆膜总厚度：室外应为 150μm，室内应为 125μm，其允许偏差为 −25μm。每遍涂层干漆膜厚度的允许偏差为 −5μm。

检查数量：按构件数抽查 10%，且同类构件不应少于 3 件。

检验方法：用干漆膜测厚仪检查。每个构件检测 5 处，每处的数值为 3 个相距 50mm 测点涂层干漆膜厚度的平均值。

【条文解析】

钢材容易锈蚀是其主要缺陷之一，钢结构的腐蚀是长期使用过程中不可避免的一种自然现象，由腐蚀引起的经济损失在国民经济中占有一定的比例，因此防止结构过早腐蚀，提高其使用寿命，是设计、施工、使用单位的共同使命。在钢结构表面涂装防腐涂层，是目前防止腐蚀的主要手段，过去施工单位往往对涂装工程重视不够，给钢结构的应用带来负面影响，因此对涂料、涂装遍数、涂层厚度进行强制性要求是必要的。

14.3.3 薄涂型防火涂料的涂层厚度应符合有关耐火极限的设计要求。厚漆型防火涂料涂层的厚度，80%及以上面积应符合有关耐火极限的设计要求，且最薄处厚度不应低于设计要求的 85%。

检查数量：按同类构件数抽查 10%，且均不应少于 3 件。

检验方法：用涂层厚度测量仪、测针和钢尺检查。测量方法应符合国家现行标准《钢结构防火漆料应用技术规程》CECS24：90 的规定及本规范附录 F。

【条文解析】

钢结构的耐火性能差是其主要缺陷之一，钢结构表面喷涂防火涂料是提高其耐火极限时间的主要方法。因此，为确保钢结构的安全使用，对钢结构表面的防火涂料的涂层厚度进行强制性要求是必要的。薄涂型防火涂料和厚涂型防火涂料不论在防火工作机理还是在施工方法方面都存在着较大的差异，因此对涂层厚度的要求也不相同。

6 防水工程

6.1 主体结构防水工程

《地下防水工程质量验收规范》GB 50208—2011

4.1.16 防水混凝土结构的施工缝、变形缝、后浇带、穿墙管、埋设件等设置和构造必须符合设计要求。

检验方法：观察检查和检查隐蔽工程验收记录。

【条文解析】

1）防水混凝土应连续浇筑，宜少留施工缝，以减少渗水隐患。墙体上的垂直施工缝宜与变形缝相结合。墙体最低水平施工缝应高出底板表面不小于300mm，距墙孔洞边缘不应小于300mm，并避免设在墙体承受剪力最大的部位。

2）变形缝应考虑工程结构的沉降、伸缩的可变性，并保证其在变化中的密闭性，不产生渗漏水现象。变形缝处混凝土结构的厚度不应小于300mm，变形缝的宽度宜为20～30mm。全埋式地下防水工程的变形缝应为环状；半地下防水工程的变形缝应为U形，U形变形缝的设计高度应超出室外地坪500mm以上。

3）后浇带采用补偿收缩混凝土、遇水膨胀止水条或止水胶等防水措施，补偿收缩混凝土的抗压强度和抗渗等级均不得低于两侧混凝土。

4）穿墙管道应在浇筑混凝土前预埋。当结构变形或管道伸缩量较小时，穿墙管可采用主管直接埋入混凝土内的固定式防水法；当结构变形或管道伸缩量较大或有更换要求时，应采用套管式防水法。穿墙管线较多时宜相对集中，采用封口钢板式防水法。

5）埋设件端部或预留孔、槽底部的混凝土厚度不得小于250mm；当厚度小于250mm时，应采取局部加厚或加焊止水钢板的防水措施。

4.1.18 防水混凝土结构表面的裂缝宽度不应大于0.2mm，且不得贯通。

检验方法：用刻度放大镜检查。

【条文解析】

工程渗漏水的轻重程度主要取决于裂缝宽度和水头压力，当裂缝宽度为 0.1～0.2mm、水头压力小于 15～20m 时，一般混凝土裂缝可以自愈。所谓"自愈"是当混凝土产生微细裂缝时，体内的游离氢氧化钙一部分被溶出且浓度不断增大，转变成白色氢氧化钙结晶，氢氧化钙与空气中的二氧化碳发生碳化作用，形成白色碳酸钙结晶沉积在裂缝的内部和表面，最后裂缝全部愈合，使渗漏水现象消失。基于混凝土这一特性，确定地下工程防水混凝土结构裂缝宽度不得大于 0.2mm，并不得贯通。

4.2.4 水泥砂浆防水层的基层质量应符合下列规定：

1 基层表面应平整、坚实、清洁，并应充分湿润、无明水；

2 基层表面的孔洞、缝隙，应采用与防水层相同的水泥砂浆堵塞并抹平；

3 施工前应将埋设件、穿墙管预留凹槽内嵌填密封材料后，再进行水泥砂浆防水层施工。

【条文解析】

1）水泥砂浆防水层的基层至关重要。基层表面状态不好、不平整、不坚实、有孔洞和缝隙，就会影响水泥砂浆防水层的均匀性及与基层的黏结性。

2）施工前，要对基层仔细处理。表面疏松的石子、浮浆等要先清除干净；如有凹凸不平或蜂窝麻面、孔洞等，应剔除疏松部位，并预先进行修补；埋设件、穿墙管、预留凹槽等细部构造，均是防水工程的薄弱点，需先用反应固化型弹性密封材料嵌填密封处理。

4.2.5 水泥砂浆防水层施工应符合下列规定：

1 水泥砂浆的配制，应按所掺材料的技术要求准确计量。

2 分层铺抹或喷涂，铺抹时应压实、抹平，最后一层表面应提浆压光。

3 防水层各层应紧密黏合，每层宜连续施工；必须留设施工缝时，应采用阶梯坡形槎，但与阴阳角处的距离不得小于 200mm。

4 水泥砂浆终凝后应及时进行养护，养护温度不宜低于 5℃，并应保持砂浆表面湿润，养护时间不得少于 14d；聚合物水泥防水砂浆未达到硬化状态时，不得浇水养护或直接受雨水冲刷，硬化后应采用干湿交替的养护方法。潮湿环境中，可在自然条件下养护。

【条文解析】

1）施工缝是水泥砂浆防水层的薄弱部位，施工缝接槎不严密及位置留设不当等原因将导致防水层渗漏水。因此水泥砂浆防水层各层应紧密结合，每层宜连续施工；如必须留槎时，应采用阶梯坡形槎，但离开阴阳角处不得小于200mm，接槎要依层次顺序操作，层层搭接紧密。

2）为避免水泥砂浆防水层产生裂缝，在砂浆终凝后12~24h要及时进行湿养护。一般水泥砂浆14d强度可达标准强度的80%。

聚合物水泥砂浆防水层应采用干湿交替的养护方法，早期硬化后7d内采用潮湿养护，后期采用自然养护；在潮湿环境中，可在自然条件下养护。聚合物防水砂浆终凝后泛白前，不得洒水养护或雨淋，以防水冲走砂浆中的胶乳而破坏胶网膜的形成。

4.2.7 防水砂浆的原材料及配合比必须符合设计规定。

检验方法：检查产品合格证、产品性能检测报告、计量措施和材料进场检验报告。

【条文解析】

在水泥砂浆中掺入各种外加剂、掺合料的防水砂浆，可提高砂浆的密实性、抗渗性，应用已较为普遍。而在水泥砂浆中掺入高分子聚合物配制成具有韧性、耐冲击性好的聚合物水泥砂浆，是近年来国内外发展较快、具有较好防水效果的新型防水材料。

由于外加剂、掺合料和聚合物的质量参差不齐，配制防水砂浆必须根据不同防水工程部位的防水规定和所用材料的特性，提供能满足设计要求的适宜配合比。配制过程中，必须做到原材料的品种、规格和性能符合现行国家标准或行业标准的要求，同时计量应准确，搅拌应均匀，现场抽样检验应符合设计要求。

4.2.10 水泥砂浆防水层表面应密实、平整，不得有裂纹、起砂、麻面等缺陷。

检验方法：观察检查。

【条文解析】

水泥砂浆防水层不同于普通水泥砂浆找平层，在混凝土或砌体结构的基层上宜采用分层抹压法施工，防止防水层的表面产生裂纹、起砂、麻面等缺陷，保证防水层和基层的黏结质量。水泥砂浆铺压面层时，应在砂浆收水后二次压光，使表面坚固密实、平整；砂浆终凝后，应采取浇水、喷养护剂等手段充分养护，保证砂浆中的水泥充分水化，确保防水层质量。

4.3.7 冷粘法铺贴卷材应符合下列规定：

1 胶黏剂应涂刷均匀，不得露底、堆积；

2 根据胶黏剂的性能，应控制胶黏剂涂刷与卷材铺贴的间隔时间；

3 铺贴时不得用力拉伸卷材，排除卷材下面的空气，辊压粘贴牢固；

4 铺贴卷材应平整、顺直，搭接尺寸准确，不得扭曲、皱折；

5 卷材接缝部位应采用专用胶黏剂或胶黏带满粘，接缝口应用密封材料封严，其宽度不应小于10mm。

【条文解析】

采用冷粘法铺贴高分子防水卷材时，胶黏剂的涂刷质量对卷材防水层施工质量的影响极大，涂刷不均匀、有堆积或漏涂现象，不但影响卷材的黏结力，还会造成材料的浪费。

不同胶黏剂的性能和施工规定不同，有的可以在涂刷后立即粘贴，有的要待溶剂挥发后粘贴，这些都与气温、湿度、风力等施工环境因素有关，本条提出应控制胶黏剂涂刷与卷材铺贴的间隔时间的原则规定。

卷材搭接缝的黏结质量，关键是搭接宽度和黏结密封性能。卷材接缝部位可采用专用胶黏剂或胶黏带满粘。卷材接缝黏结完成后，规定卷材接缝处用10mm宽的密封材料封严，以提高防水层的密封防水性能。

4.3.8 热熔法铺贴卷材应符合下列规定：

1 火焰加热器加热卷材应均匀，不得加热不足或烧穿卷材；

2 卷材表面热熔后应立即滚铺，排除卷材下面的空气，并粘贴牢固；

3 铺贴卷材应平整、顺直，搭接尺寸准确，不得扭曲、皱折；

4 卷材接缝部位应溢出热熔的改性沥青胶料，并粘贴牢固，封闭严密。

【条文解析】

采用热熔法铺贴高聚物改性沥青防水卷材时，用火焰加热器加热卷材必须均匀一致，喷嘴与卷材应保持适当的距离，加热至卷材表面有黑色光亮时方可以黏合。加热时间或温度不够，卷材胶料未完全熔融，会影响卷材接缝的黏结强度和密封性能；加热时间过长或温度过高，会使卷材胶料烧焦或烧穿卷材，从而导致卷材材性下降，防水层质量难以保证。

铺贴卷材时应将空气排出，才能粘贴牢固；滚铺卷材时缝边必须溢出热熔的改性沥青胶料，使接缝粘贴牢固、封闭严密。

4.3.9 自粘法铺贴卷材应符合下列规定：

1 铺贴卷材时，应将有黏性的一面朝向主体结构；

2 外墙、顶板铺贴时，排除卷材下面的空气，辊压粘贴牢固；

3 铺贴卷材应平整、顺直，搭接尺寸准确，不得扭曲、皱折和起泡；

4 立面卷材铺贴完成后，应将卷材端头固定，并应用密封材料封严；

5 低温施工时，宜对卷材和基面采用热风适当加热，然后铺贴卷材。

【条文解析】

采用自粘法铺贴卷材时，首先应将隔离层全部撕净，否则不能实现完全粘贴。为了保证卷材与基面以及卷材接缝黏结性能，在温度较低时宜对卷材和基面采用热风加热施工。

采用这种铺贴工艺，考虑到施工的可靠度、防水层的收缩，以及外力使缝口翘边开缝的可能，规定卷材接缝口用密封材料封严，以提高防水层的密封防水性能。

4.3.10 卷材接缝采用焊接法施工应符合下列规定：

1 焊接前卷材应铺放平整，搭接尺寸准确，焊接缝的结合面应清扫干净；

2 焊接时应先焊长边搭接缝，后焊短边搭接缝；

3 控制热风加热温度和时间，焊接处不得漏焊、跳焊或焊接不牢；

4 焊接时不得损害非焊接部位的卷材。

【条文解析】

本条对 PVC 等热塑性卷材的搭接缝采用热风焊机或焊枪进行焊接的施工要点作出规定。

为确保卷材接缝的焊接质量，规定焊接前卷材应铺放平整，搭接尺寸准确，焊接缝结合面的油污、尘土、水滴等附着物擦拭干净后，才能进行焊接施工。同时，焊缝质量与热风加热温度和时间、操作人员的熟练程度关系极大，焊接施工时必须严格控制，焊接处不得出现漏焊、跳焊或焊接不牢等现象。

4.3.12 高分子自粘胶膜防水卷材宜采用预铺反粘法施工，并应符合下列规定：

1 卷材宜单层铺设；

2 在潮湿基面铺设时，基面应平整坚固、无明水；

3 卷材长边应采用自粘边搭接，短边应采用胶黏带搭接，卷材端部搭接区应相互错开；

4 立面施工时，在自粘边位置距离卷材边缘 10～20mm 内，每隔 400～600mm 应进行机械固定，并应保证固定位置被卷材完全覆盖；

5 浇筑结构混凝土时不得损伤防水层。

【条文解析】

高分子自粘胶膜防水卷材是在一定厚度的高密度聚乙烯膜面上涂覆一层高分子自粘胶料制成的复合高分子防水卷材，归类于高分子防水卷材复合片树脂类品种 FS_2，其特点是具有较高的断裂拉伸强度和撕裂强度，胶膜的耐水性好，一二级的地下防水工程单层使用时也能达到防水规定的要求。

高分子自粘胶膜防水卷材宜采用预铺反粘法施工。施工时将卷材的高分子胶膜层朝向主体结构空铺在基面上，然后浇筑结构混凝土，使混凝土浆料与卷材胶膜层紧密地结合，防水层与主体结构结合成为一体，从而达到不窜水的效果。卷材的长边采用自粘法搭接，短边采用胶粘带搭接，所有黏结材料必须与卷材相配套。

本条规定了高分子自粘膜防水卷材施工的基本要点，为保证防水工程质量，应选择具有这方面施工经验的单位，并按照该卷材应用技术规程或工法的规定施工。

4.3.13 卷材防水层完工并经验收合格后应及时做保护层。保护层应符合下列规定：

1 顶板的细石混凝土保护层与防水层之间宜设置隔离层。细石混凝土保护层厚度：机械回填时不宜小于 70mm，人工回填时不宜小于 50mm。

2 底板的细石混凝土保护层厚度不应小于 50mm。

3 侧墙宜采用软质保护材料或铺抹 20mm 厚 1∶2.5 水泥砂浆。

【条文解析】

卷材防水层铺贴完成后应立即做保护层，防止后续施工将其损坏。

顶板防水层上应采用细石混凝土保护层。机械回填碾压时，保护层厚度不宜小于 70mm；人工回填土时，保护层厚度不宜小于 50mm。条文中规定细石混凝土保护层与防水层之间宜设置隔离层，目的是防止保护层伸缩变形而破坏防水层。

底板防水层上要进行扎筋、支模、浇筑混凝土等工作，因此底板防水层上应采用厚度不小于 50mm 的细石混凝土保护层。侧墙防水层的保护层可采用聚苯乙烯泡沫塑料板、发泡聚乙烯、塑料排水板等软质保护层，也可采用铺抹 30mm 厚 1∶2.5 水泥砂浆保护层。

高分子自粘胶膜防水卷材采用预铺反粘法施工时，可不做保护层。

4.4.4 涂料防水层的施工应符合下列规定：

1 多组分涂料应按配合比准确计量，搅拌均匀，并应根据有效时间确定每次配制的用量。

2 涂料应分层涂刷或喷涂，涂层应均匀，涂刷应待前遍涂层干燥成膜后进行。每遍涂刷时应交替改变涂层的涂刷方向，同层涂膜的先后搭压宽度宜为 30～50mm。

3 涂料防水层的甩槎处接槎宽度不应小于 100mm，接涂前应将其甩槎表面处理干净。

4 采用有机防水涂料时，基层阴阳角处应做成圆弧；在转角处、变形缝、施工缝、穿墙管等部位应增加胎体增强材料和增涂防水涂料，宽度不应小于 500mm。

5 胎体增强材料的搭接宽度不应小于 100mm。上下两层和相邻两幅胎体的接缝应错开 1/3 幅宽，且上下两层胎体不得相互垂直铺贴。

【条文解析】

1）采用多组分涂料时，由于各组分的配料计量不准和搅拌不均匀，将会影响混合料的充分化学反应，造成涂料性能指标下降。一般配成的涂料固化时间比较短，应按照一次用量确定配料的多少，在固化前用完；已固化的涂料不能和未固化的涂料混合使用。当涂料黏度过大以及涂料固化过快或过慢时，可分别加入适量的稀释剂、缓凝剂或促凝剂，调节黏度或固化时间，但不得影响涂料的质量。

2）防水涂膜在满足厚度的前提下，涂刷的遍数越多对成膜的密实度越好，因此涂刷时应多遍涂刷，每遍涂刷应均匀，不得有露底、漏涂和堆积现象。多遍涂刷时，应待涂层干燥成膜后方可涂刷后一遍涂料；两涂层施工间隔时间不宜过长，否则会形成分层。

3）涂料施工面积较大时，为保护施工搭接缝的防水质量，规定甩槎处搭接宽度应大于 100mm，接涂前应将其甩槎表面处理干净。

4）有机防水涂料大面积施工前，应对转角处、变形缝、施工缝和穿墙管等部位，设置胎体增强材料并增加涂刷遍数，以确保防水施工质量。

4.4.8 涂料防水层的平均厚度应符合设计要求，最小厚度不得小于设计厚度的 90%。

检验方法：用针测法检查。

【条文解析】

防水涂料必须具有一定的厚度，保证其防水功能和防水层耐久性。在工程实践中，经常出现材料用量不足或涂刷不匀的缺陷，因此控制涂层的平均厚度和最小厚度是保证防水层质量的重要措施。

4.5.5 塑料防水板的铺设应超前二次衬砌混凝土施工，超前距离宜为 5~20m。

【条文解析】

塑料防水板的铺设和内衬混凝土的施工是交叉作业，根据目前施工的经验，两者施工距离宜为 5~20m。同时，塑料防水板铺设时应设临时挡板，防止机械损伤和电火光灼伤塑料防水板。

4.5.6 塑料防水板应牢固地固定在基面上，固定点间距应根据基面平整情况确定，拱部宜为 0.5~0.8m，边墙宜为 1.0~1.5m，底部宜为 1.5~2.0m；局部凹凸较大时，应在凹处加密固定点。

【条文解析】

本条规定塑料防水板应牢固地固定在基面上，固定点间距应根据基面平整情况确定，为塑料防水板铺设提供了设计依据。

4.1.15 防水混凝土施工前应做好降排水工作，不得在有积水的环境中浇筑混凝土。

【条文解析】

防水混凝土施工前及时排除基坑内的积水十分重要，施工过程还应保证基坑处于无水状态。

大气降雨、地面水的流入以及施工用水的积存都将影响防水混凝土拌合物的配比，增大其坍落度，延长凝结硬化时间，直接影响混凝土的密实性、抗渗性和抗压强度。

4.1.22 防水混凝土拌合物在运输后如出现离析，必须进行二次搅拌。当坍落度损失后不能满足施工要求时，应加入原水胶比的水泥浆或掺加同品种的减水剂进行搅拌，严禁直接加水。

【条文解析】

针对施工中遇到坍落度不满足施工要求时有随意加水的现象，本条做了严禁直接加水的规定。因随意加水将改变原有规定的水灰比，而水灰比的增大将不仅影响混凝土的强度，而且对混凝土的抗渗性影响极大，将会造成渗漏水的隐患。

4.1.28 防水混凝土结构内部设置的各种钢筋或绑扎铁丝，不得接触模板。用于固定模板的螺栓必须穿过混凝土结构时，可采用工具式螺栓或螺栓加堵头，螺栓上应加焊方形止水环。拆模后应将留下的凹槽用密封材料封堵密实，并应用聚合物水泥砂浆抹平（图4.1.28）。

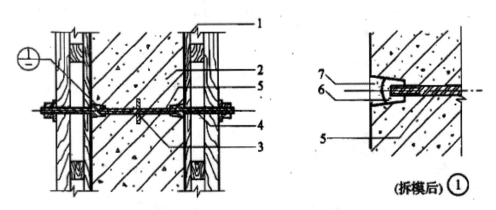

图4.1.28固定模板用螺栓的防水构造
1—模板；2—结构混凝土；3—止水环；4—工具式螺栓；
5—固定模板用螺栓；6—密封材料；7—聚合物水泥砂浆

【条文解析】

在采用螺栓加堵头的方法时，人们创造出一种工具式螺栓，可简化施工操作并可反复使用，因此重点介绍了这种构造做法。

4.2.17 水泥砂浆防水层终凝后，应及时进行养护，养护温度不宜低于5℃，并应保持砂浆表面湿润，养护时间不得少于14d。

聚合物水泥防水砂浆未达到硬化状态时，不得浇水养护或直接受雨水冲刷，硬化后应采用干湿交替的养护方法。潮湿环境中，可在自然条件下养护。

【条文解析】

本条规定了聚合物水泥砂浆应采用干湿交替养护的方法。聚合物水泥砂浆早期（硬化后7d内）采用潮湿养护的目的是为了使水泥充分水化而获得一定的强度，后期采用自然养护的目的是使胶乳在干燥状态下使水分尽快挥发而固化形成连续的防水膜，赋予聚合物水泥砂浆良好的防水性能。

4.3.14 不同品种防水卷材的搭接宽度，应符合表4.3.14的要求。

表4.3.14 防水卷材搭接宽度

卷材品种	搭接宽度/mm
弹性体改性沥青防水卷材	100
改性沥青聚乙烯胎防水卷材	100
自粘聚合物改性沥青防水卷材	80
三元乙丙橡胶防水卷材	100/60（胶黏剂/胶黏带）
聚氯乙烯防水卷材	60/80（单焊缝/双焊缝）
	100（胶黏剂）
聚乙烯丙纶复合防水卷材	100（黏结料）
高分子自粘胶膜防水卷材	70/80（自粘胶/胶黏带）

【条文解析】

为保证防水层卷材接缝的黏结质量，根据地下工程防水的特点，提出了铺贴各种卷材搭接宽度的要求。

4.3.15 防水卷材施工前，基面应干净、干燥，并应涂刷基层处理剂；当基面潮湿时，应涂刷湿固化型胶黏剂或潮湿界面隔离剂。基层处理剂的配制与施工应符合下列要求：

1 基层处理剂应与卷材及其黏结材料的材性相容；

2 基层处理剂喷涂或刷涂应均匀一致，不应露底，表面干燥后方可铺贴卷材。

【条文解析】

本条是为提高卷材与基面的黏结力而提出的统一要求。铺贴沥青类防水卷材前，为保证黏结质量，基面应涂刷基层处理剂（过去称"冷底子油"），这是一种传统做法。近几年研发的自粘聚合物改性沥青防水卷材和自粘橡胶沥青防水卷材，均为冷粘法铺贴，亦有必要采用基层处理剂。合成高分子防水卷材采用胶黏剂冷粘法铺贴，当基层较潮湿时，有必要选用湿固化型胶黏剂或潮湿界面隔离剂。

4.3.18 铺贴自粘聚合物改性沥青防水卷材应符合下列规定：

1 基层表面应平整、干净、干燥、无尖锐突起物或孔隙；

2 排除卷材下面的空气，应辊压粘贴牢固，卷材表面不得有扭曲、皱折和起泡现象；

3 立面卷材铺贴完成后，应将卷材端头固定或嵌入墙体顶部的凹槽内，并应用密封材料封严；

4 低温施工时，宜对卷材和基面适当加热，然后铺贴卷材。

【条文解析】

自粘聚合物改性沥青防水卷材的特点是冷粘法施工，符合环保节能要求。铺贴自粘聚合物改性沥青防水卷材，为了提高卷材与基面的黏结性，涂刷基层处理剂和在铺贴卷材时将搭接部位适当加热是十分必要的。

铺贴自粘聚合物改性沥青防水卷材（无胎体）的施工工艺要求较高，施工前应制订操作要点和技术措施。

4.3.19 铺贴三元乙丙橡胶防水卷材应采用冷粘法施工，并应符合下列规定：

1 基底胶黏剂应涂刷均匀，不应露底、堆积；

2 胶黏剂涂刷与卷材铺贴的间隔时间应根据胶黏剂的性能控制；

3 铺贴卷材时，应辊压粘贴牢固；

4 搭接部位的黏合面应清理干净，并应采用接缝专用胶黏剂或胶黏带黏结。

【条文解析】

采用胶黏剂冷粘法铺贴三元乙丙橡胶防水卷材，施工质量要求较高。由于硫化橡胶类卷材表面具有惰性，影响黏结质量，因此本条强调卷材接缝应采用配套的专用胶黏材料，包括胶黏剂、胶黏带和密封胶等。

4.3.20 铺贴聚氯乙烯防水卷材，接缝采用焊接法施工时，应符合下列规定：

1 卷材的搭接缝可采用单焊缝或双焊缝。单焊缝搭接宽度应为60mm，有效焊接宽度不应小于30mm；双焊缝搭接宽度应为80mm，中间应留设10～20mm的空腔，有效焊接宽度不宜小于10mm。

2 焊接缝的结合面应清理干净，焊接应严密。

3 应先焊长边搭接缝，后焊短边搭接缝。

【条文解析】

以聚氯乙烯防水卷材为代表的合成树脂类热塑性卷材，其特点是卷材搭接采用焊接法（本体焊接）施工，可以保证卷材接缝的黏结质量，提高防水层密封的可靠性。

4.3.22 高分子自粘胶膜防水卷材宜采用预铺反粘法施工，并应符合下列规定：

1 卷材宜单层铺设；

2 在潮湿基面铺设时，基面应平整坚固、无明显积水；

3 卷材长边应采用自粘边搭接，短边应采用胶黏带搭接，卷材端部搭接区应相互错开；

4 立面施工时，在自粘边位置距离卷材边缘 10～20mm 内，应每隔 400～600mm 进行机械固定，并应保证固定位置被卷材完全覆盖；

5 浇筑结构混凝土时不得损伤防水层。

【条文解析】

本条规定了高分子自粘胶膜防水卷材施工的基本要点，为保证防水工程质量，应选择具有这方面施工经验的单位，按照该卷材应用技术规程或工法的规定施工。

4.3.24 采用外防内贴法铺贴卷材防水层时，应符合下列规定：

1 混凝土结构的保护墙内表面应抹厚度为 20mm 的 1：3 水泥砂浆找平层，然后铺贴卷材；

2 卷材宜先铺立面，后铺平面；铺贴立面时，应先铺转角、后铺大面。

【条文解析】

采用外防内贴法铺设卷材防水层，混凝土结构的保护墙也可为支护结构（如喷锚支护或灌注桩）。近年来研发的预铺反粘施工技术是针对外防内贴施工的一项新技术，可以保证卷材与结构全黏结，若防水层局部受到破坏，渗水不会在卷材防水层与结构之间到处窜流。

4.4.9 无机防水涂料基层表面应干净、平整、无浮浆和明显积水。

【条文解析】

涂料施工前必须对基层表面的缺陷和渗水进行认真处理。因为涂料尚未凝固时，如受到水压力的作用会使涂料无法凝固或形成空洞，形成渗漏水的隐患。基面干净、无浮浆，有利于涂料均匀涂敷，并与基面有一定的黏结力。基面干燥在地下工程中很难做到，所以此条只提出无水珠、不渗水的要求。

4.4.15 有机防水涂料施工完后应及时做保护层，保护层应符合下列规定：

1 底板、顶板应采用 20mm 厚 1：2.5 水泥砂浆层和 40～50mm 厚的细石混凝土保护层，防水层与保护层之间宜设置隔离层；

2 侧墙背水面保护层应采用 20mm 厚 1：2.5 水泥砂浆；

3 侧墙迎水面保护层宜选用软质保护材料或 20mm 厚 1：2.5 水泥砂浆。

【条文解析】

涂料防水层的施工只是地下工程施工过程中的一道工序，其后续工序，如回填、底板及侧墙绑扎钢筋、浇筑混凝土等均有可能损伤已做好的涂料防水层，特别是有机防水涂料防水层。所以本条对涂料防水层的保护层作法做出了明确的规定。

4.5.14 接缝焊接时，塑料板的搭接层数不得超过三层。

【条文解析】

层数太多，焊接后太厚，焊接机无法施焊，采用焊枪大面积焊接质量难以保证，但从工艺要求上难以避免三层，超过三层时，应采取措施避开。

4.5.16 铺设塑料防水板时，不应绷得太紧，宜根据基面的平整度留有充分的余地。

【条文解析】

防水层绷得太紧：一是与基面不密贴，难以保证二次衬砌厚度；二是浇筑混凝土时，固定点容易拉脱。至于预留多少合适，应根据基面平整度决定。当然也不能太松：一是浪费材料；二则防水层容易打折。

4.5.17 防水板的铺设应超前混凝土施工，超前距离宜为 5～20m，并应设临时挡板防止机械损伤和电火花灼伤防水板。

【条文解析】

防水板的铺设和内衬混凝土的施工是交叉作业，如两者施工距离过近，则相互间易受干扰，但过远，有时受施工条件限制达不到规定的要求，且过远铺好的防水板会因自重造成脱落。根据现在施工的经验，两者施工距离宜为 5～20m。

4.5.18 二次衬砌混凝土施工时应符合下列规定：

1 绑扎、焊接钢筋时应采取防刺穿、灼伤防水板的措施；

2 混凝土出料口和振捣棒不得直接接触塑料防水板。

【条文解析】

混凝土施工时，应对塑料防水板防水层进行保护。本条提出了两项保护措施，其他措施可根据需要在施工细则中规定。

4.7.12 膨润土防水毯的织布面应与结构外表面或底板垫层混凝土密贴；膨润土防水

板的膨润土面应与结构外表面或底板垫层密贴。

【条文解析】

膨润土防水材料只有与现浇混凝土结构表面密贴，才能遇水膨胀后对结构裂缝、疏松部位起到封堵修补作用，也不易出现窜水现象。

膨润土防水材料铺设在底板垫层表面时，由于后续绑扎、焊接钢筋对膨润土防水材料防水层的破坏较多，雨天容易出现积水，会大大降低膨润土防水材料的整体防水效果。

4.7.15 膨润土防水材料分段铺设时，应采取临时防护措施。

【条文解析】

膨润土防水材料分段铺设完毕后，由于绑扎钢筋等后续工程施工需要一定的时间，膨润土材料长时间暴露，会影响防水效果，因此应在膨润土防水材料表面覆盖塑料薄膜等挡水材料，避免下雨或施工用水导致膨润土材料提前膨胀。雨水直接淋在膨润土防水材料表面时导致膨润土颗粒提前膨胀，并在雨水的冲刷过程中出现流失的现象，在地下工程中经常发生，严重降低了膨润土防水材料的防水性能。特别是在雨季施工时，应采取临时遮挡措施对膨润防水材料进行有效的保护。

4.7.16 甩槎与下幅防水材料连接时，应将收口压板、临时保护膜等去掉，并应将搭接部位清理干净，涂抹膨润土密封膏，然后搭接固定。

【条文解析】

在预留通道部位，膨润土防水毯的甩槎需要经过几个星期或几个月的长时间暴露，编织布和无纺布长期在阳光暴晒下逐渐老化变脆，造成甩槎部分缓慢断裂脱落，影响后期膨润土防水材料的搭接。因此对于膨润土防水毯需要长时间甩槎的部位应采取遮挡措施，避免阳光直射在膨润土防水材料表面。

6.2 细部构造防水工程

《地下防水工程质量验收规范》GB 50208—2011

5.1.3 墙体水平施工缝应留设在高出底板表面不小于 300mm 的墙体上。拱、板与墙结合的水平施工缝，宜留在拱、板与墙交接处以下 150～300mm 处；垂直施工缝应避开地下水和裂隙水较多的地段，并宜与变形缝相结合。

检验方法：观察检查和检查隐蔽工程验收记录。

【条文解析】

根据混凝土设计及施工验收相关规范的规定，施工缝应留设在剪力或弯矩较小及施工方便的部位。故本条规定了墙体水平施工缝距底板面应不小于 300mm，拱、板墙交接处若需要留设水平施工缝，宜留在拱、板墙接缝线以下 150～300mm 处，并避免设在墙板承受弯矩或剪力最大的部位。

5.1.10 预埋注浆管应设置在施工缝断面中部，注浆管与施工缝基面应密贴并固定牢靠，固定间距宜为 200～300mm；注浆导管与注浆管的连接应牢固、严密，导管埋入混凝土内的部分应与结构钢筋绑扎牢固，导管的末端应临时封堵严密。

【条文解析】

施工缝采用预埋注浆管时，注浆导管与注浆管的连接必须牢固、严密。根据经验，预埋注浆管的间距宜为 200～300mm，注浆导管设置间距宜为 3.0～5.0m。

在注浆之前应对注浆导管末端进行封闭，以免杂物进入导管产生堵塞，影响注浆工作。

5.2.3 中埋式止水带埋设位置应准确，其中间空心圆环与变形缝的中心线应重合。

检验方法：观察检查和检查隐蔽工程验收记录。

5.2.4 中埋式止水带的接缝应设在边墙较高位置上，不得设在结构转角处；接头宜采用热压焊接，接缝应平整、牢固，不得有裂口和脱胶现象。

检验方法：观察检查和检查隐蔽工程验收记录。

5.2.5 中埋式止水带在转弯处应做成圆弧形；顶板、底板内止水带应安装成盆状，并宜采用专用钢筋套或扁钢固定。

检验方法：观察检查和检查隐蔽工程验收记录。

【条文解析】

变形缝的渗漏水除设计不合理的原因之外，施工质量也是一个重要的原因。

中埋式止水带施工时常存在以下问题：

1）埋设位置不准，严重时止水带一侧往往折至缝边，根本起不到止水的作用。过去常用铁丝固定止水带，铁丝在振捣力的作用下会变形甚至振断，其效果不佳，目前推荐使用专用钢筋套或扁钢固定。

2）顶、底板止水带下部的混凝土不易振捣密实，气泡也不易排出，且混凝土凝固时产生的收缩易使止水带与下面的混凝土产生缝隙，从而导致变形缝漏水。根据这种情况，条文中规定顶、底板中的止水带安装成盆形，有助于消除上述弊端。

3）中埋式止水带的安装，在先浇一侧混凝土时，此时端模被止水带分为两块，这给模板固定造成困难，施工时由于端模支撑不牢，不仅造成漏浆，而且也不敢按规定进行振捣，致使变形缝处的混凝土密实性较差，从而导致渗漏水。

4）止水带的接缝是止水带本身的防水薄弱处，因此接缝愈少愈好，考虑到工程规模不同，缝的长度不一，对接缝数量未作严格的限定。

5）转角处止水带不能折成直角，条文规定转角处应做成圆弧形，以便于止水带的安设。

5.3.4 采用掺膨胀剂的补偿收缩混凝土，其抗压强度、抗渗性能和限制膨胀率必须符合设计要求。

检验方法：检查混凝土抗压强度、抗渗性能和水中养护 14d 后的限制膨胀率检验报告。

【条文解析】

后浇带应采用补偿收缩混凝土浇筑，其抗压强度和抗渗等级均不应低于两侧混凝土。采用掺膨胀剂的补偿收缩混凝土，应根据设计的限制膨胀率要求，经试验确定膨胀剂的最佳掺量，只有这样才能达到控制结构裂缝的效果。

5.4.3 固定式穿墙管应加焊止水环或环绕遇水膨胀止水圈，并做好防腐处理；穿墙管应在主体结构迎水面预留凹槽，槽内应用密封材料嵌填密实。

检验方法：观察检查和检查隐蔽工程验收记录。

5.4.4 套管式穿墙管的套管与止水环及翼环应连续满焊，并作好防腐处理；套管内表面应清理干净，穿墙管与套管之间应用密封材料和橡胶密封圈进行密封处理，并采用法兰盘及螺栓进行固定。

检验方法：观察检查和检查隐蔽工程验收记录。

【条文解析】

止水环的作用是改变地下水的渗透路径，延长渗透路线。如果止水环与管不满焊或焊接不密实，则止水环与管接触处仍是防水薄弱环节，故止水环与管一定要满焊密实。

穿墙管外壁与混凝土交界处是防水薄弱环节，穿墙管中部加焊止水环可改变水的渗透路径，延长水的渗透路线，环绕遇水膨胀止水圈则可堵塞渗水通道，从而达到防水目的。针对目前穿墙管部位渗漏水较多的情况，穿墙管在混凝土迎水面相接触的周围应预留宽和深各 15mm 左右的凹槽，凹槽内嵌填密封材料，以确保穿墙管部位的防水性能。

采用套管式穿墙管时，套管内壁表面应清理干净。套管内的管道安装完毕后，应在两管间嵌入内衬填料，端部还需采用其他防水措施。

穿墙管部位不仅是防水薄弱环节，也是防护薄弱环节，因此穿墙管应作好防腐处理，防止穿墙管锈蚀和电腐蚀。

5.4.5 穿墙盒的封口钢板与混凝土结构墙上预埋的角钢应焊平，并从钢板上的预留浇注孔注入改性沥青密封材料或细石混凝土，封填后将浇注孔口用钢板焊接封闭。

检验方法：观察检查和检查隐蔽工程验收记录。

【条文解析】

穿墙管线较多采用穿墙盒时，由于空间较小，容易产生渗漏现象，因此应从封口钢板上预留浇注孔注入改性沥青材料或细石混凝土加以密封，并对浇注孔口用钢板焊接密封。

5.4.6 当主体结构迎水面有柔性防水层时，防水层与穿墙管连接处应增设加强层。

检验方法：观察检查和检查隐蔽工程验收记录。

【条文解析】

穿墙管部位是防水薄弱环节，当主体结构迎水面有卷材或涂料防水层时，防水层与穿墙管连接处应增设卷材或涂料加强层，保证防水工程质量。

《地下工程防水技术规范》GB 50108—2008

5.1.10 中埋式止水带施工应符合下列规定：

1 止水带埋设位置应准确，其中间空心圆环应与变形缝的中心线重合；

2 止水带应固定，顶、底板内止水带应成盆状安设；

3 中埋式止水带先施工一侧混凝土时，其端模应支撑牢固，并应严防漏浆；

4 止水带的接缝宜为一处，应设在边墙较高位置上，不得设在结构转角处，接头宜采用热压焊接；

5 中埋式止水带在转弯处应做成圆弧形，（钢边）橡胶止水带的转角半径不应小于200mm，转角半径应随止水带的宽度增大而相应加大。

【条文解析】

变形缝的渗漏水除设计不合理的原因之外，施工不合理也是一个重要的原因，针对目前存在的一些问题，本条做了相关规定。

中埋式止水带施工时常存在以下问题：

1）顶、底板止水带下部的混凝土不易振捣密实，气泡也不易排出，且混凝土凝固时产生的收缩易使止水带与下面的混凝土产生缝隙，从而导致变形缝漏水。根据这种情况，条文中规定顶、底板中的止水带安装成盆形，有助于消除上述弊端。

2）中埋式止水带的安装，在先浇一侧混凝土时，端模被止水带分为两块，给模板固定造成困难，故条文中规定端模要支撑牢固，防止漏浆。施工时由于端模支撑不牢，不仅造成漏浆，而且也不敢按规定要求进行振捣，致使变形缝处的混凝土密实性较差，从而导致渗漏水。

3）止水带的接缝是止水带本身的防水薄弱处，因此接缝越少越好，考虑到工程规模不同，缝的长度不一，故对接缝数量未做严格的限定。

4）转角处止水带不能折成直角，故条文规定转角处应做成圆弧形，以便于止水带的安设。

5.1.11 安设于结构内侧的可卸式止水带施工时应符合下列规定：

1 所需配件应一次配齐；

2 转角处应做成 45° 折角，并应增加紧固件的数量。

【条文解析】

可卸式止水带全靠其配件压紧橡胶止水带止水，故配件质量是保证防水的一个重要因素，因此要求配件一次配齐，特别是在两侧混凝土浇筑时间有一定间隔时，更要确保配件质量。另外，金属配件的防腐蚀很重要，是保证配件可卸的关键。

另外，转角处的可卸式止水带还存在不易密贴的问题，故在转角处除要做成 45°折角外，还应增加紧固件的数量，以确保此处的防水施工质量。

5.1.13 密封材料嵌填施工时，应符合下列规定：

1 缝内两侧基面应平整干净、干燥，并应刷涂与密封材料相容的基层处理剂；

2 嵌缝底部应设置背衬材料；

3 嵌填应密实连续、饱满，并应黏结牢固。

【条文解析】

要使嵌填的密封材料具有良好的防水性能，除了嵌填的密封材料要密实外，缝两侧的基面处理也十分重要，否则密封材料与基面黏结不紧密，就起不到防水作用。另外，嵌缝材料下面的背衬材料不可忽视，否则会使密封材料三向受力，对密封材料的耐久性和防水性都有不利影响。

由于基层处理剂涂刷完毕后再铺设背衬材料，将会对两侧基面的基面处理剂有一定的破坏，削弱基层处理剂的作用，故本条还规定基层处理剂应在铺设背衬材料后进行。

5.2.10 后浇带混凝土施工前，后浇带部位和外贴式止水带应防止落入杂物和损伤外贴式止水带。

【条文解析】

为了保证后浇带部位的防水质量，必须保证带内清洁，同时也应对预设的防水设施进行有效保护，否则很难保证防水质量。

6.3 特殊施工法结构防水工程

《地下防水工程质量验收规范》GB 50208—2011

6.1.2 喷射混凝土施工前，应根据围岩裂隙及渗漏水的情况，预先采用引排或注浆堵水。

【条文解析】

喷射表面有涌水时，不仅会使喷射混凝土的粘着性变坏，还会在混凝土的背后产生水压给混凝土带来不利影响。因此，表面有涌水时应先进行封堵或排水工作。

6.1.5 喷射混凝土终凝 2h 后应采取喷水养护，养护时间不得少于 14d；当气温低于5℃时，不得喷水养护。

【条文解析】

由于喷射混凝土的含砂率高，水泥用量也相对较多并掺有速凝剂，其收缩变形必然要比灌注混凝土大。在喷射混凝土终凝 2h 后应立即进行喷水养护，且养护时间不得少于 14d。当气温低于 5℃时，不得喷水养护。

6.1.14 喷射混凝土应密实、平整，无裂缝、脱落、漏喷、露筋。

检验方法：观察检查。

【条文解析】

本条是对喷射混凝土质量的外观检查。当发现喷射混凝土表面有裂缝、脱落、漏喷、露筋等情况时，应予凿除喷层重喷或进行修整。

6.2.4 叠合式侧墙的地下连续墙与内衬结构连接处，应凿毛并清洗干净，必要时应作特殊防水处理。

【条文解析】

地下连续墙与内衬墙构成叠合墙结构，两者之间的结合施工质量至关重要，故规定地下连续墙应凿毛并清洗干净，必要时应选用聚合物水泥砂浆、聚合物水泥防水涂料或水泥基渗透结晶型防水涂料等作特殊防水处理。

6.2.5 地下连续墙应根据工程要求和施工条件减少槽段数量；地下连续墙槽段接缝应避开拐角部位。

【条文解析】

地下连续墙的防水措施，主要是在条件允许的情况下，尽量加大槽段的长度以减少接缝，提高防水功效。由于拐角处是施工的薄弱环节，施工中易出现质量问题，所以墙体幅间接缝应避开拐角部位，防止产生渗漏水。采用复合式衬砌时，内衬结构的接缝和地下连续墙接缝要错开设置，避免通缝并防止渗漏水。

6.2.12 地下连续墙墙面不得有露筋、露石和夹泥现象。

检验方法：观察检查。

【条文解析】

需要开挖一侧土方的地下连续墙，尚应在开挖后检查混凝土质量。由于地下连续墙是采用导管法施工，在泥浆中依靠混凝土的自重浇筑而不进行振捣，所以混凝土质量不如在正常条件下浇筑的质量。

为保证使用要求，裸露的地下连续墙墙面如有露筋、露面和夹泥现象时，需按设计要求对墙面、墙缝进行修补或防水处理。

6.4.3 沉井干封底施工应符合下列规定：

1 沉井基底土面应全部挖至设计标高，待其下沉稳定后再将井内积水排干。

2 清除浮土杂物，底板与井壁连接部位应凿毛、清洗干净或涂刷混凝土界面处理剂，及时浇筑防水混凝土封底。

3 在软土中封底时，宜分格逐段对称进行。

4 封底混凝土施工过程中，应从底板上的集水井中不间断地抽水。

5 封底混凝土达到设计强度后，方可停止抽水；集水井的封堵应采用微膨胀混凝土填充捣实，并用法兰、焊接钢板等方法封平。

【条文解析】

干封底混凝土达到设计强度后，集水井需最后封堵，掺防水剂、膨胀剂的混凝土或掺水泥渗透结晶型防水材料的混凝土防裂抗渗性能好，宜作为填充材料应用。

6.4.4 沉井水下封底施工应符合下列规定：

1 井底应将浮泥清除干净，并铺碎石垫层；

2 底板与井壁连接部位应冲刷干净；

3 封底宜采用水下不分散混凝土，其坍落度宜为 $180 \sim 220$mm；

4 封底混凝土应在沉井全部底面积上连续均匀浇筑；

5 封底混凝土达到设计强度后，方可从井内抽水，并应检查封底质量。

【条文解析】

水下封底混凝土的浇筑导管有效作业的半径应互相搭接，并覆盖井底全部面积，浇筑应连续均匀进行。混凝土浇筑时导管插入混凝土深度不宜小于 1mm，混凝土平均升高速度不宜小于 0.25m/h。

6.4 排水工程

《地下防水工程质量验收规范》GB 50208—2011

7.1.7 盲沟反滤层的层次和粒径必须符合设计要求。

检验方法：检查砂、石试验报告。

【条文解析】

在工程中常采用盲沟排水来控制地下水和渗流，以减少对地下建筑物的危害。反滤层是工程降排水设施的重要环节，应正确做好反滤层的颗粒分级和层次排列，使地下水流畅而土壤中细颗粒不流失。

本条规定盲沟反滤层的层次和粒径组成必须符合设计要求。砂、石应洁净，含泥量不得大于 2%，必要时应采取冲洗方法，使砂石含泥量符合规定要求。

7.1.8 无砂混凝土管、硬质塑料管或软式透水管必须符合设计要求。

检验方法：检查产品合格证和产品性能检测报告。

【条文解析】

集水管应设在粗砂过滤层下部，坡度不宜小于 1%，且不得有倒坡现象。集水管之间的距离宜为 5～10m。

7.2.12 隧道、坑道排水系统必须通畅。

检验方法：观察检查。

【条文解析】

隧道防排水应视水文地质条件因地制宜地采取"以排为主，防、排、截、堵相结合"的综合治理原则，达到排水通畅、防水可靠、经济合理、不留后患的目的。"防"是指衬砌抗渗和衬砌外围防水，包括衬砌外围防水层和压浆。"排"是指使衬砌背后空隙及围岩不积水，减少衬砌背后的渗水压力和渗水量。为此，对表面水、地下水应采取妥善的处理，使隧道内外形成一个完整的畅通的防排水系统。一般公路隧道应做到：

1）拱部、边墙不滴水。

2）路面不冒水、不积水，设备箱洞处均不渗水。

3）冻害地区隧道衬砌背后不积水，排水沟不冻结。

隧道、坑道排水是按不同衬砌排水构造采取各种排水措施，将地下水和地面水引排至隧道以外。为了排水的需要，隧道一般应设置纵向排水沟、横向排水坡、横向排水暗沟或盲沟等排水设施。排水沟必须符合设计要求，隧道、坑道排水系统必须畅通，以保证正常使用和行车安全。

7.2.16 贴壁式、复合式衬壁的盲沟与混凝土衬砌接触部位应做隔浆层。

检验方法：观察检查和检查隐蔽工程验收记录。

【条文解析】

在贴壁式衬砌和无塑料板防水层段的复合式衬砌中铺设的盲沟或盲管，在施工混凝土衬砌前，均应用塑料布或无纺布包裹起来，以防混凝土中的水泥砂浆堵塞盲沟或盲管。

7.3.5 地下工程种植顶板种植土若低于周边土体，塑料排水板排水层必须结合排水沟或盲沟分区设置，并保证排水畅通。

【条文解析】

种植顶板有时因降水形成滞水，当积水上升到一定高度并浸没植物根系时，可能会造成根系的腐烂。本条规定了种植顶板种植土若低于周边土体，排水层必须与排水沟或盲沟配套使用，并按情况分区设置，保证其排水畅通。

7.3.9 塑料排水板排水层必须与排水系统连通，不得有堵塞现象。

检验方法：观察检查。

【条文解析】

塑料排水板排水，可削弱地表水、地下水对地下结构的压力并减少水对结构的渗透。有自流排水条件的地下工程，可采用自流排水法，无自流排水条件的地下工程，可采用明沟或集水井和机械抽水等排水方法，故本条规定塑料排水板排水层必须与排水系统连通，不得有堵塞现象。

《地下工程防水技术规范》GB 50108—2008

6.4.1 纵向盲沟铺设前，应将基坑底铲平，并应按设计要求铺设碎砖（石）混凝土层。

【条文解析】

纵向盲沟兼渗水和排水两项功能，铺设前必须将底部铲平，并按设计要求铺设碎砖（石）混凝土层，以防止盲沟在使用过程中局部沉降，造成排水不畅。

6.4.3 盲管应采用塑料（无纺布）带、水泥钉等固定在基层上，固定点拱部间距宜为 300～500mm，边墙宜为 1000～1200mm，在不平处应增加固定点。

【条文解析】

盲管应与岩壁密贴，集排水功能才能很好发挥，同时，为防止后序工种施工时盲管脱离，必须固定牢固，并在不平处加设固定点。

6.4.5 铺设于贴壁式衬砌、复合式衬砌隧道或坑道中的盲沟（管），在浇灌混凝土前，应采用无纺布包裹。

【条文解析】

在贴壁式、复合式（无塑料板防水层段）铺设的盲管，在施工混凝土前，应用塑料布、无纺布等包裹起来，以防混凝土中的水泥砂浆进入盲管中堵塞盲管。

6.5 注浆工程

《地下防水工程质量验收规范》GB 50208—2011

8.1.7 配制浆液的原材料及配合比必须符合设计要求。

检验方法：检查产品合格证、产品性能检测报告、计量措施和材料进场检验报告。

【条文解析】

几乎所有的水泥都可以作为注浆材料使用，为了达到不同的注浆规定，往往在水泥中加入外加剂和掺合料，这样不仅扩大了水泥注浆材料的应用范围，也提高了固结体的技术性能。由于水泥和外加剂的品种较多，浆液的组成较复杂，所以有必要对进场后的注浆材料进行抽查检验。

8.1.8 预注浆和后注浆的注浆效果必须符合设计要求。

检验方法：采用钻孔取芯法检查；必要时采取压水或抽水试验方法检查。

【条文解析】

注浆结束前，为防止开挖时发生坍塌或涌水事故，必须对注浆效果进行检验。通常是根据注浆设计、注浆记录、注浆结束标准，在分析各种注浆孔资料的基础上，按设计要求对注浆薄弱部位进行钻孔取芯检查，检查浆液扩散和固结情况。有条件时还可进行压力或抽水试验，检查地层吸水率或透水率，计算渗透系数及开挖时的出水量。

8.2.8 注浆孔的数量、布置间距、钻孔深度及角度应符合设计要求。

检验方法：尺量检查和检查隐蔽工程验收记录。

【条文解析】

结构裂缝注浆钻孔应根据结构渗漏水情况布置，孔深宜为结构厚度的 1/3 ~ 2/3。

浅裂缝应骑槽粘埋注浆嘴，必要时沿缝开凿"U"形槽并用水泥砂浆封缝；深裂缝应骑缝钻孔或斜向钻孔至裂缝深部，孔内埋设注浆管。注浆嘴及注浆管设于裂缝交叉处、较宽处、端部及裂缝贯穿处等部位，注浆嘴间距宜为 100 ~ 1000mm，注浆管间距宜为 1000 ~ 2000mm。原则上应做到缝窄应密，缝宽可稀，但每条裂缝至少有一个进浆孔和排气孔。

8.2.9 注浆各阶段的控制压力和注浆量应符合设计要求。

检验方法：观察检查和检查隐蔽工程验收记录。

【条文解析】

现场注浆压力试验方法：拆去注浆设备的混合器。将双液输浆管连接到压力测试装置上。压力测试装置由两个独立的压力传感阀组成。关闭阀门，启动注浆泵；待压力表升到 0.5MPa 后停泵；观测压力表。在 2min 内的压力不降到 0.4MPa 为合格。

压力试验频率：压力试验可在每次注浆前进行；交接班或停工用餐后进行；在进行裂缝表面清理的间歇时间进行。

现场进浆比例试验方法：拆去注浆设备的混合器，将双液输浆管连接到比例测试装置上。比例测试装置由两个独立的阀件组成，可通过开启和关闭阀门，控制回流压力来调节，压力表可显示每个阀门的回流压力。关闭阀门，启动注浆泵；待压力升到 0.5MPa 后停泵；开启阀门，将浆液放入有刻度的容器，观测两个容器内的浆液是否符合设备的比例参数。

《地下工程防水技术规范》GB 50108—2008

7.4.8 预注浆和衬砌后围岩注浆结束前，应在分析资料的基础上，采取钻孔取芯法对注浆效果进行检查，必要时应进行压（抽）水试验。当检查孔的吸水量大于 1.0L/（min·m）时，应进行补充注浆。

【条文解析】

注浆结束前，为了检验注浆效果，防止开挖时发生坍塌涌水事故，必须进行注浆效果检查。通常是在分析资料的基础上采取钻孔取芯法进行检查。有条件时，还可采用物探进行检查。

分析资料时要结合注浆设计、注浆记录、注浆结束标准，分析各注浆孔的注浆效果，看哪些达到了标准，哪些是薄弱环节，有无漏注或未达到结束标准的孔，原因何在，如何补救等。

钻孔取芯法是按设计要求在注浆薄弱地方，钻检查孔，检查浆液扩散、固结情况，并进行压水（抽）水试验，检查地层的吸水率（透水率），计算渗透系数及开挖时的出水量。

7 屋面工程

7.1 基本规定

3.0.6 屋面工程所用的防水、保温材料应有产品合格证书和性能检测报告，材料的品种、规格、性能等必须符合国家现行产品标准和设计要求。产品质量应由经过省级以上建设行政主管部门对其资质认可和质量技术监督部门对其计量认证的质量检测单位进行检测。

【条文解析】

防水、保温材料除有产品合格证和性能检测报告等出厂质量证明文件外，还应有经当地建设行政主管部门所指定的检测单位对该产品本年度抽样检验认证的试验报告，其质量必须符合国家现行产品标准和设计要求。

3.0.12 屋面防水工程完工后,应进行观感质量检查和雨后观察或淋水、蓄水试验,不得有渗漏和积水现象。

【条文解析】

屋面渗漏是当前房屋建筑中最为突出的质量问题之一，群众对此反映极为强烈。为使房屋建筑工程，特别是量大面广的住宅工程的屋面渗漏问题得到较好的解决，屋面工程必须做到无渗漏，才能保证功能要求。无论是屋面防水层的本身还是细部构件，通过外观质量检验只能看到表面的特征是否符合设计和规范的要求，肉眼很难判断是否会渗漏。只有经过雨后或持续淋水 2h，使屋面处于工作状态下经受实际考验，才能观察出屋面是否有渗漏。有可能蓄水试验的屋面，还规定其蓄水时间不得少于 24h。

5.1.6 屋面工程施工必须符合下列安全规定：

1 严禁在雨天、雪天和五级风及其以上时施工；

2 屋面周边和预留孔洞部位，必须按临边、洞口防护规定设置安全护栏和安全网；

3 屋面坡度大于 30% 时，应采取防滑措施；

4 施工人员应穿防滑鞋，特殊情况下无可靠安全措施时，操作人员必须系好安全带、扣好保险钩。

【条文解析】

施工单位应遵守有关施工安全、劳动保护、防火和防毒的法律法规，建立相应的管理制度，并应配备必要的设备、器具和标识。

本条是针对屋面工程的施工范围和特点，着重进行危险源的识别、风险评价和实施必要的措施。屋面工程施工前，对危险性较大的工程作业，应编制专项施工方案，并进行安全交底。坚持安全第一、预防为主和综合治理的方针，积极防范和遏制建筑施工生产安全事故的发生。

7.2 基层与保护工程

7.2.1 找坡层和找平层

《屋面工程质量验收规范》GB 50207—2012

4.2.1 装配式钢筋混凝土板的板缝嵌填施工，应符合下列要求：

1 嵌填混凝土时板缝内应清理干净，并应保持湿润；

2 当板缝宽度大于 40mm 或上窄下宽时，板缝内应按设计要求配置钢筋；

3 嵌填细石混凝土的强度等级不应低于 C20，嵌填深度宜低于板面 10～20mm，且应振捣密实和浇水养护；

4 板端缝应按设计要求增加防裂的构造措施。

【条文解析】

目前国内较少使用小型预制构件作为结构层，但大跨度预应力多孔板和大型屋面板装配式结构仍在使用，为了获得整体性和刚度好的基层，本条对装配式钢筋混凝土板的板缝嵌填作了具体规定。当板缝过宽或上窄下宽时，灌缝的混凝土干缩受振动后容易掉落，故需在缝内配筋；板端缝处是变形最大的部位，板在长期荷载作用下的挠曲变形会导致板与板间的接头缝隙增大，故强调此处应采取防裂的构造措施。

4.2.2 找坡层宜采用轻骨料混凝土；找坡材料应分层铺设和适当压实，表面应平整。

【条文解析】

当用材料找坡时，为了减轻屋面荷载和施工方便，可采用轻骨料混凝土，不宜采用水泥膨胀珍珠岩。找坡层施工时应注意找坡层最薄处应符合设计要求，找坡材料应分层铺设并适当压实，表面应做到平整。

4.2.3 找平层宜采用水泥砂浆或细石混凝土；找平层的抹平工序应在初凝前完成，压光工序应在终凝前完成，终凝后应进行养护。

【条文解析】

本条规定找平层的抹平和压光工序的技术要点，即水泥初凝前完成抹平，水泥终凝前完成压光，水泥终凝后应充分养护，以确保找平层质量。

4.2.5 找坡层和找平层所用材料的质量及配合比，应符合设计要求。

检验方法：检查出厂合格证、质量检验报告和计量措施。

【条文解析】

找坡层和找平层所用材料的质量及配合比，均应符合设计要求和技术规范的规定。

4.2.6 找坡层和找平层的排水坡度，应符合设计要求。

检验方法：坡度尺检查。

【条文解析】

屋面找平层是铺设卷材、涂膜防水层的基层。在调研中发现，由于檐沟、天沟排水坡度过小或找坡不正确，常会造成屋面排水不畅或积水现象。基层找坡正确，能将屋面上的雨水迅速排走，延长防水层的使用寿命。

4.2.7 找平层应抹平、压光，不得有酥松、起砂、起皮现象。

检验方法：观察检查。

【条文解析】

由于一些单位对找平层质量不够重视，致使水泥砂浆或细石混凝土找平层表面有酥松、起砂、起皮和裂缝现象，直接影响防水层与基层的黏结质量或导致防水层开裂。对找平层的质量要求，除排水坡度满足设计要求外，规定找平层应在收水后二次压光，使表面坚固密实、平整；水泥砂浆终凝后，应采取覆盖浇水、喷养护剂、涂刷冷底子油等手段充分养护，保证砂浆中的水泥充分水化，以确保找平层质量。

4.2.8 卷材防水层的基层与突出屋面结构的交接处，以及基层的转角处，找平层应做成圆弧形，且应整齐平顺。

检验方法：观察检查。

【条文解析】

卷材防水层的基层与突出屋面结构的交接处以及基层的转角处，找平层应按技术规范的规定做成圆弧形，以保证卷材防水层的质量。

《屋面工程技术规范》GB 50345—2012

5.2.1 装配式钢筋混凝土板的板缝嵌填施工应符合下列规定：

1 嵌填混凝土前板缝内应清理干净，并应保持湿润；

2 当板缝宽度大于40mm或上窄下宽时，板缝内应按设计要求配置钢筋；

3 嵌填细石混凝土的强度等级不应低于C20，填缝高度宜低于板面10~20mm，且应振捣密实和浇水养护；

4 板端缝应按设计要求增加防裂的构造措施。

【条文解析】

装配式钢筋混凝土板的板缝太窄，细石混凝土不容易嵌填密实，板缝宽度通常大于20mm较为合适。细石混凝土填缝高度应低于板面10~20mm，以便与上面细石混凝土找平层更好地结合。当板缝较大时，嵌填的细石混凝土类似混凝土板带，要承受自重和屋面荷载的作用，因此当板缝宽度大于40mm或上窄下宽时，应在板缝内加构造配筋。

5.2.2 找坡层和找平层的基层的施工应符合下列规定：

1 应清理结构层、保温层上面的松散杂物，凸出基层表面的硬物应剔平扫净；

2 抹找坡层前，宜对基层洒水湿润；

3 突出屋面的管道、支架等根部，应用细石混凝土堵实和固定；

4 对不易与找平层结合的基层应做界面处理。

【条文解析】

为了便于铺设隔汽层和防水层，必须在结构层或保温层表面做找平处理。在找坡层、找平层施工前，首先要检查其铺设的基层情况，如屋面板安装是否牢固，有无松动现象；基层局部是否凹凸不平，凹坑较大时应先填补；保温层表面是否平整，厚薄是否均匀；板状保温材料是否铺平垫稳；用保温材料找坡是否准确等。

基层检查并修整后，应进行基层清理，以保证找坡层、找平层与基层能牢固结合。当基层为混凝土时，表面清扫干净后，应充分洒水湿润，但不得积水；当基层为保温层时，基层不宜大量浇水。基层清理完毕后，在铺抹找坡、找平材料前，宜在基层上均匀涂刷素水泥浆一遍，使找坡层、找平层与基层更好地黏结。

5.2.5 找坡材料应分层铺设和适当压实，表面宜平整和粗糙，并应适时浇水养护。

【条文解析】

找坡材料宜采用质量轻、吸水率低和有一定强度的材料，通常是将适量水泥浆与陶粒、焦渣或加气混凝土碎块拌合而成。本条提出了找坡层施工过程中的质量控制，以保证找坡层的质量。

5.2.6 找平层应在水泥初凝前压实抹平，水泥终凝前完成收水后应二次压光，并应及时取出分格条。养护时间不得少于 7d。

【条文解析】

由于一些单位对找平层质量不够重视，致使找平层的表面有酥松、起砂、起皮和裂缝的现象，直接影响防水层和基层的黏结质量并导致防水层开裂。对找平层的质量要求，除排水坡度满足设计要求外，还应通过收水后二次压光等施工工艺，减少收缩开裂，使表面坚固密实、平整；水泥终凝后，应采取浇水、湿润覆盖、喷养护剂或涂刷冷底子油等方法充分养护。

5.2.7 卷材防水层的基层与突出屋面结构的交接处，以及基层的转角处，找平层均应做成圆弧形，且应整齐平顺。找平层圆弧半径值应符合表 5.2.7 的规定。

表 5.2.7 找平层圆弧半径值
（单位：mm）

卷材种类	圆弧半径值
高聚物改性沥青防水卷材	50
合成高分子防水卷材	20

【条文解析】

卷材防水层的基层与突出屋面结构的交接处和基层的转角处，是防水层应力集中的部位。找平层圆弧半径值的大小应根据卷材种类来定。由于合成高分子防水卷材比高聚物改性沥青防水卷材的柔性好且卷材薄，因此找平层圆弧半径值可以减小，即高聚物改性沥青防水卷材为 50mm，合成高分子防水卷材为 20mm。

5.2.8 找坡层和找平层的施工环境温度不宜低于 5℃。

【条文解析】

找坡层、找平层施工环境温度不宜低于 5℃。在负温度下施工，需采取必要的冬施措施。

《倒置式屋面工程技术规程》JGJ 230—2010

6.2.1 屋面的找坡层、找平层应在结构层验收合格后再进行施工。

【条文解析】

上一道工序完工后，应经验收合格，方可进行下一道工序施工。

6.2.3 当找坡层、找平层采用水泥拌合的轻质材料，施工环境温度低于 5℃时，应采取冬期施工措施。

【条文解析】

冬期施工时，根据不同的材料应采用相应的防冻措施。

6.2.4 找坡层、找平层施工前应将基层表面清理干净，并应进行浇水湿润、涂刷水泥浆或其他界面材料。

【条文解析】

基层表面处理是保证施工质量的重要环节，是不可缺少的一道工序。

6.2.5 找坡层、找平层施工应保证设计要求的平整度及坡度。

【条文解析】

屋面每一个构造层的坡度或平整度偏差较大，均会对上一个构造层造成影响，特别是如果保护层坡度、平整度达不到设计要求，会引起屋面排水不畅或积水，给屋面防水造成隐患，还会影响屋面保温效果。

6.2.7 基层与女儿墙、变形缝、管道、山墙等突出屋面结构的交接处应做成圆弧形，并应满足设计要求的圆弧半径值。水落口周边应做成凹坑，并应采用密封材料密封。

【条文解析】

根据长期的工程实践，交接处均应做成圆弧形。落水口周边做成凹坑便于排水。

7.2.2 隔汽层

《屋面工程质量验收规范》GB 50207—2012

4.3.2 隔汽层应设置在结构层与保温层之间；隔汽层应选用气密性、水密性好的材料。

【条文解析】

隔汽层的作用是防潮和隔汽，隔汽层铺在保温层下面，可以隔绝室内水蒸气通过板缝或孔隙进入保温层，故本条规定隔汽层应选用气密性、水密性好的材料。

4.3.4 隔汽层采用卷材时宜空铺，卷材搭接缝应满粘，其搭接宽度不应小于80mm；隔汽层采用涂料时，应涂刷均匀。

【条文解析】

隔汽层采用卷材时，为了提高抵抗基层的变形能力，隔汽层的卷材宜采用空铺，卷材搭接缝应满粘。隔汽层采用涂膜时，涂层应均匀，无流淌和露底现象，涂料应两涂，且前后两遍的涂刷方向应相互垂直。

4.3.5 穿过隔汽层的管线周围应封严，转角处应无折损；隔汽层凡有缺陷或破损的部位，均应进行返修。

【条文解析】

若隔汽层出现破损现象，将不能起到隔绝室内水蒸气的作用，严重影响保温层的保温效果。隔汽层若有破损，应将破损部位进行修复。

4.3.6 隔汽层所用材料的质量，应符合设计要求。

检验方法：检查出厂合格证、质量检验报告和进场检验报告。

【条文解析】

隔汽层所用材料均为常用的防水卷材或涂料，但隔汽层所用材料的品种和厚度应符合热工设计所必需的水蒸气渗透阻。

《屋面工程技术规范》GB 50345—2012

5.3.3 隔汽层施工应符合下列规定：

1 隔汽层施工前，基层应进行清理，宜进行找平处理。

2 屋面周边隔汽层应沿墙面向上连续铺设，高出保温层上表面不得小于 150mm。

3 采用卷材做隔汽层时，卷材宜空铺，卷材搭接缝应满粘，其搭接宽度不应小于 80mm；采用涂膜做隔汽层时，涂料涂刷应均匀，涂层不得有堆积、起泡和露底现象。

4 穿过隔汽层的管道周围应进行密封处理。

【条文解析】

本条对隔汽层施工作出了规定：

1）隔汽层施工前，应清理结构层上的松散杂物，凸出基层表面的硬物应剔平扫净。同时基层应作找平处理。

2）隔汽层铺设在保温层之下，可采用一般的防水卷材或涂料，其做法与防水层相同。规定屋面周边隔汽层应沿墙面向上铺设，并高出保温层上表面不得小于 150mm。

3）考虑到隔汽层被保温层、找平层等埋压，卷材隔汽层可采用空铺法进行铺设。为了提高卷材搭接部位防水隔汽的可靠性，搭接缝应采用满粘法，搭接宽度不应小于80mm。采用涂膜做隔汽层时，涂刷质量对隔汽效果影响极大，涂料涂刷应均匀，涂层无堆积、起泡和露底现象。

4）若隔汽层出现破损现象，将不能起到隔绝室内水蒸气的作用，严重影响保温层的保温效果，故应对管道穿过隔汽层破损部位进行密封处理。

7.2.3 保护层和隔离层

《屋面工程质量验收规范》GB 50207—2012

4.4.1 块体材料、水泥砂浆或细石混凝土保护层与卷材、涂膜防水层之间，应设置隔离层。

【条文解析】

在柔性防水层上设置块体材料、水泥砂浆、细石混凝土等刚性保护层，由于保护层与防水层之间的黏结力和机械咬合力，当刚性保护层胀缩变形时，会对防水层造成损坏，故在保护层与防水层之间应铺设隔离层，同时可防止保护层施工时对防水层的损坏。本条强调了在保护层与防水层之间设置隔离层的必要性，以保证保护层胀缩变形时，不至于损坏防水层。

4.4.2 隔离层可采用干铺塑料膜、土工布、卷材或铺抹低强度等级砂浆。

【条文解析】

当基层比较平整时，在已完成雨后或淋水、蓄水检验合格的防水层上面，可以直接干铺塑料膜、土工布或卷材。

当基层不太平整时，隔离层宜采用低强度等级黏土砂浆、水泥石灰砂浆或水泥砂浆。铺抹砂浆时，铺抹厚度宜为 10mm，表面应抹平、压实并养护；待砂浆干燥后，其上干铺一层塑料膜、土工布或卷材。

4.4.3 隔离层所用材料的质量及配合比，应符合设计要求。

检验方法：检查出厂合格证和计量措施。

【条文解析】

隔离层所用材料的质量必须符合设计要求，当设计无要求时，隔离层所用的材料应能经得起保护层的施工荷载，故建议塑料膜的厚度不应小于 0.4mm，土工布应采用聚酯土工布，单位面积质量不应小于 $200g/m^2$，卷材厚度不应小于 2mm。

4.4.4 隔离层不得有破损和漏铺现象。

检验方法：观察检查。

【条文解析】

为了消除保护层与防水层之间的黏结力及机械咬合力，隔离层必须是完全隔离，对隔离层的破损或漏铺部位应及时修复。

4.5.1 防水层上的保护层施工，应待卷材铺贴完成或涂料固化成膜，并经检验合格后进行。

【条文解析】

按照屋面工程各工序之间的验收要求，强调对防水层的雨后或淋水、蓄水检验，防止防水层被保护层所覆盖后还存在未解决的问题；同时要求做好成品保护，以确保屋面防水工程质量。沥青类的防水卷材也可直接采用卷材上表面覆有的矿物粒料或铝箔作为保护层。

4.5.2 用块体材料做保护层时，宜设置分格缝，分格缝纵横间距不应大于10m，分格缝宽度宜为20mm。

【条文解析】

对于块体材料做保护层，在调研中发现往往因温度升高致使块体膨胀隆起。因此，本条作出对块体材料保护层应留设分格缝的规定。

4.5.3 用水泥砂浆做保护层时，表面应抹平压光，并应设表面分格缝，分格面积宜为1m^2。

【条文解析】

水泥砂浆保护层由于自身的干缩或温度变化的影响，往往产生严重龟裂，且裂缝宽度较大，以致造成碎裂、脱落。为确保水泥砂浆保护层的质量，本条规定表面应抹平压光，可避免水泥砂浆保护层表面出现起砂、起皮现象；根据工程实践经验，在水泥砂浆保护层上划分表面分格缝，将裂缝均匀分布在分格缝内，避免了大面积的龟裂。

4.5.4 用细石混凝土做保护层时，混凝土应振捣密实，表面应抹平压光，分格缝纵横间距不应大于6m。分格缝的宽度宜为10~20mm。

【条文解析】

细石混凝土保护层应一次浇筑完成，否则新旧混凝土的结合处易产生裂缝，造成混凝土保护层的局部破坏，影响屋面使用和外观质量。用细石混凝土做保护层时，分格缝设置过密，不但给施工带来困难，而且不易保证质量，分格面积过大又难以达到防裂的效果，根据调研的意见，规定纵横间距不应大于6m，分格缝宽度宜为10~20mm。

4.5.9 块体材料保护层表面应干净，接缝应平整，周边应顺直，镶嵌应正确，应无空鼓现象。

检查方法：小锤轻击和观察检查。

【条文解析】

块体材料应铺贴平整，与底部贴合密实。若产生空鼓现象，在使用中会造成块体混凝土脱落破损，而起不到对防水层的保护作用。在施工中严格按照操作规程进行作业，避免对块体材料的破坏，确保块体材料保护层的质量。

4.5.10 水泥砂浆、细石混凝土保护层不得有裂纹、脱皮、麻面和起砂等现象。

检验方法：观察检查。

【条文解析】

目前，一些施工单位对水泥砂浆、细石混凝土保护层的质量重视不够，致使保护层表面出现裂缝、起壳、起砂现象。因此对水泥砂浆、细石混凝土保护层的质量，除应满足强度和排水坡度的设计要求外，还应规定保护层的外观质量要求。

4.5.11 浅色涂料应与防水层黏结牢固，厚薄应均匀，不得漏涂。

检验方法：观察检查。

【条文解析】

浅色涂料保护层与防水层是否黏结牢固，其厚度能否达到要求，直接影响到屋面防水层的质量和耐久性；涂料涂刷的遍数越多，涂层的密度就越高，涂层的厚度也就越均匀。

《屋面工程技术规范》GB 50345—2012

5.7.1 施工完的防水层应进行雨后观察、淋水或蓄水试验，并应在合格后再进行保护层和隔离层的施工。

5.7.2 保护层和隔离层施工前，防水层或保温层的表面应平整、干净。

5.7.3 保护层和隔离层施工时，应避免损坏防水层或保温层。

【条文解析】

这三条按每道工序之间验收的要求，强调对防水层或保温层的检验，可防止防水层被保护层覆盖后，存在未解决的问题；同时做好清理工作和施工维护工作，保证防水层和保温层的表面平整、干净，避免施工作业中人为对防水层和保温层造成损坏。

5.7.4 块体材料、水泥砂浆、细石混凝土保护层表面的坡度应符合设计要求，不得有积水现象。

【条文解析】

本条强调保护层施工后的表面坡度，不得因保护层的施工而改变屋面的排水坡度，造成积水现象。

5.7.5 块体材料保护层铺设应符合下列规定：

1 在砂结合层上铺设块体时，砂结合层应平整，块体间应预留 10mm 的缝隙，缝内应填砂，并应用 1：2 水泥砂浆勾缝；

2 在水泥砂浆结合层上铺设块体时，应先在防水层上做隔离层，块体间应预留

10mm 的缝隙, 缝内应用 1：2 水泥砂浆勾缝；

3 块体表面应洁净、色泽一致, 应无裂纹、掉角和缺楞等缺陷。

【条文解析】

本条对块体材料保护层的铺设作出要求, 注意要区分块体间缝隙与分格缝, 块体间缝用水泥砂浆勾缝, 每 10m 留设的分格缝应用密封材料嵌缝。

5.7.6 水泥砂浆及细石混凝土保护层铺设应符合下列规定：

1 水泥砂浆及细石混凝土保护层铺设前, 应在防水层上做隔离层。

2 细石混凝土铺设不宜留施工缝；当施工间隙超过时间规定时, 应对接槎进行处理。

3 水泥砂浆及细石混凝土表面应抹平压光, 不得有裂纹、脱皮、麻面、起砂等缺陷。

【条文解析】

在水泥初凝前完成抹平和压光；水泥终凝后应充分养护, 可避免保护层表面出现起砂、起皮现象。由于收缩和温差的影响, 水泥砂浆及细石混凝土保护层预先留设分格缝, 使裂缝集中于分格缝中, 可减少大面积开裂的现象。

5.7.7 浅色涂料保护层施工应符合下列规定：

1 浅色涂料应与卷材、涂膜相容, 材料用量应根据产品说明书的规定使用；

2 浅色涂料应多遍涂刷, 当防水层为涂膜时, 应在涂膜固化后进行；

3 涂层应与防水层黏结牢固, 厚薄应均匀, 不得漏涂；

4 涂层表面应平整, 不得流淌和堆积。

【条文解析】

当采用浅色涂料做保护层时, 涂刷时涂刷的遍数越多, 涂层的密度就越高, 涂层的厚度越均匀；堆积会造成不必要的浪费, 还会影响成膜时间和成膜质量, 流淌会使涂膜厚度达不到要求, 涂料与防水层黏结是否牢固, 其厚度能否达到要求, 直接影响到屋面防水层的耐久性。因此, 涂料保护层必须与防水层黏结牢固和全面覆盖, 厚薄均匀, 才能起到对防水层的保护作用。

5.7.8 保护层材料的贮运、保管应符合下列规定：

1 水泥贮运、保管时应采取防尘、防雨、防潮措施；

2 块体材料应按类别、规格分别堆放；

3 浅色涂料贮运、保管环境温度, 反应型及水乳型不宜低于 5℃, 溶剂型不宜低于 0℃；

4 溶剂型涂料保管环境应干燥、通风, 并应远离火源和热源。

【条文解析】

本条分别对水泥、块体材料和浅色涂料的贮运、保管提出要求。

5.7.9 保护层的施工环境温度应符合下列规定：

1 块体材料干铺不宜低于-5℃，湿铺不宜低于5℃；

2 水泥砂浆及细石混凝土宜为5～35℃；

3 浅色涂料不宜低于5℃。

【条文解析】

本条规定了块体材料、水泥砂浆、细石混凝土等的施工环境温度，若在负温下施工，应采取必要的防冻措施。

5.7.14 隔离层的施工环境温度应符合下列规定：

1 干铺塑料膜、土工布、卷材可在负温下施工；

2 铺抹低强度等级砂浆宜为5～35℃。

【条文解析】

干铺塑料膜、土工布或卷材，可在负温下施工，但要注意材料的低温开卷性，对于沥青基卷材，应选择低温柔性好的卷材。铺抹低强度砂浆施工环境温度不宜低于5℃。

《倒置式屋面工程技术规程》JGJ 230—2010

6.5.1 保护层的施工应在屋面保温层验收合格后进行。

【条文解析】

保护层施工后，保温层也属于隐蔽项目，为保证屋面工程质量，在保护层施工前要对保温层进行质量验收，验收合格后方可进行保护层施工，并填写相应的质量管理资料。

6.5.2 保护层施工应符合下列规定：

1 保护层施工不得损坏保温层；

2 保护层与保温层之间的隔离层应满铺，不得漏底，搭接宽度不应小于100mm；

3 天沟、檐沟、出屋面管道和水落口处防水层外露部分应采取有效的保护措施；

4 保护层的分格缝宜与找平层的分格缝对齐。

【条文解析】

本条规定了保护层的施工要求。

1）加强成品（半成品）保护，施工保护层时应避免损坏保温层。

2）为防止保护层施工时灰浆渗入保温层，影响保温层保温性能或与保温材料发生不良化学反应，在保护层与保温层之间应满铺隔离层，且不能漏底，隔离层铺设应搭接，搭接宽度不应小于100mm。

3）为有效保护各细部节点处的防水层外露部分，应采取有效的保护措施。

4）上下各构造层间因温度产生变形，为了减小各构造层相对变形，避免出现裂缝，保护层的分格缝应尽量与找平层的分格缝上下对齐。

6.5.4 板块材料保护层施工应符合下列规定：

1 板块材料保护层的结合层可采用砂或水泥砂浆；

2 在板块铺砌时应根据排水坡度挂线，铺砌的板块应横平竖直，板块的接缝应对齐；

3 在砂结合层上铺砌板块时，砂结合层应洒水压实，并用刮尺刮平，板块对接铺砌、铺设平整，缝隙宽度宜为10mm；

4 在板块铺砌完成后，宜洒水压平；

5 板缝宜用水泥砂浆勾缝；

6 在砂结合层四周500mm范围内，应采用水泥砂浆作结合层；

7 板块材料保护层宜留设分格缝，其纵横间距不宜大于 10m，分格缝宽度不宜小于 20mm。

【条文解析】

本条规定了板块材料作保护层时的施工要求。

1）为保证板块材料保护层铺设后均匀着力于下部构造，可设置结合层，可选用砂或水泥砂浆，禁止干摆干铺。

2）为保证屋面工程排水顺畅、不积水，在铺设板状材料保护层时也应按设计坡度挂线、抄平，防止在铺设时出现反坡、倒流水等现象。还应保证铺砌的块体横平竖直，板块接缝对齐，以保证保护层的保护作用以及屋面工程美观。

3）为保证铺设质量，采用砂结合层时，砂应适当洒水（最佳含水率）压实，并用刮尺刮平，以防止板块松动及保证平整度。板块拼缝宽度宜控制为 10mm，以方便勾缝处理和保证美观。

4）为保证平整度和排水坡度，在板块铺设完成后，还应洒水并轻折压平，同样也保证块材不会翘角、空鼓。

5）板缝处理时应先用砂浆缝填至一半高度，然后用 1:2 水泥砂浆勾成凹缝，保证缝内无空隙，保证勾缝质量。

6）采用砂结合层时，在使用过程中，因雨水等冲刷，会造成结合层砂流失而导致保护层破坏，为防止上述情况发生，应在保护层四周 500mm 范围内用低强度等级水泥砂浆作为结合层。

7）为防止温度应力造成块材保护层接缝处开裂，板块保护层宜留设纵横间距不大于 10m 的分格缝，缝宽不宜小于 20mm。

6.5.6 分格缝的施工应符合下列规定：

1 分格缝应设置在屋面板的端头、凸出屋面交接处的根部和现浇屋面的转折处；

2 分格缝纵横向交接处应相互贯通，不宜形成 T 形或 L 形缝；

3 屋脊处应设置纵向分格缝；

4 分格缝纵横向间距均不应大于 6m；

5 分格缝宜与板缝位置一致，并应位于开间处，分格缝应延伸至挑檐、天沟内。

【条文解析】

本条规定了分格缝的设置及施工要求。

1）分格缝设置在屋面板的端头、凸出屋面交接处、转折处，因纵横向的形变量不一致，保护层易出现裂缝，所以在此部位应设置分格缝。

2）为保证屋面美观以及各分格之间相对变形小，分格缝设置在交接处必须相通，不宜成为 T 形或 L 形缝。

3）在坡屋面的屋脊处或平屋面分水线处应留设分格缝。

4）分格越大，每个分格受温度影响变形越大，为保证保护层质量，分格缝纵横间距均不应大于 6m。

5）为防止因结构屋面板变形而影响保护层质量，分格缝应与结构板缝位置一致，位于开间处，并延伸至挑檐、天沟内。

7.3 保温与隔热工程

7.3.1 保温层

《屋面工程质量验收规范》GB 50207—2012

5.1.7 保温材料的热导率、表观密度或干密度、抗压强度或压缩强度、燃烧性能，必须符合设计要求。

【条文解析】

建筑围护结构热工性能直接影响建筑采暖和空调的负荷与能耗，必须予以严格控制。保温材料的热导率随材料的密度提高而增加，并且与材料的孔隙大小和构造特征有密切关系。一般是多孔材料的热导率较小，但当其孔隙中所充满的空气、水、冰不同时，材料的导热性能就会发生变化。因此，要保证材料优良的保温性能，就要求材料尽量干燥不受潮，而吸水受潮后尽量不受冰冻，这对施工和使用都有很现实的意义。

保温材料的抗压强度或压缩强度，是材料主要的力学性能。一般是材料使用时会受到外力的作用，当材料内部产生应力增大到超过材料本身所能承受的极限值时，材料就会产生破坏。因此，必须根据材料的主要力学性能因材使用，才能更好地发挥材料的优势。

保温材料的燃烧性能，是可燃性建筑材料分级的一个重要判定。建筑防火关系到人民财产及生命安全和社会稳定，国家给予高度重视，出台了一系列规定，相关标准规范即将颁布。因此，保温材料的燃烧性能是防止火灾隐患的重要条件。

5.2.1 板状材料保温层采用干铺法施工时，板状保温材料应紧靠在基层表面上，应铺平垫稳；分层铺设的板块上下层接缝应相互错开，板间缝隙应采用同类材料的碎屑嵌填密实。

【条文解析】

采用干铺法施工板状材料保温层，就是将板状保温材料直接铺设在基层上，而不需要黏结，但是必须要将板材铺平、垫稳，以便为铺抹找平层提供平整的表面，确保找平层厚度均匀。本条还强调板与板的拼接缝及上下板的拼接缝要相互错开，并用同类材料的碎屑嵌填密实，避免产生热桥。

5.2.2 板状材料保温层采用粘贴法施工时，胶黏剂应与保温材料的材性相容，并应贴严、粘牢；板状材料保温层的平面接缝应挤紧拼严，不得在板块侧面涂抹胶黏剂，超过 2mm 的缝隙应采用相同材料板条或片填塞严实。

【条文解析】

采用粘贴法铺设板状材料保温层，就是用胶黏剂或水泥砂浆将板状保温材料粘贴在基层上。要注意所用的胶黏剂必须与板材的材性相容，以避免黏结不牢或发生腐蚀。板状材料保温层铺设完成后，在胶黏剂固化前不得上人走动，以免影响黏结效果。

5.2.3 板状保温材料采用机械固定法施工时，应选择专用螺钉和垫片；固定件与结构层之间应连接牢固。

【条文解析】

机械固定法是使用专用固定钉及配件，将板状保温材料定点钉固在基层上的施工方法。本条规定选择专用螺钉和金属垫片，是为了保证保温板与基层连接固定，并允许保温板产生相对滑动，但不得出现保温板与基层相互脱离或松动。

5.2.5 板状材料保温层的厚度应符合设计要求，其正偏差应不限，负偏差应为 5%，且不得大于 4mm。

检验方法：钢针插入和尺量检查。

【条文解析】

保温层厚度将决定屋面保温的效果，检查时应给出厚度的允许偏差，过厚浪费材料，过薄则达不到设计要求。本条规定板状保温材料的厚度必须符合设计要求，其正偏差不限，负偏差为5%且不得大于4mm。

5.2.6 屋面热桥部位处理应符合设计要求。

检验方法：观察检查。

【条文解析】

本条特别对严寒和寒冷地区的屋面热桥部位提出要求。屋面与外墙都是外围护结构，一般来说，居住建筑外围护结构的内表面大面积结露的可能性不大，结露大者出现在外墙和屋面交接的位置附近，屋面的热桥主要出现在檐口、女儿墙与屋面连接等处，设计时应注意屋面热桥部位的特殊处理，即加强热桥部位的保温，减少采暖负荷。故本条规定屋面热桥部位处理必须符合设计要求。

5.3.1 纤维材料保温层施工应符合下列规定：

1 纤维保温材料应紧靠在基层表面上，平面接缝应挤紧拼严，上下层接缝应相互错开；

2 屋面坡度较大时，宜采用金属或塑料专用固定件将纤维保温材料与基层固定；

3 纤维材料填充后，不得上人踩踏。

【条文解析】

纤维保温材料的热导率与其表观密度有关，在纤维保温材料铺设后，操作人员不得踩踏，以防将其踩踏密实而降低屋面保温效果。

在铺设纤维保温材料时，应按照设计厚度和材料规格，进行单层或分层铺设，做到拼接缝严密，上下两层的拼接缝错开，以保证保温效果。当屋面坡度较大时，纤维保温材料应采用机械固定法施工，以防止保温层下滑。纤维板宜用金属固定件，在金属压型板的波峰上用电动螺丝刀直接将固定件旋进；在混凝土结构层上先用电锤钻孔，钻孔深度要比螺钉深度深25mm，然后用电动螺丝刀将固定件旋进。纤维毡宜用塑料固定件，在水泥纤维板或混凝土基层上，先用水泥基胶黏剂将塑料钉粘牢，待毡填充后再将塑料垫片与钉热熔焊牢。

5.3.2 装配式骨架纤维保温材料施工时，应先在基层上铺设保温龙骨或金属龙骨，龙骨之间应填充纤维保温材料，再在龙骨上铺钉水泥纤维板。金属龙骨和固定件应经防锈处理，金属龙骨与基层之间应采取隔热断桥措施。

【条文解析】

纤维材料保温层由于其重量轻、热导率小，所以在屋面保温工程中应用比较广泛。纤维材料铺设在基层上的木龙骨或金属龙骨之间，并应对木龙骨进行防腐处理；对金属龙骨进行防锈处理。在金属龙骨与基层之间应采取防止热桥的措施。

5.3.4 纤维材料保温层的厚度应符合设计要求，其正偏差应不限，毡不得有负偏差，板负偏差应为 4%，且不得大于 3mm。

检验方法：钢针插入和尺量检查。

【条文解析】

保温层的厚度将决定屋面保温的效果，检查时应给出厚度的允许偏差，过厚浪费材料，过薄则达不到设计要求。本条规定纤维材料保温层的厚度必须符合设计要求，其正偏差不限，毡不得有负偏差，板负偏差应为 4%，且不得大于 3mm。

5.3.6 纤维保温材料铺设应紧贴基层，拼缝应严密，表面应平整。

检验方法：观察检查。

【条文解析】

在铺设纤维材料保温层时，要将毡或板紧贴基层，拼接严密，表面平整，避免产生热桥。

5.3.8 装配式骨架和水泥纤维板应铺钉牢固，表面应平整；龙骨间距和板材厚度应符合设计要求。

检验方法：观察和尺量检查。

【条文解析】

龙骨尺寸和铺设的问题，是根据设计图纸和纤维保温材料的规格尺寸确定的。龙骨断面的高度应与填充材料的厚度一致，龙骨间距应根据填充材料的宽度确定。板材的品种和厚度，应符合设计图纸的要求。在龙骨上铺钉的板材，相当于屋面防水层的基层，所以在铺钉板材时不仅要铺钉牢固，而且要表面平整。

5.4.1 保温层施工前应对喷涂设备进行调试，并应制备试样进行硬泡聚氨酯的性能检测。

【条文解析】

硬泡聚氨酯喷涂前，应对喷涂设备进行调试。试验样品应在施工现场制备，一般面积约 $1.5m^2$、厚度不小于 30mm 的样品即可制备一组试样，试样尺寸按相应试验要求决定。

5.4.2 喷涂硬泡聚氨酯的配比应准确计量，发泡厚度应均匀一致。

【条文解析】

喷涂硬泡聚氨酯应根据设计要求的表观密度、热导率及压缩强度等技术指标，来确定其中异氰酸酯、多元醇及发泡剂等添加剂的配合比。喷涂硬泡聚氨酯应做到配比准确计量，才能达到设计要求的技术指标。

5.4.3 喷涂时喷嘴与施工基面的间距应由试验确定。

【条文解析】

喷涂硬泡聚氨酯时，喷嘴与基面应保持一定的距离，是为了控制硬泡聚氨酯保温层的厚度均匀，同时避免在喷涂过程中材料飞散。根据施工实践经验，喷嘴与基面的距离宜为 800～1200mm。

5.4.4 一个作业面应分遍喷涂完成，每遍厚度不宜大于 15mm；当日的作业面应当日连续地喷涂施工完毕。

【条文解析】

喷涂硬泡聚氨酯时，一个作业面应分遍喷涂完成：一是为了能及时控制、调整喷涂层的厚度，减少收缩影响；二是可以增加结皮层，提高防水效果。

在硬泡聚氨酯分遍喷涂时，由于每遍喷涂的间隔时间很短，只需 20min，当日的作业面完全可以当日连续喷涂施工完毕；如果当日不连续喷涂施工完毕：一是会增加基层的清理工作；二是不易保证分层之间的黏结质量。

5.4.5 硬泡聚氨酯喷涂后 20min 内严禁上人；喷涂硬泡聚氨酯保温层完成后，应及时做保护层。

【条文解析】

一般情况下硬泡聚氨酯的发泡、稳定及固化时间约需 15min，故本条规定硬泡聚氨酯喷涂完成后，20min 内严禁上人，并应及时做好保护层。

5.4.7 喷涂硬泡聚氨酯保温层的厚度应符合设计要求，其正偏差应不限，不得有负偏差。

检验方法：钢针插入和尺量检查。

【条文解析】

保温层的厚度将决定屋面保温的效果，检查时应给出厚度的允许偏差，过厚浪费材料，过薄则达不到设计要求。本条规定喷涂硬泡聚氨酯的正偏差不限，不得有负偏差。

5.4.10 喷涂硬泡聚氨酯保温层表面平整度的允许偏差为 5mm。

检验方法：2m 靠尺和塞尺检查。

【条文解析】

喷涂硬泡聚氨酯施工后，其表面应平整，以确保铺抹找平层的厚度均匀。本条规定喷涂硬泡聚氨酯的表面平整度允许偏差为 5mm。

5.5.1 在浇筑泡沫混凝土前，应将基层上的杂物和油污清理干净；基层应浇水湿润，但不得有积水。

【条文解析】

基层质量对于现浇泡沫混凝土质量有很大影响，浇筑前应清除基层上的杂物和油污，并浇水湿润基层，以保证泡沫混凝土的施工质量。

5.5.2 保温层施工前应对设备进行调试，并应制备试样进行泡沫混凝土的性能检测。

【条文解析】

泡沫混凝土专用设备包括发泡机、泡沫混凝土搅拌机、混凝土输送泵，使用前应对设备进行调试，并制备用于干密度、抗压强度和热导率等性能检测的试件。

5.5.3 泡沫混凝土的配合比应准确计量，制备好的泡沫加入水泥料浆中应搅拌均匀。

【条文解析】

泡沫混凝土配合比设计，是根据所选用原材料性能和对泡沫混凝土的技术要求，通过计算、试配和调整等求出各组成材料用量。由水泥、骨料、掺合料、外加剂和水等制成的水泥料浆，应按配合比准确计量，各组成材料称量的允许偏差：水泥及掺合料为 ±2%；骨料为 ±3%；水及外加剂为 ±2%。泡沫的制备是将泡沫剂掺入定量的水中，利用它减小水表面张力的作用，进行搅拌后便形成泡沫，搅拌时间一般宜为 2min。水泥料浆制备时，要求搅拌均匀，不得有团块及大颗粒存在；再将制备好的泡沫加入水泥料浆中进行混合搅拌，搅拌时间一般为 5~8min，混合要求均匀，没有明显的泡沫漂浮和泥浆块出现。

5.5.4 浇筑过程中，应随时检查泡沫混凝土的湿密度。

【条文解析】

由于泡沫混凝土的干密度对其抗压强度、热导率、耐久性能的影响甚大，干密度又是泡沫混凝土在标准养护 28d 后绝对干燥状态下测得的密度。为了控制泡沫混凝土的干密度，必须在泡沫混凝土试配时，事先建立有关干密度与湿密度的对应关系。因此本条规定浇筑过程中，应随时检查泡沫混凝土的湿密度，是保证施工质量的有效措施。试样应在泡沫混凝土的浇筑地点随机制取，取样与试件留置应符合有关规定。

5.5.6 现浇泡沫混凝土保温层的厚度应符合设计要求，其正负偏差应为 5%，且不得大于 5mm。

检验方法：钢针插入和尺量检查。

【条文解析】

泡沫混凝土保温层的厚度将决定屋面保温的效果，检查时应给出厚度的允许偏差，过厚浪费材料，过薄则达不到设计要求。本条规定泡沫混凝土保温层正负偏差为5%，且不得大于 5mm。

5.5.9 现浇泡沫混凝土不得有贯通性裂缝，以及疏松、起砂、起皮现象。

检验方法：观察检查。

【条文解析】

本条规定现浇泡沫混凝土的外观质量，其中不得有贯通性裂缝很重要，施工时应重视泡沫混凝土终凝后的养护和成品保护。对已经出现的严重缺陷，应由施工单位提出技术处理方案，并经监理或建设单位认可后进行处理。

5.5.10 现浇泡沫混凝土保温层表面平整度的允许偏差为 5mm。

检验方法：2m 靠尺和塞尺检查。

【条文解析】

现浇泡沫混凝土施工后，其表面应平整，以确保铺抹找平层的厚度均匀。本条规定现浇泡沫混凝土的表面平整度允许偏差为 5mm。

《屋面工程技术规范》GB 50345—2012

5.3.2 倒置式屋面保温层施工应符合下列规定：

1 施工完的防水层，应进行淋水或蓄水试验，并应在合格后再进行保温层的铺设；

2 板状保温层的铺设应平稳，拼缝应严密；

3 保护层施工时，应避免损坏保温层和防水层。

【条文解析】

进行淋水或蓄水试验是为了检验防水层的质量，大面积屋面应进行淋水试验，檐沟、天沟等部位应进行蓄水试验，合格后方能进行上部保温层的施工。

保护层施工时如损坏了保温层和防水层，不但会降低使用功能，而且屋面一旦出现渗漏，很难找到渗漏部位，也不便于及时修复。

5.3.5 板状材料保温层施工应符合下列规定：

1 基层应平整、干燥、干净；

2 相邻板块应错缝拼接，分层铺设的板块上下层接缝应相互错开，板间缝隙应采用同类材料嵌填密实；

3 采用干铺法施工时，板状保温材料应紧靠在基层表面上，并应铺平垫稳；

4 采用黏结法施工时，胶黏剂应与保温材料相容，板状保温材料应贴严、粘牢，在胶黏剂固化前不得上人踩踏；

5 采用机械固定法施工时，固定件应固定在结构层上，固定件的间距应符合设计要求。

【条文解析】

板状材料保温层采用上下层保温板错缝铺设，可以防止单层保温板在拼缝处的热量泄漏，效果更佳。干铺法施工时，应铺平垫稳、拼缝严密，板间缝隙应用同类材料的碎屑嵌填密实；黏结法施工时，板状保温材料应贴严粘牢，在胶黏剂固化前不得上人踩踏。

本条还增加了机械固定法施工，即使用专用螺钉和垫片，将板状保温材料定点钉固在结构上。

5.3.7 喷涂硬泡聚氨酯保温层施工应符合下列规定：

1 基层应平整、干燥、干净；

2 施工前应对喷涂设备进行调试，并应喷涂试块进行材料性能检测；

3 喷涂时喷嘴与施工基面的间距应由试验确定；

4 喷涂硬泡聚氨酯的配比应准确计量，发泡厚度应均匀一致；

5 一个作业面应分遍喷涂完成，每遍喷涂厚度不宜大于15mm，硬泡聚氨酯喷涂后20min内严禁上人；

6 喷涂作业时，应采取防止污染的遮挡措施。

【条文解析】

本条对喷涂硬泡聚氨酯保温层施工作出了规定：

1）喷涂硬泡聚氨酯保温层的基层表面要求平整，是为了保证保温层厚度均匀且表面达到要求的平整度；基层要求干净、干燥，是为了增强保温层与基层的黏结。

2）喷涂硬泡聚氨酯必须使用专用喷涂设备，并应进行调试，使喷涂试块满足材料性能要求；喷涂时喷枪与施工基面保持一定距离，是为了控制喷涂硬泡聚氨酯保温层的厚度均匀，又不致于使材料飞散；喷涂硬泡聚氨酯保温层施工应多遍喷涂完成，是为了能及时控制、调整喷涂层的厚度，减少收缩影响。一般情况下，聚氨酯发泡、稳定及固化时间约需15min，故规定施工后20min内不能上人，防止损坏保温层。

3）由于喷涂硬泡聚氨酯施工受气候影响较大，若操作不慎会引起材料飞散，污染环境，故施工时应对作业面外易受飞散物污染的部位，如屋面边缘、屋面上的设备等采取遮挡措施。

4）因聚氨酯硬泡体的特点是不耐紫外线，在阳光长期照射下易老化，影响使用寿命，故要求喷涂施工完成后，及时做保护层。

5.3.8 现浇泡沫混凝土保温层施工应符合下列规定：

1 基层应清理干净，不得有油污、浮尘和积水；

2 泡沫混凝土应按设计要求的干密度和抗压强度进行配合比设计，拌制时应计量准确，并应搅拌均匀；

3 泡沫混凝土应按设计的厚度设定浇筑面标高线，找坡时宜采取挡板辅助措施；

4 泡沫混凝土的浇筑出料口离基层的高度不宜超过 1m，泵送时应采取低压泵送；

5 泡沫混凝土应分层浇筑，一次浇筑厚度不宜超过 200mm，终凝后应进行保湿养护，养护时间不得少于 7d。

【条文解析】

本条对现浇泡沫混凝土保护层施工作出规定：

1）基层质量对于现浇泡沫混凝土质量有很大影响，浇筑前湿润基层可以阻止其从现浇泡沫混凝土中吸收水分，但应防止因积水而产生黏结不良或脱层现象。

2）一般来说泡沫混凝土密度越低，其保温性能越好，但强度越低。泡沫混凝土配合比设计应按干密度和抗压强度来配制，并按绝对体积法来计算所组成各种材料的用量。配合比设计时，应先通过试配确保达到设计所要求的热导率、干密度及抗压强度等指标。影响泡沫混凝土性能的一个很重要的因素是它的孔结构，细致均匀的孔结构有利于提高泡沫混凝土的性能。按泡沫混凝土生产工艺要求，对水泥、掺合料、外加剂、发泡剂和水必须计量准确；水泥料浆应预先搅拌 2min，不得有团块及大颗粒存在，再将发泡机制成的泡沫与水泥料浆混合搅拌 5～8min，不得有明显的泡沫漂浮和泥浆块出现。

3）泡沫混凝土浇筑前，应设定浇筑面标高线，以控制浇筑厚度。泡沫混凝土通常是保温层兼找坡层使用，由于坡面浇筑时混凝土向下流淌，容易出现沉降裂缝，故找坡施工时应采取模板辅助措施。

4）泡沫混凝土的浇筑出料口离基层不宜超过 1m，采用泵送方式时，应采取低压泵送。主要是为了防止泡沫混凝土料浆中泡沫破裂，而造成性能指标的降低。

5）泡沫混凝土厚度大于 200mm 时应分层浇筑，否则应按施工缝进行处理。在泡沫混凝土凝结过程中，由于伴随着泌水、沉降、早期体积收缩等现象，有时会产生早期裂缝，所以在泡沫混凝土施工时应尽量降低浇筑速度和减少浇筑厚度，以防止混凝土终凝前出现沉降裂缝。在泡沫混凝土硬化过程中，由于水分蒸发原因产生脱水收缩而引起早期干缝裂缝，预防干裂的措施主要是采用塑料布将外露的全部表面覆盖严密，保持混凝土处于润湿状态。

《倒置式屋面工程技术规程》JGJ 230—2010

6.4.1 保温层施工前，防水层应验收合格。

【条文解析】

防水层施工完成后，应进行质量检验。在倒置式屋面工程中，防水层属于隐蔽项目，所以在保温层施工前应对防水层进行蓄水或淋水检验，确认无质量问题后方可进行保温层施工。

6.4.2 保温层施工时应铺设临时保护层，对防水层进行保护。

【条文解析】

保温层施工时，上人作业或堆放材料、机具易对防水层造成破坏、损坏，所以在施工保温层时，视情况可在防水层上铺设临时保护层。

6.4.4 当采用保温板材时，坡度不大于 3%的不上人屋面可采取干铺法，上人屋面宜采用黏结法；坡度大于3%的屋面应采用黏结法，并应采取固定防滑措施。

【条文解析】

板状保温材料与屋面防水层之间摩擦系数较小，为防止上人走动导致板状保温材料移位而造成屋面工程质量问题，所以对于坡度不大于 3%的上人屋面的板状保温材料宜采用黏结法施工；坡度大于3%的屋面应采用黏结法施工，并采取固定防滑措施。

6.4.6 保温板材应采用专用工具裁切，裁切边应垂直、平整。在出屋面管道、设备基座周围铺设保温板时，切割应准确。

【条文解析】

在非整张板和有出屋面管道等铺设保温板时，需对保温板进行裁切。裁切应使用专用工具，保证裁切边垂直、平整，保证板与板、板与出屋面管道拼缝严密，防止拼缝过大，缝隙中填充其他材料形成冷桥。

6.4.7 在水落口位置处，保温板材的铺设应保证水流畅通。

【条文解析】

为防止落水口被杂物堵塞，在落水口位置预留的洞口内应放入钢板网滤水盆；为防止屋面防水层上积水，还应保证保温层中水流畅通。

6.4.12 坡屋面保温板材施工应符合下列规定：

1 保温板材施工应自屋盖的檐口向上铺贴，阴角和阳角处的板块接槎时应割成角度，接槎应紧密，并应用钢丝网连接，钢丝网宽度宜为 300mm；

2 屋面及檐口处的保温板材应采用预埋件固定牢固，固定点应采用密封材料密封；

3 泡沫玻璃作为保温层时，应对泡沫玻璃表面加设玻纤布或聚酯毡保护膜。

【条文解析】

本条规定了板状保温材料在坡屋面上施工时的要求。

1）为防止板材在铺设时下滑和拼缝不严密，在坡屋面上铺设板材时应遵循自下向上的原则，在阴阳角处的接槎面也应切割成相应的拼接角度。并在接缝处设钢丝网或满铺钢丝网，以防止后道工序的防水砂浆出现裂缝。

2）为防止板材下滑，坡屋面上要留设预埋件用以固定保温板材，并在固定点用密封材料密封，防止出现防水层薄弱点。

3）设置玻纤布或聚酯毡保护膜保护泡沫玻璃保温层，用来防止施工过程中对保温层的破坏和提高保温层整体性，还能提高保温层耐久性。

《种植屋面工程技术规程》JGJ 155—2013

6.2.3 喷涂硬泡聚氨酯保温材料施工应符合下列规定：

1 基层应平整、干燥和洁净；

2 伸出屋面的管道应在施工前安装牢固；

3 喷涂硬泡聚氨酯的配比应准确计量，发泡厚度应均匀一致；

4 施工环境温度宜为 15～30℃，风力不宜大于三级，空气相对湿度宜小于 85%。

【条文解析】

喷涂硬泡聚氨酯绝热材料对施工环境和场地要求较高，为保证绝热、防水的功能和工程质量，应按《硬泡聚氨酯保温防水工程技术规范》GB 50404—2007 的规定施工。

7.3.2 隔热层

《屋面工程质量验收规范》GB 50207—2012

5.6.2 种植隔热层的屋面坡度大于 20% 时，其排水层、种植土层应采取防滑措施。

【条文解析】

屋面大于 20% 时，种植隔热层构造中的排水层、种植土层应采取防滑措施，防止发生安全事故。采用阶梯式种植时，屋面应设置防滑挡墙或挡板；采用台阶式种植时，屋面应采用现浇钢筋混凝土结构。

5.6.3 排水层施工应符合下列要求：

1 陶粒的粒径不应小于 25mm，大粒径应在下，小粒径应在上。

2 凹凸形排水板宜采用搭接法施工，网状交织排水板宜采用对接法施工。

3 排水层上应铺设过滤层土工布。

4 挡墙或挡板的下部应设泄水孔，孔周围应放置疏水粗细骨料。

【条文解析】

排水层材料应根据屋面功能及环境经济条件等进行选择。陶粒的粒径不应小于25mm，稍大粒径在下，稍小粒径在上，有利于排水；凹凸型排水板宜采用搭接法施工，网状交织排水板宜采用对接法施工。排水层上应铺设单位面积质量宜为 $200\sim400g/m^2$ 的土工布作过滤层，土工布太薄容易损坏，不能阻止植土流失，太厚则过滤水缓慢，不利于排水。

挡墙或挡板下部设置泄水孔，主要是排泄种植土中过多的水分。泄水孔周围放置疏水粗细骨料，为了防止泄水孔被种植土堵塞，影响正常的排水功能和使用管理。

5.6.4 过滤层土工布应沿种植土周边向上铺设至种植土高度，并应与挡墙或挡板粘牢；土工布的搭接宽度不应小于100mm，接缝宜采用粘合或缝合。

【条文解析】

为了防止因种植土流失，而造成排水层堵塞，本条规定过滤层土工布应沿种植土周边向上铺设至种植土高度，并与挡墙或挡板粘牢；土工布的搭接宽度不应小于100mm，接缝宜采用粘合或缝合。

5.6.5 种植土的厚度及自重应符合设计要求。种植土表面应低于挡墙高度100mm。

【条文解析】

种植土的厚度应根据不同种植土和植物种类等确定。因种植土的自重与厚度相关，本条对种植土的厚度及荷重的控制，是为了防止屋面荷载超重。对种植土表面应低于挡墙高度100mm，是为了防止种植土流失。

5.6.8 挡墙或挡板泄水孔的留设应符合设计要求，并不得堵塞。

检验方法：观察和尺量检查。

【条文解析】

挡墙或挡板泄水孔主要是排泄种植土中因雨水或其他原因造成过多的水而设置的，如留设位置不正确或泄水孔中堵塞，种植土中过多的水分不能排出，不仅会影响使用，而且会给防水层带来不利。

5.6.10 排水板应铺设平整，接缝方法应符合国家现行有关标准的规定。

检验方法：观察和尺量检查。

【条文解析】

排水板应铺设平整，以满足排水的要求。凹凸形排水板宜采用搭接法施工，搭接宽度应根据产品的规格而确定；网状交织排水板宜采用对接法施工。

5.6.12 种植土应铺设平整、均匀，其厚度的允许偏差为 ±5%，且不得大于 30mm。

检验方法：尺量检查。

【条文解析】

为了便于种植和管理，种植土应铺设平整、均匀；同时铺设种植土应在确保屋面结构安全的条件下，对种植土的厚度进行有效控制，其允许偏差为 ±5%，且不得大于 30mm。

5.7.2 当屋面宽度大于 10m 时，应在屋面中部设置通风屋脊，通风口处应设置通风箅子。

【条文解析】

为了保证通风效果，本条规定当屋面宽度大于 10m 时，在屋面中部设置通风屋脊，通风口处应设置通风箅子。

5.7.3 架空隔热制品支座底面的卷材、涂膜防水层，应采取加强措施。

【条文解析】

考虑架空隔热制品支座部位负荷增大，支座底面的卷材、涂膜防水层应采取加强措施，避免损坏防水层。

5.7.4 架空隔热制品的质量应符合下列要求：

1 非上人屋面的砌块强度等级不应低于 MU7.5；上人屋面的砌块强度等级不应低于 MU10。

2 混凝土板的强度等级不应低于 C20，板厚及配筋应符合设计要求。

【条文解析】

本条规定架空隔热制品的强度等级，主要考虑施工及上人时不易损坏。

5.7.5 架空隔热制品的质量，应符合设计要求。

检验方法：检查材料或构件合格证和质量检验报告。

【条文解析】

架空隔热层是采用隔热制品覆盖在屋面防水层上，并架设一定高度的空间，利用空气流动加快散热起到隔热作用。架空隔热制品的质量必须符合设计要求，如使用有断裂和露筋等缺陷，日长月久后会使隔热层受到破坏，对隔热效果带来不良影响。

5.7.6 架空隔热制品的铺设应平整、稳固，缝隙勾填应密实。

检验方法：观察检查。

【条文解析】

考虑到屋面在使用中要上人清扫等情况,要求架空隔热制品的铺设应做到平整和稳固,板缝应填密实,使板的刚度增大并形成一个整体。

5.7.7 架空隔热制品距山墙或女儿墙不得小于 250mm。

检验方法:观察和尺量检查。

【条文解析】

架空隔热制品与山墙或女儿墙的距离不应小于 250mm,主要是考虑在保证屋面膨胀变形的同时,防止堵塞和便于清理。当然间距也不应过大,太宽了将会降低架空隔热的作用。

5.8.2 蓄水池的所有孔洞应预留,不得后凿;所设置的给水管、排水管和溢水管等,均应在蓄水池混凝土施工前安装完毕。

【条文解析】

由于蓄水隔热层的防水特殊性,本条规定蓄水池的所有孔洞应预留,不得后凿;所设置的给水管、排水管和溢水管等,均应在蓄水池混凝土施工前安装完毕。

5.8.4 防水混凝土应用机械振捣密实,表面应抹平和压光,初凝后应覆盖养护,终凝后浇水养护不得少于 14d;蓄水后不得断水。

【条文解析】

防水混凝土应机械振捣密实、表面抹平压光,初凝后覆盖养护,终凝后浇水养护。养护好后方可蓄水,并不得断水,防止混凝土干涸开裂。

5.8.7 蓄水池不得有渗漏现象。

检验方法:蓄水至规定高度观察检查。

【条文解析】

检验蓄水池是否有渗漏现象,应在池内蓄水至规定高度,蓄水时间不应少于 24h,观察检查。如蓄水池发生渗漏,应采取堵漏措施。

《屋面工程技术规范》GB 50345—2012

5.3.12 种植隔热层施工应符合下列规定:

1 种植隔热层挡墙或挡板施工时,留设的泄水孔位置应准确,并不得堵塞。

2 凹凸型排水板宜采用搭接法施工,搭接宽度应根据产品的规格具体确定;网状交织排水板宜采用对接法施工;采用陶粒作排水层时,铺设应平整,厚度应均匀。

3 过滤层土工布铺设应平整、无皱折,搭接宽度不应小于 100mm,搭接宜采用粘合或缝合处理；土工布应沿种植土周边向上铺设至种植土高度。

4 种植土层的荷载应符合设计要求；种植土、植物等应在屋面上均匀堆放，且不得损坏防水层。

【条文解析】

本条对种植隔热层施工作出具体规定：

1）种植隔热层挡墙泄水孔是为了排泄种植土中过多的水分而设置的，若留设位置不正确或泄水孔被堵塞，种植土中过多的水分不能排出，不仅会影响使用，而且会对防水层不利。

2）排水层是指能排出渗入种植土中多余水分的构造层，排水层的施工必须与排水管、排水沟、水落口等排水系统连接且不得堵塞，保证排水畅通。

3）过滤层土工布应沿种植土周边向上敷设至种植土高度，以防止种植土的流失而造成排水层堵塞。

4）考虑到种植土和植物的重量较大，如果集中堆放在一起或不均匀堆放，都会使屋面结构的受力情况发生较大的变化，严重时甚至会导致屋面结构破坏事故，种植土层的荷载尤其应严格控制，防止过量超载。

5.3.13 架空隔热层施工应符合下列规定：

1 架空隔热层施工前，应将屋面清扫干净，并应根据架空隔热制品的尺寸弹出支座中线；

2 在架空隔热制品支座底面，应对卷材、涂膜防水层采取加强措施；

3 铺设架空隔热制品时，应随时清扫屋面防水层上的落灰、杂物等，操作时不得损伤已完工的防水层；

4 架空隔热制品的铺设应平整、稳固，缝隙应勾填密实。

【条文解析】

本条对架空隔热层施工作出具体规定：

1）做好施工前的准备工作，以保证施工顺利进行。

2）考虑架空隔热制品支座部位负荷增大，支座底面的卷材、涂膜均属于柔性防水，若不采取加强措施，容易造成支座下的防水层破损，导致屋面渗漏。

3）由于架空隔热层对防水层可起到保护作用，一般屋面防水层上不做保护层，所以在铺设架空隔热制品或清扫屋面上的落灰、杂物时，均不得损伤防水层。

4）考虑到屋面在使用中要上人清扫等情况，架空隔热制品的敷设应做到平整和稳固，板缝应以勾填密实为好，使板块形成一个整体。

5.3.14 蓄水隔热层施工应符合下列规定：

1 蓄水池的所有孔洞应预留，不得后凿。所设置的溢水管、排水管和给水管等，应在混凝土施工前安装完毕。

2 每个蓄水区的防水混凝土应一次浇筑完毕，不得留置施工缝。

3 蓄水池的防水混凝土施工时，环境气温宜为 5～35℃，并应避免在冬期和高温期施工。

4 蓄水池的防水混凝土完工后，应及时进行养护，养护时间不得少于 14d；蓄水后不得断水。

5 蓄水池的溢水口标高、数量、尺寸应符合设计要求；过水孔应设在分仓墙底部，排水管应与水落管连通。

【条文解析】

本条对蓄水隔热层施工作出具体规定：

1）由于蓄水池的特殊性，孔洞后凿不宜保证质量，故强调所有孔洞应预留。

2）为了保证每个蓄水区混凝土的整体防水层，防水混凝土应一次浇筑完毕，不得留施工缝，避免因接缝处理不好而导致裂缝。

3）蓄水隔热层完工后，应在混凝土终凝时进行养护，养护后方可蓄水，并不可断水，防止混凝土干涸开裂。

4）溢水口的标高、数量、尺寸应符合设计要求，以防止暴雨溢流。

7.4 防水与密封工程

7.4.1 防水层

《屋面工程质量验收规范》GB 50207—2012

6.2.4 冷粘法铺贴卷材应符合下列规定：

1 胶黏剂涂刷应均匀，不应露底，不应堆积；

2 应控制胶黏剂涂刷与卷材铺贴的间隔时间；

3 卷材下面的空气应排尽，并应辊压粘牢固；

4 卷材铺贴应平整顺直，搭接尺寸应准确，不得扭曲、皱折；

5 接缝口应用密封材料封严，宽度不应小于 10mm。

【条文解析】

采用冷粘法铺贴卷材时，胶黏剂的涂刷质量对保证卷材防水施工质量关系极大，涂刷不均匀、有堆积或漏涂现象，不但影响卷材的黏结力，还会造成材料浪费。

根据胶黏剂的性能和施工环境条件不同，有的可以在涂刷后立即粘贴，有的要待溶剂挥发后粘贴，间隔时间还和气温、湿度、风力等因素有关。因此，本条提出原则性规定，要求控制好间隔时间。

卷材防水搭接缝的黏结质量，关键是搭接宽度和黏结密封性能。搭接缝平直、不扭曲，才能保证搭接宽度；涂满胶黏剂才能保证黏结牢固、封闭严密。为保证搭接尺寸，一般在已铺卷材上以规定的搭接宽度弹出基准线作为标准。卷材铺贴后，要求接缝口用宽 10mm 的密封材料封严，以提高防水层的密封抗渗性能。

6.2.5 热粘法铺贴卷材应符合下列规定：

1 熔化热熔型改性沥青胶结料时，宜采用专用导热油炉加热，加热温度不应高于 200℃，使用温度不宜低于 180℃；

2 粘贴卷材的热熔型改性沥青胶结料厚度宜为 1.0～1.5mm；

3 采用热熔型改性沥青胶结料粘贴卷材时，应随刮随铺，并应展平压实。

【条文解析】

采用热熔型改性沥青胶结料铺贴高聚物改性沥青防水卷材，可起到涂膜与卷材之间优势互补和复合防水的作用，更有利于提高屋面防水工程质量，应当提倡和推广应用。为了防止加热温度过高，导致改性沥青中的高聚物发生裂解而影响质量，故规定采用专用的导热油炉加热融化改性沥青，要求加热温度不应高于 200℃，使用温度不应低于 180℃。

铺贴卷材时，要求随刮涂热熔型改性沥青胶结料随滚铺卷材，展平压实，本条对粘贴卷材的改性沥青胶结料的厚度提出了具体规定。

6.2.6 热熔法铺贴卷材应符合下列规定：

1 火焰加热器加热卷材应均匀，不得加热不足或烧穿卷材；

2 卷材表面热熔后应立即滚铺，卷材下面的空气应排尽，并应辊压粘贴牢固；

3 卷材接缝部位应溢出热熔的改性沥青胶，溢出的改性沥青胶宽度宜为 8mm；

4 铺贴的卷材应平整顺直，搭接尺寸应准确，不得扭曲、皱折；

5 厚度小于 3mm 的高聚物改性沥青防水卷材，严禁采用热熔法施工。

【条文解析】

本条对热熔法铺贴卷材的施工要点作出规定。施工加热时卷材幅宽内必须均匀一致，要求火焰加热器的喷嘴与卷材的距离应适当，加热至卷材表面有光亮黑色时方可粘合。若熔化不够，会影响卷材接缝的黏结强度和密封性能；加温过高，会使改性沥青老化变焦且把卷材烧穿。

因卷材表面所涂覆的改性沥青较薄，采用热熔法施工容易把胎体增强材料烧坏，使其降低乃至失去拉伸性能，从而严重影响卷材防水层的质量。因此，本条还对厚度小于 3mm 的高聚物改性沥青防水卷材，作出严禁采用热熔法施工的规定。铺贴卷材时应将空气排出，才能粘贴牢固；滚铺卷材时缝边必须溢出热熔的改性沥青胶，使接缝黏结牢固、封闭严密。

为保证铺贴的卷材平整顺直，搭接尺寸准确，不发生扭曲，应沿预留的或现场弹出的基准线作为标准进行施工作业。

6.2.7 自粘法铺贴卷材应符合下列规定：

1 铺贴卷材时，应将自粘胶底面的隔离纸全部撕净；

2 卷材下面的空气应排尽，并应辊压粘贴牢固；

3 铺贴的卷材应平整顺直，搭接尺寸应准确，不得扭曲、皱折；

4 接缝口应用密封材料封严，宽度不应小于 10mm；

5 低温施工时，接缝部位宜采用热风加热，并应随即粘贴牢固。

【条文解析】

本条对自粘法铺贴卷材的施工要点作出规定。首先将隔离纸撕净，否则不能实现完全黏结。为了提高卷材与基层的黏结性能，应涂刷基层处理剂，并及时铺贴卷材。为保证接缝黏结性能，搭接部位提倡采用热风加热，尤其在温度较低时施工这一措施就更为必要。

采用这种铺贴工艺，考虑到施工的可靠度、防水层的收缩，以及外力使缝口翘边开缝的可能，要求接缝口用密封材料封严，以提高其密封抗渗的性能。

在铺贴立面或大坡面卷材时，立面和大坡面处卷材容易下滑，可采用加热方法使自粘卷材与基层黏结牢固，必要时还应采用钉压固定等措施。

6.2.8 焊接法铺贴卷材应符合下列规定：

1 焊接前卷材应铺设平整、顺直，搭接尺寸应准确，不得扭曲、皱折；

2 卷材焊接缝的结合面应干净、干燥，不得有水滴、油污及附着物；

3 焊接时应先焊长边搭接缝，后焊短边搭接缝；

4 控制加热温度和时间，焊接缝不得有漏焊、跳焊、焊焦或焊接不牢现象；

5 焊接时不得损害非焊接部位的卷材。

【条文解析】

本条对 PVC 等热塑性卷材采用热风焊机或焊枪进行焊接的施工要点作出规定。

为确保卷材接缝的焊接质量，要求焊接前卷材的铺设应正确，不得扭曲。为使接缝焊接牢固、封闭严密，应将接缝表面的油污、尘土、水滴等附着物擦拭干净后，才能进行焊接施工。同时，焊缝质量与焊接速度与热风温度、操作人员的熟练程度关系极大，焊接施工时必须严格控制，决不能出现漏焊、跳焊、焊焦或焊接不牢等现象。

6.2.9 机械固定法铺贴卷材应符合下列规定：

1 卷材应采用专用固定件进行机械固定；

2 固定件应设置在卷材搭接缝内，外露固定件应用卷材封严；

3 固定件应垂直钉入结构层有效固定，固定件数量和位置应符合设计要求；

4 卷材搭接缝应黏结或焊接牢固，密封应严密；

5 卷材周边 800mm 范围内应满粘。

【条文解析】

机械固定法铺贴卷材是采用专用的固定件和垫片或压条，将卷材固定在屋面板或结构层构件上，一般固定件均设置在卷材搭接缝内。当固定件固定在屋面板上拉拔力不能满足风揭力的要求时，只能将固定件固定在檩条上。固定件采用螺钉加垫片时，应加盖 200mm×200mm 卷材封盖。固定件采用螺钉加"U"形压条时，应加盖不小于 150mm 宽卷材封盖。机械固定法在轻钢屋面上固定，其钢板的厚度不宜小于 0.7mm，方可满足拉拔力要求。

目前国内适用机械固定法铺贴的卷材，主要有内增强型 PVC、TPO、EPDM 防水卷材和 5mm 厚加强高聚物改性沥青防水卷材，要求防水卷材具有强度高、搭接缝可靠和使用寿命长等特性。

6.2.11 卷材防水层不得有渗漏和积水现象。

检验方法：雨后观察或淋水、蓄水试验。

【条文解析】

防水是屋面的主要功能之一，若卷材防水层出现渗漏和积水现象，将是最大的弊病。检验屋面有无渗漏和积水、排水系统是否通畅，可在雨后或持续淋水 2h 以后进行。有可能作蓄水试验的屋面，其蓄水时间不应少于 24h。

6.3.2 铺设胎体增强材料应符合下列规定：

1 胎体增强材料宜采用聚酯无纺布或化纤无纺布；

2 胎体增强材料长边搭接宽度不应小于 50mm，短边搭接宽度不应小于 70mm；

3 上下层胎体增强材料的长边搭接缝应错开，且不得小于幅宽的 1/3；

4 上下层胎体增强材料不得相互垂直铺设。

【条文解析】

胎体增强材料平行或垂直屋脊铺设应视方便施工而定。平行于屋脊铺设时，应由最低标高处向上铺设，胎体增强材料顺着流水方向搭接，避免呛水；胎体增强材料铺贴时，应边涂刷边铺贴，避免两者分离；为了便于工程质量验收和确保涂膜防水层的完整性，规定长边搭接宽度不小于50mm，短边搭接宽度不小于70mm，没有必要按卷材搭接宽度来规定。当采用两层胎体增强材料时，上下层胎体增强材料的长边搭接缝应错开且不得小于1/3幅宽，避免上下层胎体材料产生重缝及涂膜防水层厚薄不均匀。

6.3.5 涂膜防水层不得有渗漏和积水现象。

检验方法：雨后观察或淋水、蓄水试验。

【条文解析】

防水是屋面的主要功能之一，若涂膜防水层出现渗漏和积水现象，将是最大的弊病。检验屋面有无渗漏和积水、排水系统是否通畅，可在雨后或持续淋水2h以后进行。有可能作蓄水试验的屋面，其蓄水时间不应少于24h。

《屋面工程技术规范》GB 50345—2012

5.4.4 采用基层处理剂时，其配制与施工应符合下列规定：

1 基层处理剂应与卷材相容；

2 基层处理剂应配比准确，并应搅拌均匀；

3 喷、涂基层处理剂前，应先对屋面细部进行涂刷；

4 基层处理剂可选用喷涂或涂刷施工工艺，喷、涂应均匀一致，干燥后应及时进行卷材施工。

【条文解析】

基层处理剂应与防水卷材相容，尽量选择防水卷材生产厂家配套的基层处理剂。在配制基层处理剂时，应根据所用基层处理剂的品种，按有关规定或说明书的配合比要求，准确计量，混合后应搅拌3~5min，使其充分均匀。在喷涂或涂刷基层处理剂时应均匀一致，不得漏涂，待基层处理剂干燥后应及时进行卷材防水层的施工。如基层处理剂涂刷后但尚未干燥前遭受雨淋，或是干燥后长期不进行防水层施工，则在防水层施工前必须再涂刷一次基层处理剂。

5.4.6 冷粘法铺贴卷材应符合下列规定：

1 胶黏剂涂刷应均匀，不得露底、堆积；卷材空铺、点粘、条粘时，应按规定的位置及面积涂刷胶黏剂。

2 应根据胶黏剂的性能与施工环境、气温条件等，控制胶黏剂涂刷与卷材铺贴的间隔时间。

3 铺贴卷材时应排除卷材下面的空气，并应辊压粘贴牢固。

4 铺贴的卷材应平整顺直，搭接尺寸应准确，不得扭曲、皱折；搭接部位的接缝应满涂胶黏剂，辊压应粘贴牢固。

5 合成高分子卷材铺好压粘后，应将搭接部位的粘合面清理干净，并应采用与卷材配套的接缝专用胶黏剂，在搭接缝粘合面上应涂刷均匀，不得露底、堆积，应排除缝间的空气，并用辊压粘贴牢固。

6 合成高分子卷材搭接部位采用胶粘带黏结时，粘合面应清理干净，必要时可涂刷与卷材及胶粘带材性相容的基层胶黏剂，撕去胶粘带隔离纸后应及时粘合接缝部位的卷材，并应辊压粘贴牢固；低温处宜采用热风机加热。

7 搭接缝口应用材性相容的密封材料封严。

【条文解析】

本条对冷粘法铺贴卷材作出规定：

1）胶黏剂的涂刷质量对保证卷材防水施工质量关系极大，涂刷不均匀，有堆积或漏涂现象，不但影响卷材的黏结力，还会造成材料浪费。空铺法、点粘法、条粘法，应在屋面周边 800mm 宽的部位满粘贴。点粘时每平方米黏结不少于 5 个点，每点面积为 100mm×100mm，条粘时每幅卷材与基层黏结面不少于 2 条，每条宽度不小于 150mm。

2）由于各种胶黏剂的性能及施工环境要求不同，有的可以在涂刷后立即粘贴，有的则需待溶剂挥发一部分后粘贴，间隔时间还和气温、湿度、风力等因素有关，因此，本条提出应控制胶黏剂涂刷与卷材铺贴的间隔时间，否则会直接影响黏结力，降低黏结的可靠性。

3）卷材与基层、卷材与卷材间的粘贴是否牢固，是防水工程中重要的指标之一。铺贴时应将卷材下面空气排净，加适当压力才能粘牢，一旦有空气存在，还会由于温度升高、气体膨胀，致使卷材黏结不良或起鼓。

4）卷材搭接质量，关键在搭接宽度和黏结力。为保证搭接尺寸，一般在基层或已铺卷材上按要求弹出基准线。铺贴时应平整顺直，不扭曲、皱折，搭接缝应涂满胶黏剂，粘贴牢固。

5）卷材铺贴后，考虑到施工的可靠性，要求搭接缝口用宽 10mm 的密封材料封口，提高卷材接缝的密封防水性能。密封材料宜选择卷材生产厂家提供的配套密封材料，或者是与卷材同种材性的密封材料。

5.4.7 热粘法铺贴卷材应符合下列规定：

1 熔化热熔型改性沥青胶结料时，宜采用专用导热油炉加热，加热温度不应高于 200℃，使用温度不宜低于 180℃；

2 粘贴卷材的热熔型改性沥青胶结料厚度宜为 1.0～1.5mm；

3 采用热熔型改性沥青胶结料铺贴卷材时，应随刮随滚铺，并应展平压实。

【条文解析】

本条对热粘法铺贴卷材的施工要点作出规定。采用热熔型改性沥青胶铺贴高聚物改性沥青防水卷材，可起到涂膜与卷材之间优势互补和复合防水的作用，更有利于提高屋面防水工程质量，应当提倡和推广应用。为了防止加热温度过高，导致改性沥青中的高聚物发生裂解而影响质量，故规定采用专用的导热油炉加热熔化改性沥青，要求加热温度不应高于200℃，使用温度不应低于180℃。

铺贴卷材时，要求随刮涂热熔型改性沥青胶随滚铺卷材，展平压实，本条对粘贴卷材的改性沥青胶结料厚度提出了具体的规定。

5.4.8 热熔法铺贴卷材应符合下列规定：

1 火焰加热器的喷嘴距卷材面的距离应适中，幅宽内加热应均匀，应以卷材表面熔融至光亮黑色为度，不得过分加热卷材；厚度小于3mm的高聚物改性沥青防水卷材，严禁采用热熔法施工。

2 卷材表面沥青热熔后应立即滚铺卷材，滚铺时应排除卷材下面的空气。

3 搭接缝部位宜以溢出热熔的改性沥青胶结料为度，溢出的改性沥青胶结料宽度宜为8mm，并宜均匀顺直；当接缝处的卷材上有矿物粒或片料时，应用火焰烘烤及清除干净后再进行热熔和接缝处理。

4 铺贴卷材时应平整顺直，搭接尺寸应准确，不得扭曲。

【条文解析】

本条对热熔法铺贴卷材的施工要点作出规定。施工时加热幅宽内必须均匀一致，要求火焰加热器喷嘴距卷材面适当，加热至卷材表面有光亮时方可以粘合，如熔化不够会影响黏结强度，但加温过高全使改性沥青老化变焦，失去黏结力且易把卷材烧穿。铺贴卷材时应将空气排出使其粘贴牢固，滚铺卷材时缝边必须溢出热熔的改性沥青，使搭接缝粘贴严密。

由于有些单位将2mm厚的卷材采用热熔法施工，严重地影响了防水层的质量及其耐久性，故在条文中规定厚度小于3mm的高聚物改性沥青防水卷材，严禁采用热熔法施工。

为确保卷材搭接缝的黏结密封性能，本条规定有铝箔或矿物粒或片料保护层的部位，应先将其清除干净后再进行热熔的接缝处理。

用条粘法铺贴卷材时，为确保条粘部分的卷材与基层粘贴牢固，规定每幅卷材的每条粘贴宽度不应小于150mm。

为保证铺贴的卷材搭接缝平整顺直，搭接尺寸准确和不发生扭曲，应在基层或已铺卷材上按要求弹出基准线，严禁控制搭接缝质量。

5.4.9 自粘法铺贴卷材应符合下列规定：

1 铺贴卷材前，基层表面应均匀涂刷基层处理剂，干燥后应及时铺贴卷材。

2 铺贴卷材时应将自粘胶底面的隔离纸完全撕净。

3 铺贴卷材时应排除卷材下面的空气，并应辊压粘贴牢固。

4 铺贴的卷材应平整顺直，搭接尺寸应准确，不得扭曲、皱折；低温施工时，立面、大坡面及搭接部位宜采用热风机加热，加热后应随即粘贴牢固。

5 搭接缝口应采用材性相容的密封材料封严。

【条文解析】

本条刘自粘法铺贴卷材的施工要点作出规定。首先将自粘胶底面隔离纸撕净，否则不能实现完全粘贴。为了提高自粘卷材与基层黏结性能，基层处理剂干燥后应及时铺贴卷材。为保证接缝黏结性能，搭接部位提倡采用热风机加热，尤其在温度较低时施工，这一措施就更为必要。

采用这种铺贴工艺，考虑到防水层的收缩以及外力使缝口翘边开缝，接缝口要求用密封材料封口，提高卷材接缝的密封防水性能。

在铺贴立面或大坡面卷材时，立面和大坡面处卷材容易下滑，可采用加热方法使自粘卷材与基层粘贴牢固，必要时采取金属压条钉压固定。

5.5.1 涂膜防水层的基层应坚实、平整、干净，应无孔隙、起砂和裂缝。基层的干燥程度应根据所选用的防水涂料特性确定；当采用溶剂型、热熔型和反应固体型防水涂料时，基层应干燥。

【条文解析】

涂膜防水层基层应坚实平整、排水坡度应符合设计要求，否则会导致防水层积水；同时，防水层施工前基层应干净、无孔隙、起砂和裂缝，保证涂膜防水层与基层有较好黏结强度。

本条对基层的干燥程度作了较为灵活的规定。溶剂型、热熔型和反应固化型防水涂料，涂膜防水层施工时，基层要求干燥，否则会导致防水层成膜后空鼓、起皮现象；水乳型或水泥基类防水涂料对基层的干燥度没有严格要求，但从成膜质量和涂膜防水层与基层黏结强度来考虑，干燥的基层比潮湿基层有利。

5.5.5 涂膜防水层施工工艺应符合下列规定：

1 水乳型及溶剂型防水涂料宜选用滚涂或喷涂施工；

2 反应固化型涂料宜选用刮涂或喷涂施工；

3 热熔型防水涂料宜选用刮涂施工；

4 聚合物水泥防水涂料宜选用刮涂法施工；

5 所有防水涂料用于细部构造时，宜选用刷涂或喷涂施工。

【条文解析】

不同类型的防水涂料应采用不同的施工工艺：一是提高涂膜施工的工效；二是保证涂膜的均匀性和涂膜质量。水乳型及溶剂型防水涂料宜选用滚涂或喷涂，工效高，涂层均匀；反应固化型防水涂料属厚质防水涂料，宜选用刮涂或喷涂，不宜采用滚涂；热熔型防水涂料宜选用刮涂，因为防水涂料冷却后即成膜，不适用滚涂和喷涂；刷涂施工工艺的工效低，只适用于关键部位的涂膜防水层施工。

《种植屋面工程技术规程》（JGJ 155—2013）

6.3.5 合成高分子防水涂料施工应符合下列规定：

1 合成高分子防水涂料可采用涂刮法或喷涂法施工；当采用涂刮法施工时，两遍涂刮的方向宜相互垂直。

2 涂覆厚度应均匀，不露底、不堆积。

3 第一遍涂层干燥后，方可进行下一遍涂覆。

4 屋面坡度大于15%时，宜选用反应固化型高分子防水涂料。

【条文解析】

涂刷防水涂料实干才能成膜，如果第一遍涂料未实干，就涂刷第二遍，极易造成涂膜起鼓、脱层等质量问题。因此，必须控制好涂层的干燥程度。

6.4.1 耐根穿刺防水卷材施工方式应与其耐根穿刺防水材料检测报告相符。

【条文解析】

耐根穿刺防水卷材的耐根穿刺性能和施工方式密切相关，包括卷材的施工方法、配件、工艺参数、搭接宽度、附加层、加强层和节点处理等内容，耐根穿刺防水卷材的现场施工方式应与检测报告中列明的施工方式一致。

《倒置式屋面工程技术规程》JGJ 230—2010

6.3.1 铺设防水层前，应对基层进行验收，基层应平整、干净。

【条文解析】

基层是卷材防水层的依附层，其质量好坏将直接影响到防水层的质量，应对基层进行质量验收。基层不干净，将使防水层难以黏结牢固，会产生空鼓现象。如在潮湿的基层上施工防水层，防水层与基层黏结困难，也易产生空鼓现象，立面防水层还会下坠，因此基层干燥也是保证防水层质量的重要环节。

7.4.2 密封工程

《屋面工程质量验收规范》GB 50207—2012

6.5.1 密封防水部位的基层应符合下列规定：

1 基层应牢固，表面应平整、密实，不得有裂缝、蜂窝、麻面、起皮和起砂现象；

2 基层应清洁、干燥，并应无油污、无灰尘；

3 嵌入的背衬材料与接缝壁间不得留有空隙；

4 密封防水部位的基层宜涂刷基层处理剂，涂刷应均匀，不得漏涂。

【条文解析】

本条是对密封防水部位基层的规定。

1）如果接触密封材料的基层强度不够，或有蜂窝、麻面、起皮和起砂现象，都会降低密封材料与基层的黏结强度。基层不平整、不密实或嵌填密封材料不均匀，接缝位移时会造成密封材料局部拉坏，失去密封防水的作用。

2）如果基层不干净不干燥，会降低密封材料与基层的黏结强度。尤其是溶剂型或反应固化型密封材料，基层必须干燥。

3）接缝处密封材料的底部应设置背衬材料。背衬材料应选择与密封材料不粘或黏结力弱的材料，并应能适应基层的延伸和压缩，具有施工时不变形、复原率高和耐久性好等性能。

4）密封防水部位的基层宜涂刷基层处理剂。选择基层处理剂时，既要考虑密封材料与基层处理剂材性的相容性，又要考虑基层处理剂与被黏结材料有良好的黏结性。

6.5.2 多组分密封材料应按配合比准确计量，拌合应均匀，并应根据有效时间确定每次配制的数量。

【条文解析】

使用多组分密封材料时，一般来说，固化组分含有较多的软化剂，如果配比不准确，固化组分过多，会使密封材料黏结力下降，过少会使密封材料拉伸模量过高，密封材料的位移变形能力下降；施工中拌合不均匀，会造成混合料不能充分反应，导致材料性能指标达不到要求。

6.5.3 密封材料嵌填完成后，在固化前应避免灰尘、破损及污染，且不得踩踏。

【条文解析】

嵌填完毕的密封材料，一般应养护 2～3d。接缝密封防水处理通常在下一道工序施工前，应对接缝部位的密封材料采取保护措施。如施工现场清扫、隔热层施工时，对已嵌填的密封材料宜采用卷材或木板保护，以防止污染及碰损。因为密封材料嵌填对构造尺寸和形状都有一定的要求,未固化的材料不具备一定的弹性,踩踏后密封材料会发生塑性变形,导致密封材料构造尺寸不符合设计要求,所以对嵌填的密封材料固化前不得踩踏。

《屋面工程技术规范》GB 50345—2012

5.6.2 改性沥青密封材料防水施工应符合下列规定:

1 采用冷嵌法施工时,宜分次将密封材料嵌填在缝内,并应防止裹入空气。

2 采用热灌法施工时,应由下向上进行,并宜减少接头;密封材料熬制及浇灌温度,应按不同材料要求严格控制。

【条文解析】

冷嵌法施工的条文内容是参考有关资料,并通过施工实践总结出来的。由于各种密封材料均存在着不同程度的干湿变形,当干湿变形和接缝尺寸均较大时,密封材料宜分次嵌填,否则密封材料表面会出现"U"形。且一次嵌填的密封材料量过多时,材料不易固化,会影响密封材料与基层的黏结力,同时由于残留溶剂的挥发引起内部不密实或产生气泡。热灌法施工应严格按照施工工艺要求进行操作,热熔型改性石油沥青密封材料现场施工时,熬制温度应控制在 180～200℃,若熬制温度过低,不仅大大降低密封材料的黏结性能,还会使材料变稠,不便施工;若熬制温度过高,则会使密封材料性能变坏。

5.6.3 合成高分子密封材料防水施工应符合下列规定:

1 单组分密封材料可直接使用;多组分密封材料应根据规定的比例准确计量,并应拌合均匀;每次拌合量、拌合时间和拌合温度,应按所用密封材料的要求严格控制。

2 采用挤出枪嵌填时,应根据接缝的宽度选用口径合适的挤出嘴,应均匀挤出密封材料嵌填,并应由底部逐渐充满整个接缝。

3 密封材料嵌填后,应在密封材料表干前用腻子刀嵌填修整。

【条文解析】

合成高分子密封材料施工时,单组分密封材料在施工现场可直接使用,多组分密封材料为反应固化型,各个组分配比一定要准确。宜采用机械搅拌,拌合应均匀,否则不能充分反应,降低材料质量。拌合好的密封材料必须在规定的时间内施工完,因此应根据实际情况和有效时间内材料施工用量来确定每次拌合量。不同的材料、生产厂家都规定了不同的拌合时间和拌合温度,这是决定多组分密封材料施工质量好坏的关键因素。合成高分子密封材料的嵌填十分重要,如嵌填不饱满,出现凹陷、漏嵌、孔洞、气泡,都会降低接缝密封防水质量,因此,在施工中应特别注意。出现的问题应在密封材料表干前修整；如果表干前不修整，则表干后不易修整，且容易将固化的密封材料破坏。

5.6.4 密封材料嵌填应密实、连续、饱满，应与基层黏结牢固；表面应平滑，缝边应顺直，不得有气泡、孔洞、开裂、剥离等现象。

【条文解析】

密封材料嵌填应密实、连续、饱满，与基层黏结牢固，才能确保密封防水的效果。密封材料嵌填时，不管是用挤出枪还是用腻子刀施工，表面都不会光滑平直，可能还会出现凹陷、漏嵌、孔洞、气泡等现象，对于出现的问题应在密封材料表干前及时修整。

5.6.5 对嵌填完毕的密封材料，应避免碰损及污染；固化前不得踩踏。

【条文解析】

嵌填完毕的密封材料应按要求养护，下一道工序施工时，必须对接缝部位的密封材料采取保护措施，如施工现场清扫或保温隔热层施工时，对已嵌缝的密封材料宜采用卷材或木板条保护，防止污染及碰损。嵌填的密封材料，固化前不得踩踏，因为密封材料嵌缝时构造尺寸和形状都有一定的要求，而未固化的密封材料则不具有一定的弹性，踩踏后密封材料发生塑性变形，导致密封材料构造尺寸不符合设计要求。

7.5 瓦面与板面工程

7.5.1 瓦面工程

《屋面工程质量验收规范》GB 50207—2012

7.2.2 基层、顺水条、挂瓦条的铺设应符合下列规定：

1 基层应平整、干净、干燥；持钉层厚度应符合设计要求；

2 顺水条应垂直正脊方向铺钉在基层上，顺水条表面应平整，其间距不宜大于500mm；

3 挂瓦条的间距应根据瓦片尺寸和屋面坡长经计算确定；

4 挂瓦条应铺钉平整、牢固，上棱应成一直线。

【条文解析】

为了保证块瓦平整和牢固，必须严格控制基层、顺水条和挂瓦条的平整度。在符合结构荷载要求的前提下，木基层的持钉层厚度不应小于20mm，人造板材的持钉层厚度不应小于16mm，C20细石混凝土的持钉层厚度不应小于35mm。

7.2.7 瓦片必须铺置牢固。在大风及地震设防地区或屋面坡度大于100%时，应按设计要求采取固定加强措施。

检验方法：观察或手扳检查。

【条文解析】

为了确保安全，针对大风及地震设防地区或坡度大于 100%的块瓦屋面，应采用固定加强措施。有时几种因素应综合考虑，应由设计给出具体规定。

7.3.4 沥青瓦的固定应符合下列规定：

1 沥青瓦铺设时，每张瓦片不得少于 4 个固定钉，在大风地区或屋面坡度大于 100%时，每张瓦片不得少于 6 个固定钉；

2 固定钉应垂直钉入沥青瓦压盖面，钉帽应与瓦片表面齐平；

3 固定钉钉入持钉层深度应符合设计要求；

4 屋面边缘部位沥青瓦之间以及起始瓦与基层之间，均应采用沥青基胶粘材料满粘。

【条文解析】

沥青瓦为薄而轻的片状材料，瓦片应以钉为主、粘为辅的方法与基层固定。本条规定了每张瓦片固定钉数量，固定钉应垂直钉入沥青瓦压盖面，钉帽应与瓦片表面齐平，便于瓦片相互搭接点粘。

7.3.7 沥青瓦屋面不得有渗漏现象。

检验方法：雨后观察或淋水试验。

【条文解析】

沥青瓦分为平面沥青瓦和叠合沥青瓦两种，但不论何种沥青瓦均应在其下铺设防水层或防水垫层。屋面的防水构造还包括屋面上的封山封檐处理、檐沟天沟做法、屋面与突出屋面结构的泛水处理等，这些都是沥青瓦屋面的质量关键，在设计图中均有详细要求，故必须按照设计施工，以确保沥青瓦屋面的质量。

7.3.8 沥青瓦铺设应搭接正确，瓦片外露部分不得超过切口长度。

检验方法：观察检查。

【条文解析】

沥青瓦片屋面铺设时，要掌握好瓦片的搭接尺寸，尤其是外露部分不得超过切口的长度，以确保上下两层瓦有足够的搭接长度，防止因搭接过短而导致钉帽外露、黏结不牢而造成渗漏。

7.3.9 沥青瓦所用固定钉应垂直钉入持钉层，钉帽不得外露。

检验方法：观察检查。

【条文解析】

在铺设沥青瓦时，固定钉应垂直屋面钉入持钉层内，以确保固定牢固。钉帽应被上一层沥青瓦覆盖，不得外露，以防锈蚀。钉帽应钉平，才能使上下两层沥青瓦搭接平整，黏结严密。

7.3.10 沥青瓦应与基层粘钉牢固，瓦面应平整，檐口应平直。

检验方法：观察检查。

【条文解析】

沥青瓦与基层的固定，是采用沥青瓦下的自粘点和固定钉与基层固定。瓦片与瓦片之间，由其上面的黏结点或不连续的黏结条粘牢，以确保沥青瓦铺设在屋面上后瓦片之间能被黏结，避免刮风时将瓦片掀起。

《屋面工程技术规范》GB 50345—2012

5.8.2 屋面木基层应铺钉牢固、表面平整；钢筋混凝土基层的表面应平整、干净、干燥。

【条文解析】

瓦屋面的钢筋混凝土基层表面不平整时，应抹水泥砂浆找平层，有利于瓦片铺设。混凝土基层表面应清理干净、保持干燥，以确保瓦屋面的工程质量。

5.8.3 防水垫层的铺设应符合下列规定：

1 防水垫层可采用空铺、满粘或机械固定；

2 防水垫层在瓦屋面构造层次中的位置应符合设计要求；

3 防水垫层宜自下而上平行屋脊铺设；

4 防水垫层应顺流水方向搭接，搭接宽度应符合本规范4.8.6条的规定；

5 防水垫层应铺设平整，下道工序施工时，不得损坏已铺设完成的防水垫层。

【条文解析】

在瓦屋面中铺贴防水垫层时，铺贴方向宜平行于屋脊，并顺流水方向搭接，防止雨水侵入卷材搭接缝而造成渗漏，而且有利于钉压牢固，方便施工操作。

防水垫层的最小厚度和搭接宽度，应符合本规范4.8.6条的规定。

在瓦屋面施工中常常出现防水垫层铺好后，后续工序施工的操作人员不注意保护已完工的防水垫层，不仅在防水垫层上随意踩踏，还在其上乱放工具、乱堆材料，损坏了防水垫层，造成屋面渗漏。所以本条强调了后续工序施工时不得损坏防水垫层。

5.8.6 铺设瓦屋面时，瓦片应均匀分散堆放在两坡屋面基层上，严禁集中堆放。铺瓦时，应由两坡从下向上同时对称铺设。

【条文解析】

在瓦屋面的施工过程中，运到屋面上的烧结瓦、混凝土瓦，应均匀分散地堆放在屋面的两坡，铺瓦应由两坡从下到上对称铺设，是考虑到烧结瓦、混凝土瓦的重量较大，如果集中堆放在一起，或在铺瓦时两坡不对称铺设，都会对屋盖支撑系统产生过大的不对称施工荷载，使屋面结构的受力情况发生较大的变化，严重时甚至会导致屋面结构破坏事故。

7.5.2 板面工程

《屋面工程质量验收规范》GB 50207—2012

7.4.2 金属板应用专用吊具安装，安装和运输过程中不得损伤金属板材。

【条文解析】

金属板材的技术要求包括基板、镀层和涂层三部分，其中涂层的质量直接影响屋面的外观，表面涂层在安装、运输过程中容易损伤。本条规定金属板材应用专用吊具安装，防止金属板材在吊装中变形或金属板的涂膜破坏。

7.4.4 金属板固定支架或支座位置应准确，安装应牢固。

【条文解析】

金属板铺设前，应先在檩条上安装固定支架或支座，安装时位置应准确，固定螺栓数量应符合设计要求。金属板与支承结构的连接及固定，是保证在风吸力等因素作用下屋面安全使用的重要内容。

7.4.7 金属板屋面不得有渗漏现象。

检验方法：雨后观察或淋水试验。

【条文解析】

金属板屋面主要包括压型金属板和金属面绝热夹芯板两类。压型金属板的板型可分为高波板和低波板，其连接方式分为紧固件连接、咬口锁边连接；金属面绝热夹芯板是由彩涂钢板与保温材料在工厂制作而成，屋面用夹芯板的波形应为波形板，其连接方式为紧固件连接。

由于金属板屋面跨度大、坡度小、形状复杂、安全耐久要求高，在风雪同时作用或积雪局部融化屋面积水的情况下，金属板应具有阻止雨水渗漏室内的功能。金属板屋面要做到不渗漏，对金属板的连接和密封处理是防水技术的关键。金属板铺装完成后，应对局部或整体进行雨后观察或淋水试验。

7.4.8 金属板铺装应平整、顺滑；排水坡度应符合设计要求。

检验方法：坡度尺检查。

【条文解析】

金属板材是具有防水功能的条形构件，施工时板两端固定在檩条上，两板纵向和横向采用咬口锁边连接或紧固件连接，即可防止雨水由金属板进入室内，因此金属板的连接缝处理是屋面防水的关键。由于金属板屋面的排水坡度，是根据建筑造型、屋面基层类别、金属板连接方式以及当地气候条件等因素所决定，虽然金属板屋面的泄水能力较好，但因金属板接缝密封不完整或屋面积水过多，造成屋面渗漏的现象屡见不鲜，故本条规定金属板铺装应平整、顺滑，排水坡度应符合设计要求。

7.4.9 压型金属板的咬口锁边连接应严密、连续、平整，不得扭曲和裂口。

检验方法：观察检查。

【条文解析】

本条对压型金属板采用咬口锁边连接提出外观质量要求。在金属板屋面系统中，由于金属板为水槽形状压制成型，立边搭接紧扣，再用专用锁边机机械化锁边接口，具有整体结构性防水和排水功能，对三维弯弧和特异造型尤其适用，所以咬口锁边连接在金属板铺装中被广泛应用。

7.4.10 压型金属板的紧固件连接应采用带防水垫圈的自攻螺钉，固定点应设在波峰上；所有自攻螺钉外露的部位均应密封处理。

检验方法：观察检查。

【条文解析】

本条对压型金属板采用紧固件连接提出外观质量要求。压型金属板采用紧固件连接时，由于金属板的纵向收缩，受到紧固件的约束，使得金属板的钉孔处和螺钉均存在温度应力，所以紧固件的固定点是金属板屋面防水的关键。为此规定紧固件应采用带防水垫圈的自攻螺钉，固定点应设在波峰上，所有外露的自攻螺钉均应涂抹密封材料。

7.4.11 金属面绝热夹芯板的纵向和横向搭接，应符合设计要求。

检验方法：观察检查。

【条文解析】

金属面绝热夹芯板的连接方式，是采用紧固件将夹芯板固定在檩条上。夹芯板的纵向搭接位于檩条处，两块板均应伸至支承构件上，每块板支座长度不应小于50mm，夹芯板纵向搭接长度不应小于200mm，搭接部位均应设密封防水胶带；夹芯板的横向搭接尺寸应按具体板型确定。

《屋面工程技术规范》GB 50345—2012

5.9.1 金属板屋面施工应在主体结构和支承结构验收合格后进行。

【条文解析】

为了保证金属板屋面施工的质量，要求主体结构工程应满足金属板安装的基本条件，特别是主体结构的轴线和标高的尺寸偏差控制，必须达到有关钢结构、混凝土结构和砌体结构工程施工质量验收规范的要求，否则，应采用适当的措施后才能进行金属板安装施工。

5.9.2 金属板屋面施工前应根据施工图纸进行深化排板图设计。金属板铺设时，应根据金属板板型技术要求和深化设计排板图进行。

【条文解析】

金属板屋面排板设计直接影响到金属板的合理使用、安装质量及结构安全等，因此在金属板安装施工前，进行深化排板设计是必不可少的一项细致具体的技术工作。排板设计的主要内容包括檩条及支座位置、金属板的基准线控制、异形金属板制作、板的规格及排布、连接件固定方式等。本条规定金属板排板图及必要的构造详图，是保证金属板安装质量的重要措施。

金属板安装施工前，技术人员应仔细阅读设计图纸和有关节点构造，按金属板屋面的板型技术要求和深化设计排板图进行安装。

5.9.3 金属板屋面施工测量应与主体结构测量相配合，其误差应及时调整，不得积累；施工过程中应定期对金属板的安装定位基准点进行校核。

【条文解析】

金属板屋面是建筑围护结构，在金属板安装施工前必须对主体结构进行复测。主体结构轴线和标高出现偏差时，金属板的分隔线、檩条、固定支架或支座均应及时调整，并应绘制精确的设计放样详图。

金属板安装施工时，应定期对金属板安装定位基准进行校核，保证安装基准的正确性，避免产生安装误差。

5.9.4 金属板屋面的构件及配件应有产品合格证和性能检测报告，其材料的品种、规格、性能等应符合设计要求和产品标准的规定。

【条文解析】

金属板屋面制作和安装所用材料，凡是国家标准规定需进行现场检验的，必须进行有关材料各项性能指标检验，检验合格者方能在工程中使用。

5.9.6 金属板的横向搭接方向宜顺主导风向；当在多维曲面上雨水可能翻越金属板板肋横流时，金属板的纵向搭接应顺流水方向。

【条文解析】

本条规定金属板相邻两板的搭接方式宜顺主导风向,是指金属板屋面在垂直于屋脊方向的相邻两板的接缝,当采取顺主导风向时,可以减少风力对雨水向室内的渗透。

当在多维曲面上雨水可能翻越金属板板肋横流时,咬合接口应顺流水方向。目前有许多金属板屋面呈多维曲面,虽曲面上的雨水流向是多变的,但都应服从水由高处往低处流动的道理,故咬合接口应顺流水方向。

5.9.8 金属板安装应平整、顺滑,板面不应有施工残留物;檐口线、屋脊线应顺直,不得有起伏不平现象。

【条文解析】

金属板安装应平整、顺滑,确保屋面排水通畅。对金属板的保护,是金属板安装施工过程中十分重要而易被忽视的问题,施工中对板面的粘附物应及时清理干净,以免凝固后再清理时划伤表面的装饰层。金属板的屋脊、檐口、泛水直线段应顺直,曲线段应顺畅。

5.9.9 金属板屋面施工完毕,应进行雨后观察、整体或局部淋水试验,檐沟、天沟应进行蓄水试验,并应填写淋水和蓄水试验记录。

【条文解析】

金属板施工完毕,应目测金属板的连接和密封处理是否符合设计要求,目测无误后应进行淋水试验或蓄水试验,观察金属板接缝部位以及檐沟、天沟是否有渗漏现象,并应做好文字记录。

5.9.11 金属板应边缘整齐、表面光滑、色泽均匀、外形规则,不得有扭翘、脱膜和锈蚀等缺陷。

【条文解析】

为了防止因金属板在吊装、运输过程中或保管不当而造成的变形、缺陷等影响工程质量,本条提出有关注意事项,这是金属板安装施工前应做到的准备工作。

8 建筑装饰装修工程

8.1 基本规定

《建筑装饰装修工程质量验收规范》GB 50210—2001

3.1.1 建筑装饰装修工程必须进行设计，并出具完整的施工图设计文件。

【条文解析】

本条规定是为了制约目前建筑装饰装修工程存在的设计深度不够，甚至不进行设计的现象。其中包含两方面的要求：一是所有的建筑装饰装修工程必须首先进行设计，禁止无设计施工或边设计边施工；二是设计单位出具的设计文件内容应完整，深度应符合指导施工的要求。本条规定既是对设计单位的要求，也是对建设、监理、施工等各方提出的要求。

按照《建设工程质量管理条例》有关规定，设计文件应当符合国家规定的设计深度要求并注明工程的合理使用年限。设计单位在设计文件中选用的建筑材料、建筑构配件和设备应当注明规格、型号、性能等技术指标，其质量要求必须符合国家规定的标准。建设单位应当将施工图设计文件报县级以上人民政府建设行政主管部门或者其他有关部门审查，未经审查批准的，不得使用。设计单位应当就审查合格的施工图设计文件向施工单位作出详细说明。

虽然有上述规定，但在实际执行中，仍有相当多的装饰装修工程存在着重视装饰效果，轻视质量安全的问题。有些工程只作方案设计，没有进行深入的扩初设计和施工图设计；有些工程仅用几张效果图指导施工；少数工程甚至不作设计。由于设计深度不够或不作设计，致使许多应当由设计确定并承担责任的重要内容实际上是由施工单位自行处理的。施工过程中在装饰装修材料的选择、细部构造的处理等方面存在的随意性，导致装饰装修工程所涉及的结构安全、防火、卫生、环保等国家标准得不到很好的贯彻执行，给工程带来许多安全隐患。由于设计深度不够，还导致对工程质量进行监督时缺少设计依据，当工程质量或装饰效果达不到建设单位预期要求时，常常发生质量责任纠纷。

因此，建筑装饰装修工程必须进行设计并应经过审查，其设计深度应能指导施工，以满足国家标准中有关结构安全、防火、卫生、环保等方面的要求，同时满足装饰效果的要求。

3.1.5 建筑装饰装修工程设计必须保证建筑物的结构安全和主要使用功能。当涉及主体和承重结构改动或增加荷载时，必须由具备相应资质的设计单位核查有关原始资料，对既有建筑结构的安全性进行核验、确认。

【条文解析】

工程设计首先要保证结构的安全，装饰装修设计属于工程设计的范畴，因此，装饰装修设计应在保证结构安全的前提下满足使用功能和装饰效果的要求。本条规定建筑装饰装修设计必须首先满足结构安全和主要使用功能的需要，这是对设计单位的基本要求。同时也规定了改动建筑主体和承重结构，或增加荷载时，必须经有资质的设计单位核验、认可，目的是为了保证建筑物的使用安全。《建设工程质量管理条例》规定：涉及建筑主体和承重结构变动的装修工程，建设单位应当在施工前委托原设计单位或者具有相应资质等级的设计单位提出设计方案；没有设计方案的，不得施工。房屋建筑使用者在装修过程中，不得擅自变动房屋建筑主体和承重结构。

在装饰装修工程设计中，尤其是既有建筑的装饰装修设计，常常由于建筑使用功能的变化而需要对主体结构或承重结构作些改动，如使用石材类的材料做地面、墙面等部位的装饰装修，从而给建筑结构增加了荷载。对于这种情况，必须由原结构设计单位或具备相应资质的设计单位对建筑物结构的安全性进行核验，避免给主体结构造成安全隐患。

3.2.3 建筑装饰装修工程所用材料应符合国家有关建筑装饰装修材料有害物质限量标准的规定。

【条文解析】

装饰装修材料所含有害物质对室内环境造成污染的问题，已经引起全社会的关注，要解决这个问题，必须严格控制装饰装修材料的有害物质含量。

按照《建设工程质量管理条例》的规定，施工单位必须按照工程设计要求、施工技术标准和合同约定，对建筑材料、建筑构配件、设备和商品混凝土进行检验，检验应当有书面记录和专人签字，未经检验和检验不合格的，不得使用。建筑装饰装修工程所用材料除了应符合产品标准的性能要求外，尚应符合有关有害物质限量的要求。

3.2.9 建筑装饰装修工程所使用的材料应按设计要求进行防火、防腐和防虫处理。

【条文解析】

建筑装饰装修工程采用的材料种类非常多，其中许多材料属于可燃物，如木制品和纺织品；也有一些属于易腐材料，如木材、金属；还有一些木材属于易蛀树种。本条规定装饰装修工程采用的材料应按设计要求进行防火、防腐和防虫处理，其中大部分处理过程是在施工现场进行的，施工单位应严格按规定步骤处理并保证处理效果。如果处理过程是材料进场前由生产单位进行的，进场时应进行验收。

据消防部门统计，大多数火灾的发生与电器故障有关，而火灾迅速蔓延的主要原因则是采用了较多的可燃装饰装修材料。为了防止和减少建筑物火灾的危害，设计单位进行建筑装饰装修工程设计时，应按照《建筑内部装修设计防火规范》GB 50222—1995有关规定对材料的燃烧性能提出要求。需要进行防火、防腐和防虫处理才能达到使用要求的材料，设计单位应作出具体说明，施工单位应按照设计提出的要求对材料进行处理。目前，在实际执行中存在着设计单位不按规定提出处理要求和施工单位不按设计要求进行处理的现象，如果装饰装修材料达不到《建筑内部装修设计防火规范》GB 50222—1995的规定，可能会造成火灾隐患，或易腐、易蛀材料不进行有效处理，也会影响到建筑物的合理使用年限，因此必须引起重视。

3.3.4 建筑装饰装修工程施工中，严禁违反设计文件擅自改动建筑主体、承重结构或主要使用功能；严禁未经设计确认和有关部门批准擅自拆改水、暖、电、燃气、通信等配套设施。

【条文解析】

本条规定是针对施工中擅自拆改的现象制定的，其中包含两方面的要求：一是严禁违反设计文件擅自改动建筑主体、承重结构或主要使用功能；二是严禁未经设计确认和有关部门批准擅自拆改水、暖、电、燃气、通信等配套设施。《建设工程质量管理条例》规定：施工单位必须按照工程设计图纸和施工技术标准施工，不得擅自修改设计，不得偷工减料。设计文件是施工单位施工操作的依据，正常情况下不应出现上述现象，但在实际执行中，尤其是既有建筑的装饰装修中，由于使用功能的变化或装饰效果的需要而对线路、设施进行改动时，经常发生施工单位未与设计单位洽商，擅自修改设计或不按设计要求施工的现象。当涉及建筑主体和承重结构时，可能造成安全隐患；当涉及拆改水、暖、电、燃气、通信等线路、设施时，既可能损害使用功能，也可能引起安全事故。

3.3.5 施工单位应遵守有关环境保护的法律法规，并应采取有效措施控制施工现场的各种粉尘、废气、废弃物、噪声、振动等对周围环境造成的污染和危害。

【条文解析】

保护环境是国家的基本政策,近年来中央和地方政府制定了一系列有关环境保护的法律、法规、规章,如《环境噪声污染防治法》《大气污染防治法》等。其中涉及建筑施工的章节条款，施工单位应给予足够重视，在施工过程中应严格遵守。客观上，建筑施工易产生多种污染源，尤其是既有建筑的装饰装修，多数情况下是局部施工，建筑物仍在正常使用，如何减少对周围环境造成的污染和干扰显得更为重要。由于建筑施工造成的污染事故和扰民纠纷屡见不鲜，施工单位应积极采取有效措施对施工造成的各种污染加以控制。

8.2 抹灰工程

《建筑装饰装修工程质量验收规范》GB 50210—2001

4.1.12 外墙和顶棚的抹灰层与基层之间及各抹灰层之间必须黏结牢固。

【条文解析】

抹灰工程质量的关键是黏结牢固，如果黏结不牢，出现开裂、空鼓、脱落等质量问题，不仅会降低对墙体的保护作用，影响装饰效果，还可能造成安全隐患。外墙抹灰位置较高，顶棚抹灰则直接处于人员活动空间的上方，万一脱落会造成严重的人身安全事故。

4.2.3 一般抹灰所用材料的品种和性能应符合设计要求。水泥的凝结时间和安定性复验应合格。砂浆的配合比应符合设计要求。

检验方法：检查产品合格证书、进场验收记录、复验报告和施工记录。

【条文解析】

材料质量是保证抹灰工程质量的基础，因此，抹灰工程所用材料如水泥、砂、石灰膏、石膏、有机聚合物等应符合设计要求及国家现行产品标准的规定，并应有出厂合格证；材料进场时应进行现场验收，不合格的材料不得用在抹灰工程上，对影响抹灰工程质量与安全的主要材料的某些性能如水泥的凝结时间和安定性进行现场抽样复验。

4.2.4 抹灰工程应分层进行。当抹灰总厚度大于或等于 35mm 时，应采取加强措施。不同材料基体交接处表面的抹灰，应采取防止开裂的加强措施，当采用加强网时，加强网与各基体的搭接宽度不应小于 100mm。

检验方法：检查隐蔽工程验收记录和施工记录。

【条文解析】

抹灰厚度过大时，容易产生起鼓、脱落等质量问题；不同材料基体交接处，由于吸水和收缩性不一致，接缝处表面的抹灰层容易开裂。上述情况均应采取加强措施，以切实保证抹灰工程的质量。

4.2.5 抹灰层与基层之间及各抹灰层之间必须黏结牢固,抹灰层应无脱层、空鼓,面层应无爆灰和裂缝。

检验方法:观察;用小锤轻击检查、检查施工记录。

【条文解析】

抹灰工程的质量关键是黏结牢固,无开裂、空鼓与脱落。如果黏结不牢,出现空鼓、开裂、脱落等缺陷,会降低对墙体保护作用,且影响装饰效果。经调研分析,抹灰层之所以出现开裂、空鼓和脱落等质量问题,主要原因是基体表面清理不干净,如:基体表面尘埃及疏松物、脱模剂和油渍等影响抹灰黏结牢固的物质未彻底清除干净;基体表面光滑,抹灰前未作毛化处理;抹灰前基体表面浇水不透,抹灰后砂浆中的水分很快被基体吸收,使砂浆中的水泥未充分水化生成水泥石,影响砂浆黏结力;砂浆质量不好,使用不当;一次抹灰过厚,干缩率较大等,都会影响抹灰层与基体的黏结牢固。

《抹灰砂浆技术规程》JGJ/T 220—2010

6.1.2 内墙抹灰时,应先吊垂直、套方、找规矩、做灰饼,并应符合下列规定:

1 应根据设计要求和基层表面平整垂直情况,用一面墙做基准,进行吊垂直、套方、找规矩,并应经检查后再确定抹灰厚度,抹灰厚度不宜小于5mm。

2 当墙面凹度较大时,应分层衬平,每层厚度不应大于7~9mm。

3 抹灰饼时,应根据室内抹灰要求确定灰饼的正确位置,并应先抹上部灰饼,再抹下部灰饼,然后用靠尺板检查垂直与平整。灰饼宜用M15水泥砂浆抹成50mm方形。

【条文解析】

吊垂直、套方、找规矩、做灰饼是大面积抹灰前的基本步骤,应按下列要求进行:

1)先确定基准墙面,并据此进行吊垂直、套方、找规矩,根据墙面的平整度确定抹灰厚度,为保证墙面能被抹灰层完全覆盖,提出了抹灰厚度不宜小于5mm的要求。

2)对于凹度较大、平整度较差的墙面,一遍抹平会造成局部抹灰厚度太厚,易引起空鼓、裂缝等质量问题,需要分层抹平,且每层厚度不应大于7~9mm。

3)为保证抹灰后墙面的垂直与平整度,抹灰前应先抹灰饼,抹灰饼时需根据室内抹灰要求,确定灰饼的正确位置,再用靠尺板找好垂直与平整。

6.1.3 墙面冲筋(标筋)应符合下列规定:

1 当灰饼砂浆硬化后,可用与抹灰层相同的砂浆冲筋。

2 冲筋根数应根据房间的宽度和高度确定。当墙面高度小于3.5m时,宜做立筋,两筋间距不宜大于1.5m;墙面高度大于3.5m时,宜做横筋,两筋间距不宜大于2m。

【条文解析】

根据墙面尺寸进行冲筋，将墙面划分成较小的抹灰区域，既能减少由于抹灰面积过大易产生收缩裂缝的缺陷，抹灰厚度也宜控制，表面平整度也宜保证。墙面冲筋（标筋）应按下列要求进行：

1) 冲筋应在灰饼砂浆硬化后进行，冲筋用砂浆可与抹灰用砂浆相同。

2) 规定了冲筋的方式及两筋之间的距离。

6.1.4 内墙抹灰应符合下列规定：

1 冲筋 2h 后，可抹底灰。

2 应先抹一层薄灰，并应压实、覆盖整个基层，待前一层六七成干时，再分层抹灰、找平。

【条文解析】

内墙抹灰的要求：

1) 抹底层砂浆应在冲筋 2h 后进行。

2) 抹第一层（底层）砂浆时，抹灰层不宜太厚，但需覆盖整个基层并要压实，保证砂浆与基层黏结牢固。两层抹灰砂浆之间的时间间隔是保证抹灰层黏结牢固的关键因素：时间间隔太长，前一层砂浆已硬化，后层抹灰层涂抹后失水快，不但影响砂浆强度增长，抹灰层易收缩产生裂缝，而且前后两层砂浆易分层；时间间隔太短，前层砂浆还在塑性阶段，涂抹后一层砂浆时会扰动前一层砂浆，影响其与基层材料的黏结强度，而且前层砂浆的水分难挥发，不但影响下一工序的施工，还可能在砂浆层中留下空隙，影响抹灰层质量，因此规定应待前一层六七成干时最佳。根据施工经验，六七成干时，即用手指按压砂浆层，有轻微压痕但不粘手。

6.1.5 细部抹灰应符合下列规定：

1 墙、柱间的阳角应在墙、柱抹灰前，用 M20 以上的水泥砂浆做护角。自地面开始，护角高度不宜小于 1.8m，每侧宽度宜为 50mm。

2 窗台抹灰时，应先将窗台基层清理干净，并应将松动的砖或砌块重新补砌好，再将砖或砌块灰缝划深 10mm，并浇水润湿，然后用 C15 细石混凝土铺实，且厚度应大于25mm。24h 后，应先采用界面砂浆抹一遍，厚度应为 2mm，然后再抹 M20 水泥砂浆面层。

3 抹灰前应对预留孔洞和配电箱、槽、盒的位置、安装进行检查，箱、槽、盒外口应与抹灰面齐平或略低于抹灰面。应先抹底灰，抹平后，应把洞、箱、槽、盒周边杂物清除干净，用水将周边润湿，并用砂浆把洞口、箱、槽、盒周边压抹平整、光滑。再分层抹灰，抹灰后，应把洞、箱、槽、盒周边杂物清除干净，再用砂浆抹压平整、光滑。

4 水泥踢脚（墙裙）、梁、柱等应用 M20 以上的水泥砂浆分层抹灰。当抹灰层需具有防水、防潮功能时，应采用防水砂浆。

【条文解析】

本条规定了细部抹灰的要求：

1）墙、柱的阳角是容易被碰撞、破坏的部位，在大面积抹灰前应用 M20 以上强度等级的水泥砂浆进行抹灰，护角高度离地面需 1.8m 以上，每侧宽度宜为 50mm。

2）规定了窗台细部抹灰的要点，清理基层、浇水润湿，是抹灰前需做的基本工作。窗台抹灰层需要有足够的强度，要求进行界面处理并用 M20 水泥砂浆抹面。

3）规定了对预留孔洞和配电箱、槽、盒等周边进行细部抹灰的步骤。

4）规定了水泥踢脚（墙裙）、梁、柱、楼梯等小面积细部抹灰的步骤，这些部位容易被碰撞、破坏，应用 M20 以上强度等级的水泥砂浆进行抹灰。

6.1.6 不同材质的基体交接处，应采取防止开裂的加强措施；当采用加强网时，每侧铺设宽度不应小于 100mm。

【条文解析】

不同材料基体交接处由于吸水和收缩性不一致，接缝处表面的抹灰层容易开裂，因此应铺设网格布等进行加强，每侧宽度不应小于 100mm，加强网应铺设在靠近基层的抹灰层中下部。

6.1.7 水泥基抹灰砂浆凝结硬化后，应及时进行保湿养护，养护时间不应少于 7d。

【条文解析】

加强对水泥基抹灰砂浆的保湿养护，是保证抹灰层质量的关键步骤，经大量试验验证，经养护后的水泥基抹灰层黏结强度是未经养护的抹灰层强度的 2 倍以上，因此规定水泥基抹灰砂浆应保湿养护，养护时间不应少于 7d。

6.2.2 门窗框周边缝隙和墙面其他孔洞的封堵应符合下列规定：

1 封堵缝隙和孔洞应在抹灰前进行。

2 门窗框周边缝隙的封堵应符合设计要求，设计未明确时，可用 M20 以上砂浆封堵严实。

3 封堵时，应先将缝隙和孔洞内的杂物、灰尘等清理干净，再浇水湿润，然后用 C20 以上混凝土堵严。

【条文解析】

门窗框周边缝隙和墙面其他孔洞的封堵要求：

1）在进行外墙大面积抹灰前需对门窗框周边缝隙和墙面其他孔洞进行封堵。

2）封堵门窗框周边缝隙时有设计要求的应按设计执行，无设计要求时，需采用 M20 以上砂浆封堵严实。

3）为保证将缝隙和孔洞堵严，应先将缝隙和孔洞内的杂物、灰尘等清理干净，再浇水湿润，然后用 C20 以上混凝土堵严。

6.2.3 外墙抹灰前，应先吊垂直、套方、找规矩、做灰饼、冲筋，并应符合下列规定：

1 外墙找规矩时，应先根据建筑物高度确定放线方法，然后按抹灰操作层抹灰饼。

2 每层抹灰时应以灰饼做基准冲筋。

【条文解析】

吊垂直、套方、找规矩、做灰饼是大面积抹灰前的基本步骤，应按下列要求进行：

1）外墙找规矩时，应先根据建筑物高度确定放线方法，然后按抹灰操作层抹灰饼。

2）每层抹灰前为保证抹灰层厚度及平整度需以灰饼为基准进行冲筋。

6.2.5 弹线分格、粘分格条、抹面层灰时，应根据图纸和构造要求，先弹线分格、粘分格条，待底层七八成干后再抹面层灰。

【条文解析】

对弹线分格、粘分格条的做法提出了要求。涂抹面层砂浆前应先弹线分格、粘分格条，待底层砂浆七八成干即接近完全硬化后，再抹面层灰。分格条宜采用红松制作，粘前应用水充分浸透，充分浸透可防止使用时吸水变形，并便于粘贴，起出时因水分蒸发分格条收缩也容易起出，且起出后分格条两侧的灰口整齐。现在工地现场多使用塑料条嵌入不再起出。粘分格条时应在条两侧用素水泥浆抹成八字形斜角，如当天抹面的分格条两侧八字形斜角宜抹成 45°，如当天不抹面的"隔夜条"两侧八字形斜角宜抹成 60°。水平分格条宜粘在水平线的下口，垂直分格条宜粘在垂线的左侧，这样易于观察，操作比较方便。

6.2.6 细部抹灰应符合下列规定：

1 在抹檐口、窗台、窗眉、阳台、雨篷、压顶和突出墙面的腰线以及装饰凸线时，应有流水坡度，下面应做滴水线（槽）不得出现倒坡。窗洞口的抹灰层应深入窗框周边的缝隙内，并应堵塞密实。做滴水线（槽）时，应先抹立面，再抹顶面，后抹底面，并应保证其流水坡度方向正确。

2 阳台、窗台、压顶等部位应用 M20 以上水泥砂浆分层抹灰。

【条文解析】

外墙细部抹灰的要求：

1）排水畅通是防止外墙渗漏的有效措施，对滴水线的涂抹方法提出了要求。

2）阳台、窗台、压顶等部位容易受损破坏，应用 M20 以上水泥砂浆分层抹灰。

6.2.8 用于外墙的抹灰砂浆宜掺加纤维等抗裂材料。

【条文解析】

外墙抹灰面积大，易开裂，纤维的掺入能提高抹灰砂浆抗裂性。

6.2.9 当抹灰层需具有防水、防潮功能时，应采用防水砂浆。

【条文解析】

外墙抹灰层有时会要求具有防水、防潮功能，应加入防水剂等添加剂配制砂浆，满足抹灰层防水性能的要求。

6.3.1 混凝土顶棚抹灰前，应先将楼板表面附着的杂物清除干净，并应将基面的油污或脱模剂清除干净，凹凸处应用聚合物水泥抹灰砂浆修补平整或剔平。

【条文解析】

抹灰层出现开裂、空鼓和脱落等质量问题的主要原因之一是基层表面不干净，如：基层表面附着的灰尘和疏松物、脱模剂和油渍等，这些杂物不彻底清除干净会影响抹灰层与基层的黏结。因此，顶棚抹灰前应将楼板表面清除干净，凡凹凸度较大处，应用聚合物水泥抹灰砂浆修补平整或剔平。

6.3.2 抹灰前，应在四周墙上弹出水平线作为控制线，先抹顶棚四周，再圈边找平。

【条文解析】

顶棚抹灰通常不做灰饼和冲筋，但应先在四周墙上弹出水平线控制线，再抹顶棚四周，然后圈边找平。

6.3.3 预制混凝土顶棚抹灰厚度不宜大于 10mm；现浇混凝土顶棚抹灰厚度不宜大于 5mm。

【条文解析】

顶棚抹灰层不宜太厚，太厚易出现开裂、空鼓和脱落等现象，预制混凝土板顶棚基体平整度较差，规定抹灰厚度不宜大于 10mm；现浇混凝土顶棚基体平整度较好，规定抹灰厚度不宜大于 5mm。

6.3.4 混凝土顶棚找平、抹灰，抹灰砂浆应与基体粘接牢固，表面平顺。

【条文解析】

在混凝土顶棚上找平、抹灰，抹灰砂浆与基体黏结牢固，不发生开裂、空鼓和脱落等现象尤为重要，因此，强调黏结牢固，对平整度不提出过高要求，表面平顺即可。

8.3 门窗工程

《建筑装饰装修工程质量验收规范》GB 50210—2001

5.1.11 建筑外门窗的安装必须牢固。在砌体上安装门窗严禁用射钉固定。

【条文解析】

本条规定的"建筑外门窗的安装必须牢固",其中包含框、扇和玻璃的安装。门窗安装是否牢固既影响使用功能又涉及安全,尤其是外墙门窗,对安全性的要求更为重要。因此,无论采用何种方法固定,建筑外墙门窗的框、扇和玻璃均必须确保安装牢固。砌体结构的砌块及砌筑砂浆强度较低,受冲击容易破碎,故规定在砌体上安装门窗时严禁用射钉固定。

5.2.10 木门窗扇必须安装牢固,并应开关灵活,关闭严密,无倒翘。

检验方法:观察、开启和关闭检查、手扳检查。

【条文解析】

在正常情况下,当门窗扇关闭时,门窗扇的上端本应与下端同时或上端略早于下端贴紧门窗的上框。所谓"倒翘"通常是指当门窗扇关闭时,门窗扇的下端已经贴紧门窗下框,而门窗扇的上端由于翘曲而未能与门窗的上框贴紧,尚有离缝的现象。

5.3.4 金属门窗扇必须安装牢固,并应开关灵活、关闭严密,无倒翘。推拉门窗必须有防脱落措施。

检验方法:观察、开启和尽量检查、手扳检查。

【条文解析】

推拉门窗扇意外脱落容易造成安全方面的伤害,对高层建筑情况更为严重,故规定推拉门窗扇必须有防脱落措施。

5.4.4 塑料门窗拼樘料内衬增加型钢的规格、壁厚必须符合设计要求,型钢应与型材内腔紧密吻合,其两端必须与洞口固定牢固。窗框必须与拼樘料连接紧密,固定点间距应不大于600mm。

检验方法:观察、手扳检查、尺量检查、检查进场验收记录。

【条文解析】

拼樘料的作用不仅是连接多樘窗,而且起着重要的固定作用。因此本条从安全角度对拼樘作出了严格要求。

5.4.7 塑料门窗框与墙体间缝隙应采用闭孔弹性材料填嵌饱满,表面应采用密封胶密封。密封胶应黏结牢固，表面应光滑、顺直、无裂纹。

检验方法：观察、检查隐蔽工程验收记录。

【条文解析】

塑料门窗的线性膨胀系数较大，由于温度升降易引起门窗变形或在门窗框与墙体间出现裂缝，为了防止上述现象，特规定塑料门窗框与墙体间隙应采用伸缩性能较好的闭孔弹性材料填嵌，并用密封胶密封。采用闭孔材料则是为了防止材料吸水导致连接件锈蚀，影响安装强度。

5.6.9 门窗玻璃不应直接接触型材。单面镀膜玻璃的镀膜层及磨砂玻璃的磨砂面应朝向室内。中空玻璃的单面镀膜玻璃应在最外层，镀膜层应朝向室内。

检验方法：观察。

【条文解析】

为防止门窗的框、扇型材胀缩、变形时导致玻璃破碎，门窗玻璃不应直接接触型材。为保护镀膜玻璃上的镀膜层及发挥镀膜层的作用，单面镀膜玻璃的镀膜层应朝向室内。双层玻璃的单面镀膜玻璃应在最外层，镀膜层应朝向室内。

《塑料门窗工程技术规程》JGJ 103—2008

7.1.2 安装门窗、玻璃或擦拭玻璃时，严禁手攀窗框、窗扇、窗梃和窗撑；操作时，应系好安全带，且安全带必须有坚固牢靠的挂点，严禁把安全带挂在窗体上。

【条文解析】

由于塑料门窗窗角大部分是采用焊接的方法连接，当人体重量整个施于窗扇、窗框或窗撑上时，极易使焊角开裂、损坏，造成人身坠落。

7.2.1 塑料门窗在安装过程中及工程验收前，应采取防护措施，不得污损。门窗下框宜加盖防护板。边框宜使用胶带密封保护，不得损坏保护膜。

【条文解析】

塑料门窗安装后，若被水泥砂浆等污损，不易清除。若用铲刀等铲刮，易将窗框表面划伤，影响外观质量，所以为了防止塑料门窗表面污损，门窗下框宜加盖防护板，边框宜使用胶带密封保护。

7.2.3 严禁在门窗框、扇上安装脚手架、悬挂重物；外脚手架不得顶压在门窗框、扇或窗撑上；严禁蹬踩窗框、窗扇或窗撑。

【条文解析】

若在已安装门窗上安放脚手架，悬挂重物及在框扇内穿物起吊，或将外脚手架顶压在门窗框扇及门撑上，均易造成门窗变形损坏。

8.4 吊顶工程

6.1.4 吊顶工程应对下列隐蔽工程项目进行验收：

1 吊顶内管道、设备的安装及水管试压。

2 木龙骨防火、防腐处理。

3 预埋件或拉结筋。

4 吊杆安装。

5 龙骨安装。

6 填充材料的设置。

【条文解析】

为了既保证吊顶工程的使用安全，又做到竣工验收时不破坏饰面，吊顶工程的隐蔽工程非常重要，本条所列各款均应提供由监理工程师签名的隐蔽工程验收记录。

6.1.12 重型灯具、电扇及其他重型设备严禁安装在吊顶工程的龙骨上。

【条文解析】

吊顶工程在考虑龙骨承载能力的前提下，允许将一些轻型设备如小型灯具、烟感器、喷淋头、风口箅子等安装在吊顶龙骨上。但如果把大型吊灯、电扇或一些重型构件也固定在龙骨上，则可能会造成脱落伤人事故，故本条规定严禁安装在吊顶工程的龙骨上。吊顶是一个由吊杆、龙骨、饰面板组成的整体，受力相互影响，因此，即使加大龙骨断面，也不得将大型吊灯、电扇或重型构件安装在龙骨上，而应经过计算安装在主体结构上。

8.5 饰面板（砖）工程

8.2.4 饰面板安装工程的预埋件（或后置埋件）、连接件的数量、规格、位置、连接方法和防腐处理必须符合设计要求。后置埋件的现场拉拔强度必须符合设计要求。饰面板安装必须牢固。

检验方法：手扳检查，检查进场验收记录、现场拉拔检测报告、隐蔽工程验收记录和施工记录。

【条文解析】

装饰装修工程在内外墙体上安装饰面板是较普通的一种做法。预埋件或后置埋件是饰面板安装的重要受力构件，饰面板的固定连接方法是直接保证其安装是否牢固的重要施工构造工艺；对金属材料的防腐处理是关系到其耐久性的重要处理工序，上述各项要求都直接关系到饰面板安装的安全，因此，必须符合设计要求。后置埋件安装质量的影响因素比较多，其材质、数量、位置、安装方法和承载力都是重要的检验项目，其中拉拔强度是评判其承载力是否符合设计要求的关键检测项目，故应现场测试确认。

8.2.7 采用湿作业法施工的饰面板工程，石材应进行了防碱背涂处理。饰面板与基体之间的灌注材料应饱满、密实。

检验方法：用小锤轻击检查、检查施工记录。

【条文解析】

采用传统的湿作业法安装天然石材时，由于水泥砂浆在水化时析出大量的氢氧化钙，泛到石材表面，产生不规则的花斑，俗称泛碱现象，严重影响建筑物室内外石材饰面的装饰效果。因此，在天然石材安装前，应对石材饰面采用"防碱背涂剂"进行背涂处理。

8.3.4 饰面砖粘贴必须牢固。

检验方法：检查样板件黏结强度检测报告和施工记录。

【条文解析】

采用饰面砖装饰内外墙面是一种非常普遍的做法，外墙饰面砖脱落曾导致多起人身伤亡事故，故本条规定饰面砖必须粘贴牢固。

《外墙饰面砖工程施工及验收规程》JGJ 126—2000

5.1.4 外墙饰面砖的粘贴施工应具备下列条件：

1 基体按设计要求处理完毕。

2 日最低气温在 0℃以上。当低于 0℃时，必须有可靠的防冻措施；当高于 35℃时，应有遮阳设施。

3 基层含水率宜为 15% ~ 25%。

4 施工现场所需的水、电、机具和安全设施齐备。

5 门窗洞、脚手眼、阳台和落水管预埋件等处理完毕。

【条文解析】

本条规定了外墙饰面砖工程施工的必备条件。具备这些条件才能保证外墙饰面砖工程的施工质量。

5.2.5 粘贴面砖应符合下列要求：

1 在粘贴前应对面砖进行挑选，浸水 2h 以上并清洗干净，待表面晾干后方可粘贴。

2 粘贴面砖时基层的含水率宜符合本规程 5.1.4 条的要求。

3 面砖宜自上而下粘贴，黏结层厚度宜为 4～8mm。

4 在黏结层初凝前或允许的时间内，可调整面砖的位置和接缝宽度，使之附线并敲实；在初凝后或超过允许的时间后，严禁振动或移动面砖。

【条文解析】

第 1 款规定面砖在粘贴前要浸水，目的是防止在粘贴时黏结材料失水过快影响黏结强度。若在面砖表面有浮水时粘贴，由于水膜的作用会影响黏结强度，故规定应在晾干后粘贴。

第 4 款规定在水泥基黏结材料初凝后，严禁振动或移动面砖，否则会严重影响其黏结性能，造成脱落。

5.3.3 粘贴锦砖应符合下列要求：

1 将锦砖背面的缝隙中刮满黏结材料后，再刮一层厚度为 2～5mm 的黏结材料。

2 从下口粘贴线向上粘贴锦砖，并压实拍平。

3 应在黏结材料初凝前，将锦砖纸板刷水润透，并轻轻揭去纸板。应及时修补表面缺陷，调整缝隙，并用黏结材料将未填实的缝隙嵌实。

【条文解析】

在锦砖背后的缝隙中刮满黏结材料，可以增加锦砖的黏结表面积，保证黏结质量。待纸板润透后再揭去纸板并及时修补，可避免锦砖受扰动而影响黏结质量。

8.6 幕墙工程

《建筑装饰装修工程质量验收规范》GB 50210—2001

9.1.8 隐框、半隐框幕墙所采用的结构黏结材料必须是中性硅酮结构密封胶，其性能必须符合《建筑用硅酮结构密封胶》GB 16776 的规定；硅酮结构密封胶必须在有效期内使用。

【条文解析】

硅酮结构密封胶是幕墙工程重要的黏结密封材料，其性能直接关系到建筑幕墙的使用安全，故必须使用通过认可的合格产品。硅酮结构密封胶的有效期比较短，储存时间较长或储存温度过高均会影响硅酮结构密封胶的黏结性能，因此必须在有效期内使用。

9.1.13 主体结构与幕墙连接的各种预埋件，其数量、规格、位置和防腐处理必须符合设计要求。

【条文解析】

本条是对幕墙工程预埋件的要求，预埋件是安装幕墙面板的重要受力构件，直接关系到幕墙的使用安全，故本条从数量、规格、位置和防腐处理等 4 个方面提出要求。目前幕墙工程预埋件存在的问题较多，有的由于主体结构施工时埋设位置不准确造成一部分预埋件不能使用，有的因为设计方案变更造成一部分预埋件废弃，很多工程的预埋件只能用上一半。因此，应在主体结构施工之前确定幕墙设计方案，并尽量避免由于设计方案变更而造成预埋件废弃，当需要采用后置埋件或需要补充后置埋件时，应按设计要求设置，并进行现场拉拔强度检测。

9.1.14 幕墙的金属框架与主体结构预埋件的连接、立柱与横梁的连接及幕墙面板的安装必须符合设计要求，安装必须牢固。

【条文解析】

幕墙安装的构造连接节点是关系到工程质量和人身安全的重要部位，故每一个连接节点均应保证安装牢固可靠。

9.2.4 玻璃幕墙使用的玻璃应符合下列规定：

1 幕墙应使用安全玻璃，玻璃的品种、规格、颜色、光学性能及安装方向应符合设计要求。

2 幕墙玻璃的厚度不应小于 6.0mm，全玻璃幕墙肋玻璃的厚度不应小于 12mm。

3 幕墙的中空玻璃应采用双道密封，明框幕墙的中空玻璃应采用聚硫密封胶及丁基密封胶，隐框和半隐框幕墙的中空玻璃应采用硅酮结构密封胶及丁基密封胶，镀膜面应在中空玻璃的第 2 或第 3 面上。

4 幕墙的夹层玻璃应采用聚乙烯醇缩丁醛（PVB）胶片干法加工夹层玻璃，点支承玻璃幕墙夹层胶片厚度不应小于 0.76mm。

5 钢化玻璃表面不得有损伤，8.0mm 以下的钢化玻璃应进行引爆处理。

6 所有幕墙玻璃均应进行边缘处理。

检验方法：观察、尺量检查、检查施工记录。

【条文解析】

本条规定幕墙应使用安全玻璃，安全玻璃时指夹层玻璃和钢化玻璃，但不包括半钢化玻璃。夹层玻璃是一种性能良好的安全玻璃，它的制作方法是用聚乙烯醇缩丁醛

（PVB）胶片将两块玻璃牢固地黏结起来，受到外力冲击时，玻璃碎片粘在PVB胶片上，可以避免飞溅伤人。钢化玻璃是普通玻璃加热后急速冷却形成的，被打破时变成很多细小无锐角的碎片，不会造成割伤。半钢化玻璃虽然强度也比较大，但其破碎时仍然会形成锐利的碎片，因而不属于安全玻璃。

9.3.2 金属幕墙工程所使用的各种材料和配件，应符合设计要求及国家现行产品标准和工程技术规范的规定。

检验方法：检查产品合格证书、性能检测报告、材料进场验收记录和复验报告。

【条文解析】

金属幕墙工程所使用的各种材料、配件大部分都有国家标准，应按设计要求严格检查材料产品合格证书及性能检测报告、材料进场验收记录、复验报告。不符合规定要求的严禁使用。

9.3.9 金属幕墙的防雷装置必须与主体结构的防雷装置可靠连接。

检验方法：检查隐蔽工程验收记录。

【条文解析】

金属幕墙结构中自上而下的防雷装置与主体结构的防雷装置可靠连接十分重要，导线与主体结构连接时应除掉表面的保护层，与金属直接连接。幕墙的防雷装置应由建筑设计单位认可。

9.4.2 石材幕墙工程所用材料的品种、规格、性能等级，应符合设计要求及国家现行产品标准和工程技术规范的规定。石材的弯曲强度不应小于8.0MPa，吸水率应小于0.8%。石材幕墙的铝合金挂件厚度不应小于4.0mm，不锈钢挂件厚度不应小于3.0mm。

检验方法：观察，尺量检查，检查产品合格证书、性能检测报告、材料进场验收记录和复验报告。

【条文解析】

石材幕墙所用的主要材料如石材的弯曲强度、金属框架杆件和金属挂件的壁厚应经过设计计算确定。本条规定了最小限值，如计算值低于最小限值时，应取最小限值，这是为了保证石材幕墙安全而采取的双控措施。

9.4.3 石材幕墙的造型、立面分格、颜色、光泽、花纹和图案应符合设计要求。

检验方法：观察。

【条文解析】

由于石材幕墙的饰面板大都是选用天然石材，同一品种的石材在颜色、光泽和花纹上容易出现很大的差异；在工程施工中，又经常出现石材排版放样时，石材幕墙的立面分格与设计分格有很大的出入；这些问题都不同程度地降低了石材幕墙整体的装饰效果。本条要求石材幕墙的石材样品和石材的施工分格尺寸放样图应符合设计要求并取得设计的确认。

9.4.4 石材孔、槽的数量、深度、位置、尺寸应符合设计要求。

检验方法：检查进场验收记录或施工记录。

【条文解析】

石板上用于安装的钻孔或开槽是石板受力的主要部位，加工时容易出现位置不正、数量不足、深度不够或孔槽壁太薄等质量问题，本条要求对石板上孔或槽的位置、数量、深度以及孔或槽的壁厚进行进场验收；如果是现场开孔或开槽，监理单位和施工单位应对其进行抽检，并做好施工记录。

9.4.11 石材表面和板缝的处理应符合设计要求。

检验方法：观察。

【条文解析】

本条是考虑目前石材幕墙在石材表面处理上有不同做法，有些工程设计要求在石材表面涂刷保护剂，形成一层保护膜，有些工程设计要求石材表面不作任何处理，以保持天然石材本色的装饰效果；在石材板缝的做法上也有开缝和密封缝的不同做法，在施工质量验收时应符合设计要求。

9.4.14 石材幕墙表面应平整、洁净，无污染、缺损和裂痕。颜色和花纹应协调一致，无明显色差，无明显修痕。

检验方法：观察。

【条文解析】

石材幕墙要求石板不能有影响其弯曲强度的裂缝。石板进场安装前应进行预拼，拼对石材表面花纹纹路，以保证幕墙整体观感无明显色差，石材表面纹路协调美观。天然石材的修痕应力求与石材表面质感和光泽一致。

《玻璃幕墙工程技术规范》JGJ 102—2003

10.7.4 当高层建筑的玻璃幕墙安装与主体结构施工交叉作业时，在主体结构的施工层下方应设置防护网；在距离地面约 3m 高度处，应设置挑出宽度不小于 6m 的水平防护网。

【条文解析】

玻璃幕墙的安装施工，经常与主体结构施工、设备安装或室内装修交叉进行，为保证幕墙施工安全，应在主体结构施工层下方（即幕墙施工层的上方）设置安全防护网进行保护。在距离地面约 3m 高度处，设置挑出宽度不小于 6m 的水平防护网，用以保护地面行人、车辆等的安全性。

《金属与石材料幕墙工程技术规范》JGJ 133—2001

7.2.4 金属、石材幕墙与主体结构连接的预埋件，应在主体结构施工时按设计要求埋设。预埋件应牢固，位置准确，预埋件的位置误差应按设计要求进行复查。当设计无明确要求时，预埋件的标高偏差不应大于 10mm，预埋件位置差不应大于 20mm。

【条文解析】

为了保证幕墙与主体结构连接牢固的可靠性，幕墙与主体结构连接的预埋件应在主体结构施工时，按设计要求的位置和方法进行埋设；若幕墙承包商对幕墙的固定和连接件有特殊要求或与本规定的偏差要求不同时，承包商应提出书面要求或提供埋件图、样品等，反馈给建筑师，并在主体结构施工图中注明要求。一定要保证三位调整，以确保幕墙的质量。

7.3.4 金属板与石板安装应符合下列规定：

1 应对横竖连接件进行检查、测量、调整；

2 金属板、石板安装时，左右、上下的偏差不应大于 1.5mm；

3 金属板、石板空缝安装时，必须有防水措施，并应符合设计要求的排水出口；

4 填充硅酮耐候密封胶时，金属板、石板缝的宽度、厚度应根据硅酮耐候密封胶的技术参数，经计算后确定。

【条文解析】

横梁一般为水平构件，是分段在立柱中嵌入连接，横梁两端与立柱连接尽量采用螺栓连接，连接处应用弹性橡胶垫，橡胶垫应有 10%～20%的压缩性，以适应和消除横向温度变形的影响。

9 木结构工程

《木结构工程施工质量验收规范》GB 50206—2002

5.2.2 胶缝应检验完整性，并应按照表 5.2.2-1 规定胶缝脱胶试验方法进行。对于每个树种、胶种、工艺过程至少应检验 5 个全截面试件。脱胶面积与试验方法及循环次数有关，每个试件的脱胶面积所占的百分率应小于表 5.2.2-2 所列限值。

表 5.2.2-1 胶缝脱胶试验方法

使用条件类别[1]	1	2	3	
胶的型号[2]	I	II	I	II	I
试验方法	A	C	A	C	A

注：1. 层板胶合木的使用条件根据气候环境分为3类：

　　1 类——空气温度达到20℃，相对湿度每年有2～3周超过65%，大部分软质树种木材的平均平衡含水率不超过12%。

　　2 类——空气温度达到20℃，相对湿度每年有2～3周超过85%，大部分软质树种木材的平均平衡含水率不超过20%。

　　3 类——导致木材的平均平衡含水率超过20%的气候环境，或木材处于室外无遮盖的环境中。

　　2. 胶的型号有 I 型和 II 型两种：

　　I 型可能用于各类使用条件下的结构构件（当选用间苯二酚树脂胶或酚醛间苯二酚树脂胶时，结构构件温度应低于85℃）。

　　II 型只能用于1类或2类使用条件，结构构件温度应经常低于50℃（可选用三聚氰胺脲醛树脂胶）。

表 5.2.2-2 胶缝脱胶率

试验方法	A	B	C
胶的型号	I	I	II

续　表

试验方法		A	B	C
循环次数	1		4	10
	2	5	8	
	3	10		

【条文解析】

层板胶合木的质量取决于下列三个条件：

1. 层板的木材质量

按构件受力的性质和截面上的应力分布分别规定材质标准。

2. 层板加大截面的胶合质量

层板之间的胶合面称为胶缝，根据使用环境的温、湿度分别规定胶种的型号，保证胶缝耐久完整。

3. 层板接长的胶合指形接头质量

用指形铣刀切削层板端阔大，涂胶后相互插入连接的接头称为指接。根据层板受力的大小，选择合理的铣刀几何图形，保证足够的传力效能。

这三个条件中首要的是胶缝的完整性。因为只要胶缝保持耐久的完整性，即使层板局部缺陷稍超过限值或个别指接传力效能稍低，相邻层板通过胶缝能起补偿作用。

6.2.1　规格材的应力等级检验应满足下列要求：

1. 对于每个树种、应力等级、规格尺寸至少应随机抽取 15 个足尺试件进行侧立受弯试验，测定抗弯强度。

2. 根据全部试验数据统计分析后求得的抗弯强度设计值应符合规定。

【条文解析】

轻型木结构的主要承重构件都采用不同截面尺寸的规格材，以侧立受弯构件为主，因此分别按采用的树种、不同的应力等级和截面尺寸，随机抽样测定抗弯强度。

我国《木结构设计规范》GB 50005—2003 采用的进口规格材强度设计指标是按北美规格材足尺试件试验数据换算得来的，因此决定采用足尺试件测定抗弯强度。

7.2.1　木结构防腐的构造措施应符合设计要求。

检查数量：以一幢木结构房屋或一个木屋盖为检验批全面检查。

检查方法：根据规定和施工图逐项检查。

【条文解析】

木腐菌生长需要同时具备氧气、适宜的温度和木材的平均平衡含水率≥20%等三个要素，前二者同样是人类生存的要素，无法排除。因此为了防止木材腐朽，可以从建筑构造上采取措施，使木结构各个部位经常处于通风良好的条件下，即使一时受潮（如雨、水渗漏等），也能及时风干，保持木材含水率＜20%而不致腐朽。

7.2.2 木构件防护剂的保持量和透入度应符合下列规定：

1 根据设计文件的要求，需要防护剂加压处理的木构件，包括锯材、层板胶合木、结构复合木材及结构胶合板制作的构件。

2 木麻黄、马尾松、云南松、桦木、湿地松、杨木等易腐或易虫蛀木材制作的构件。

3 在设计文件中规定与地面接触或埋入混凝土、砌体中及处于通风不良而经常潮湿的木构件。

检查数量：以一幢木结构房屋或一个木屋盖为检验批。属于本条第1和第2款列出的木构件，每检验批油类防护剂处理的20个木心，其他防护剂处理的48个木心；属于本条第3款列出的木构件，检验批全数检查。

检查方法：采用化学试剂显色反应或X射线衍射检测。

【条文解析】

当木构件经常处于潮湿环境中，木材的平均平衡含水率＞20%，必定发生腐朽；我国南方位于亚热带和热带，适宜于蛀蚀木材的白蚁、家天牛繁殖，特别是一些易腐和易虫蛀的树种。在上述这几种情况下，为了保证木结构不遭腐朽和蛀蚀，必须将木构件用防护剂处理。

防护剂处理有三种方法：

1）浸渍法。包括常温浸渍法、冷热槽法和加压处理法。为了确保木构件中的防护剂达到规定的保持量或透入度，必须采用加压处理法。常温浸渍和冷热槽法只能用于腐朽和早害轻微的使用环境中。

2）喷洒法。

3）涂刷法。

后两种处理方法只能用于已经用防护剂加压处理的木构件因钻孔、开槽而暴露未吸收药剂的部位。

7.2.3 木结构防火的构造措施，应符合设计文件的要求。

检查数量：以一幢木结构房屋或一个木屋盖为检验批全面检查。

检查方法：根据规定和施工图逐项检查。

【条文解析】

木材为可燃材料，在下列几种情况下都有着火燃烧的危险：

1）直接的火源。

2）采暖或炊事烟囱（含电烤炉）的烘烤。

3）采暖管道的烘烤。

4）电线（因局部短路，急骤升温）。

参考文献

[1]　GB 50108—2008 地下工程防水技术规范[S]. 北京：中国计划出版社，2009.

[2]　GB 50202—2002 建筑地基基础工程施工质量验收规范[S]. 北京：中国计划出版社，2002.

[3]　GB 50203—2011 砌体结构工程施工质量验收规范[S]. 北京：中国建筑工业出版社，2012.

[4]　GB 50207—2012 屋面工程质量验收规范[S]. 北京：中国建筑工业出版社，2012.

[5]　GB 50208—2011 地下防水工程质量验收规范[S]. 北京：中国建筑工业出版社，2012.

[6]　GB 50210—2001 建筑装饰装修工程质量验收规范[S]. 北京：中国建筑工业出版社，2001.

[7]　GB 50300—2013 建筑工程施工质量验收统一标准[S]. 北京：中国建筑工业出版社，2014.

[8]　GB 50345—2012 屋面工程技术规范[S]. 北京：中国建筑工业出版社，2012.

[9]　GB 50666—2011 混凝土结构工程施工规范[S]. 北京：中国建筑工业出版社，2011.

[10]　GB 50755—2012 钢结构工程施工规范[S]. 北京：中国建筑工业出版社，2012.

[11]　GB 50924—2014 砌体结构工程施工规范[S]. 北京：中国建筑工业出版社，2014.

[12]　JGJ 3—2010 高层建筑混凝土结构技术规程[S]. 北京：中国建筑工业出版社，2010.

[13]　JGJ/T 14—2011 混凝土小型空心砌块建筑技术规程[S]. 北京：中国建筑工业出版社，2012.

[14]　JGJ 79—2012 建筑地基处理技术规范[S]. 北京：中国建筑工业出版社，2013.

[15]　JGJ 94—2008 建筑桩基技术规范[S]. 北京：中国建筑工业出版社，2008.

[16]　JGJ 99—1998 高层民用建筑钢结构技术规程[S]. 北京：中国建筑工业出版社，1998.

[17]　JGJ/T 104—2011 建筑工程冬期施工规程[S]. 北京：中国建筑工业出版社，2011.

[18]　JGJ 120—2012 建筑基坑支护技术规程[S]. 北京：中国建筑工业出版社，2012.